普通高等教育"十二五"规划教材

工程分析程序设计

魏进家 陈 斌 周屈兰 刘小民

西安交通大学出版社
XI'AN JIAOTONG UNIVERSITY PRESS

内容简介

本书系统地介绍了当前在科学与工程计算领域广为使用的 Fortran 90 和 C 语言,以 Fortran 90 语言为主进行详细介绍,对 C 语言进行简要介绍,使读者在精通 Fortran 90 语言程序设计的同时,还可以读懂和使用 C 语言程序。最后介绍 Fortran 和 C 的混合语言编程,使读者了解 Fortran 和 C 例程的相互调用,从而较为全面地掌握工程计算的主要常用语言并发挥其各自的优点。书中语言精炼易懂并配有解读,同时注意结合工程应用特点,选择典型的例题和习题,有利于培养读者从事工程计算分析的程序设计能力。本书可作为高等院校程序设计课教材和工程技术人员的参考用书。

图书在版编目(CIP)数据

工程分析程序设计/魏进家等编著. —西安:西安交通大学出版社,2015.1(2021.8 重印)
ISBN 978-7-5605-6929-1

Ⅰ.①工… Ⅱ.①魏… Ⅲ.①工程分析-程序设计
Ⅳ.①TU712 ②TP311.1

中国版本图书馆 CIP 数据核字(2014)第 300136 号

书　　名	工程分析程序设计
编　　著	魏进家　陈　斌　周屈兰　刘小民
责任编辑	任振国
出版发行	西安交通大学出版社
	(西安市兴庆南路1号　邮政编码 710048)
网　　址	http://www.xjtupress.com
电　　话	(029)82668357　82667874(发行中心)
	(029)82668315(总编办)
传　　真	(029)82668280
印　　刷	西安日报社印务中心
开　　本	787mm×1 092mm　1/16　印张　19.625　字数　476千字
版次印次	2015 年 1 月第 1 版　2021 年 8 月第 3 次印刷
书　　号	ISBN 978-7-5605-6929-1
定　　价	35.00 元

读者购书、书店添货,如发现印装质量问题,请与本社发行中心联系、调换。
订购热线:(029)82665248　(029)82665249
投稿热线:(029)82664954
读者信箱:jdlgy@yahoo.cn

版权所有　侵权必究

前 言

本书系统地介绍了当前在科学与工程计算领域广为使用的计算机语言 Fortran 90 和 C，内容包括程序设计基础、结构化程序设计、数组、派生类型、指针以及格式化输入输出和文件操作等。本书以 Fortran 90 语言为主进行详细介绍，对 C 语言进行简要介绍，使学生在精通 Fortran 90 语言程序设计的同时，还可以读懂和使用 C 语言程序。最后介绍 Fortran 和 C 的混合语言编程，使学生了解 Fortran 和 C 例程的相互调用，从而较为全面地掌握工程计算的主要常用语言并发挥其各自的优点。

本书的程序举例浅显易懂并配有解读，同时注意结合工程应用特点，选择部分常用数值算法程序分析讲解，使读者能够深入体会计算机语言在解决工程问题中的作用，培养其学习兴趣。除了主要讲解 Fortran 90 外，还穿插部分 Fortran 77 程序和格式，并与 Fortran 90 对比，使读者在掌握 Fortran 90 的同时，对 Fortran 77 的格式和语法有所了解，具备读懂 Fortran 77 程序的能力。本书多数章节后面都配有一定数量的习题，便于读者通过课后练习加深对所学内容的理解和掌握。

本书内容遵循由浅入深的原则，力求主次分明，重点突出。在 Fortran 90 语言部分，首先按照程序设计基础、结构化编程与逻辑运算、循环的顺序学习进行程序设计的基本知识，然后在此基础上介绍模块化程序设计、数组、派生数据类型、指针等深入的内容，使读者容易接受。在学完 Fortran 90 后，读者对程序语言设计就具有一定的基础。在 C 语言部分，按照基础知识、输入输出、指针和数组以及函数等内容进行介绍，并与 Fortran 90 语言的异同进行比较，使读者更易掌握。本书最后介绍 Fortran 和 C 的混合语言编程，加深读者对两种语言的理解，掌握相互调用的能力，这也是本书的一大特色。

本书是在西安交通大学《工程分析程序设计》课程讲义的基础上，结合三年的教学实践经验进行修改完成的。由魏进家、陈斌、周屈兰和刘小民编写，其中刘小民编写第 1、2 和 5 章，周屈兰编写第 3、4 和 6 章，魏进家编写第 7、8 和 9 章，陈斌编写第 10 和 11 章。魏进家负责全书统稿和审定工作。

本书由西安交通大学李会雄教授悉心审阅，提出许多宝贵意见，谨致衷心谢忱。

由于编者水平有限，书中难免存在不妥之处，敬请读者予以批评指正。

编 者
2014 年 5 月

目　录

第1章　Fortran 背景知识 ……………………………………………………… (1)
　1.1　Fortran 语言简史 …………………………………………………………… (1)
　1.2　Fortran 90/95 新的语言特征 ……………………………………………… (2)
　1.3　Visual Fortran 编译器的演化和编译 ……………………………………… (4)

第2章　Fortran 程序设计基础 ………………………………………………… (6)
　2.1　程序书写 ……………………………………………………………………… (6)
　2.2　字符集和标识符 ……………………………………………………………… (10)
　2.3　数据类型 ……………………………………………………………………… (11)
　2.4　声明的相关事宜 ……………………………………………………………… (16)
　2.5　算术表达式 …………………………………………………………………… (18)
　2.6　表控输入/输出语句 …………………………………………………………… (21)
　2.7　应用程序设计举例 …………………………………………………………… (24)
　本章要点 …………………………………………………………………………… (25)
　习题 ………………………………………………………………………………… (26)

第3章　结构化编程与逻辑运算 ……………………………………………… (28)
　3.1　IF 语句 ………………………………………………………………………… (28)
　3.2　浮点数及字符的逻辑运算 …………………………………………………… (42)
　3.3　SELECT CASE 语句 ………………………………………………………… (45)
　3.4　其他流程控制 ………………………………………………………………… (48)
　3.5　二进制的逻辑运算 …………………………………………………………… (51)
　本章要点 …………………………………………………………………………… (52)
　习题 ………………………………………………………………………………… (53)

第4章　循环 …………………………………………………………………………… (54)
　4.1　DO 循环 ……………………………………………………………………… (54)
　4.2　DO WHILE 循环 …………………………………………………………… (59)
　4.3　循环结构 ……………………………………………………………………… (62)
　4.4　循环的应用 …………………………………………………………………… (65)
　本章要点 …………………………………………………………………………… (70)
　习题 ………………………………………………………………………………… (70)

第5章　模块化程序设计——例程和模块 …………………………………… (72)
　5.1　内部例程 ……………………………………………………………………… (72)
　5.2　主程序 ………………………………………………………………………… (77)
　5.3　外部例程 ……………………………………………………………………… (78)
　5.4　接口块 ………………………………………………………………………… (80)

5.5 模块 ·· (82)
5.6 例程参数 ·· (86)
5.7 例程重载 ·· (90)
5.8 递归例程 ·· (92)
5.9 应用程序设计举例 ·· (94)
本章要点 ·· (97)
习题 ·· (97)

第6章 数组 ·· (100)
6.1 基本使用 ·· (100)
6.2 数组内容的设置 ·· (110)
6.3 数组的保存规则 ·· (125)
6.4 可变大小的数组 ·· (127)
6.5 数组的应用 ··· (130)
本章要点 ·· (133)
习题 ·· (134)

第7章 派生类型 ··· (135)
7.1 派生数据类型简介 ··· (135)
7.2 派生类型的构造与引用 ··· (136)
7.3 派生类型的初始化 ··· (138)
7.4 操作符重载 ··· (142)
7.5 数据管理应用 ··· (147)
本章要点 ·· (155)
习题 ·· (155)

第8章 指针 ·· (157)
8.1 指针的基本概念 ·· (157)
8.2 指针数组 ·· (160)
8.3 指针与函数 ··· (163)
8.4 指针的基本应用 ·· (165)
8.5 单链表的应用 ··· (168)
本章要点 ·· (175)
习题 ·· (176)

第9章 格式化输入输出及文件操作 ·· (178)
9.1 输入输出语句与格式语句 ·· (178)
9.2 数据格式编辑符 ·· (181)
9.3 控制格式编辑符 ·· (184)
9.4 文件操作 ·· (186)
本章要点 ·· (196)
习题 ·· (197)

第 10 章　C 语言基本知识 ……………………………………………………………（199）
10.1　C 语言概述 ………………………………………………………………………（199）
10.2　C 语言的基本知识 …………………………………………………………………（212）
10.3　输入输出及流程控制 ………………………………………………………………（225）
10.4　指针与数组 …………………………………………………………………………（240）
10.5　函数 …………………………………………………………………………………（259）
本章要点 ……………………………………………………………………………………（269）
习题 …………………………………………………………………………………………（270）

第 11 章　Fortran 和 C 的混合语言编程 ………………………………………………（272）
11.1　概述 …………………………………………………………………………………（272）
11.2　Fortran 与 C 的函数级调用 ………………………………………………………（274）
11.3　Fortran 与 C 调用对方的动态链接库 ……………………………………………（287）
11.4　Fortran 2003 与 C 的互相调用 ……………………………………………………（300）
本章要点 ……………………………………………………………………………………（304）

参考文献 ……………………………………………………………………………………（305）

第 1 章　Fortran 背景知识

本章首先简述 Fortran 语言的历史，让大家对 Fortran 的过去和未来有所了解；其次，会讲述 Fortran 90/95 新的语言特征；最后还会简述 Fortran 编译器的演化历史及其基本的编译方法。

1.1　Fortran 语言简史

Fortran 语言是一种在国际上广泛流行的适于科学计算的程序语言，也是世界上产生最早的高级程序设计语言。Fortran 是 Formula Translation 的缩写，即数学公式翻译器。

Fortran 的起源要追溯到 1954 年 IBM 公司的一项计划。IBM 尝试着在 IBM 704 计算机上开发一套程序，它可以把接近数学语言的文本翻译成机器语言。1957 年，他们开发出第一套 Fortran 编译器，一个革命性的产品 Fortran 也随之诞生了。20 世纪 60 年代初，在国防、教育和科技领域对高性能计算工具的迫切需求下，Fortran 语言蓬勃发展，成为当时统治计算机世界的高级语言之王，有很多软件公司都推出了自己的编译程序。但是，各个公司为了强调自己产品的功能，都在原来的 Fortran 语言之外添加了一些自己的独门语法，从而导致了 Fortran 语言移植上的困难。

1962 年，为了统一不同公司、不同硬件平台上的 Fortran 语言，美国国家标准局(ANSI)开始了语言标准化的尝试，并在 1966 年制定了 Fortran 语言的统一标准，即 Fortran 66。由于标准文档过于简单，约束力不强，Fortran 66 标准发布后，语言的统一问题并没有得到彻底解决。

1978 年，美国国家标准局正式公布了 Fortran 语言标准的第一个修订版本，这套标准就是所谓的 Fortran 77。Fortran 77 除了保留了 Fortran 66 标准的大部分内容外，还添加了许多适于结构化程序设计与维护的新特性。Fortran 77 让 Fortran 成了一种真正规范、高效和强大的结构化程序设计语言。

继 Fortran 77 标准之后，1992 年国际标准组织 ISO 又正式公布了崭新的 Fortran 90 标准。Fortran 90 标准除了引入自由的代码风格外，还引入了模块、接口块、自由定义(派生)数据类型和运算符、可动态分配和参与复杂运算的数组、例程重载、指针、递归等重要的语法特征。这不但使结构化的语言更趋完善，也使其具备了少量的面向对象语言特征。

1997 年 ISO 又发布了 Fortran 95 标准。Fortran 95 在 Fortran 90 的基础上，加强了 Fortran 语言在并行运算方面的支持，并进一步完善了派生类型、指针、数组等要素的相关语法。

2004 年 5 月，在 ISO、IEC 的联合工作组 JTC1/SC22/WG5 以及美国标准委员会的共同努力下，终于推出了 Fortran 2003 标准。Fortran 2003 对 Fortran 95 做了较多的改进，添加了很多新特性，例如增强的派生数据类型、面向对象编程、增强的数据操作功能和与 C 语言互操作等。Fortran 2003 近乎彻底地解决了语言现代化的问题。

Fortran 2003 之后的下一个版本是 Fortran 2008。和 Fortran 95 一样，Fortran 2008 也只是一个小改版，略微更正了 Fortran 2003 的一些问题，并且合并了 TR-19767 的语言功能。

以 Fortran 66 为基准,我们可以把后续的 Fortran 77/90/95 以及 Fortran 2003/2008 均视为对 Fortran 语言标准的修订。在历次修订中,Fortran 77、Fortran 95 和 Fortran 2008 是修订幅度相对较小的版本,而 Fortran 90 和 Fortran 2003 则是锐意变革的大修版本。

由于正式支持 Fortran 2003 标准的编译器还没有出来,部分编译器只支持部分 Fortran 2003 的语法,如 ivf 等。所以,本书重点讲解 Fortran 90 的语法及应用,必要时也介绍 Fortran 95 语法。

1.2 Fortran 90/95 新的语言特征

本节将分别介绍 Fortran 90 和 Fortran 95 新的语言特征。

1. Fortran 90 的新语言特征

(1) 自由书写格式。Fortran 90 提供的新的自由书写格式,取消了许多限制,没有保留列,没有规定每行的第几个字符有什么作用,而且尾部可以出现注释,空格在某些情况下是有意义的。例如:F U N C T I O N 并不等于 FUNCTION。

(2) 模块。模块是 Fortran 90 引入的一种新的程序单元,它的功能远比 Fortran 77 的数据块程序单元强大。模块包含了数据、例程、例程接口等要素的声明,可以供其他程序单元引用和支持面向对象的程序设计。模块还能将模块内部的实体隐藏起来,以提供数据抽象、编写安全、可移植的程序代码。

(3) 自定义(派生)数据类型和操作符。Fortran 90 除了提供固有数据类型,还允许用户定义自己的数据类型,即派生类型。派生类型可以整体访问,也可以直接访问当中的元素;既可以重载固有操作符(如+、*),也可以定义新的操作符,以适应派生类型数据操作要求。

(4) 数组功能加强。在 Fortran 90 中,可以直接对整个数组或数组段进行操作。可以对数组整体、部分及隐式赋值(包括可选择性赋值的 WHERE 语句),声明数组常量,定义派生类型数组值函数,用数组构造子规定一维数组的值,利用 ALLOCATABLE 或 POINTER 属性为数组动态分配内存。新的固有例程能够创建和使用多维数组,支持数组计算(如 SUM 函数累加数组元素的和)。

(5) 例程重载。

(6) 同 C++ 相似,Fortran 90 也支持例程重载。例程重载是指不同参数列表的例程被赋予相同的名字,例程调用时,编译器会依据所传递的实参类型,按参数匹配的原则调用相应的例程。如固有函数 ABS,其参数既可以是整数,也可以是实数或复数。例程重载必须使用接口块,并以调用时的例程名命名接口块。

(7) 指针。Fortran 90 指针允许动态访问和处理数据,可以用来创建动态数组和派生类型的动态数据结构(如链表)。指针可以指向固有数据类型或派生类型,一旦和同类型的目标变量相关联,指针可以代替目标出现在表达式和赋值语句中。

(8) 递归。

(9) Fortran 90 例程可以实现递归,但必须在(FUNCTION 或 SUBROUTINE)例程原型中添加关键字 RECURSIVE,当例程是函数时,还必须添加 RESULT 子句。

(10) 接口块。Fortran 90 提供了接口块,用来向调用程序描述外部例程的接口信息,可以包含在主程序、外部例程和模块这三种程序单元中。

(11)封装机制。类似于C++中的类,Fortran 90可以通过模块程序单元实现对派生类型数据连同其操作例程的封装,通过其公有接口,供别的程序单元使用,以扩展Fortran功能,使之适合特殊的应用需求,例如模拟面向对象的程序设计、数据库管理、建立动态数据结构等。

2. Fortran 95 的新语言特征

(1)FORALL语句和构造。在Fortran 90中,可以通过数组构造子、RESHAPE和SPREAD固有例程逐元素地构造数组,Fortran 95的FORALL语句和构造则提供了另一种数组操作方式。FORALL允许通过元素下标对数组元素、数组段、字符字串或指针目标进行操作;类似于隐式DO循环,FORALL构造可使几个数组赋值语句共享相同的下标循环控制表达式。

FORALL是WHERE的一般形式,两者都通过隐式循环对数组进行操作,只不过FORALL是使用元素下标,WHERE则针对整个数组。

(2)PURE用户定义例程。在用户定义的例程(子程序或函数)原型前添加PURE关键字,向系统表明该用户定义例程没有任何负面影响。也就是说,它们不会修改输入参数,也不会修改任何在例程外部可见的其他数据。

(3)ELEMENTAL用户定义例程。在用户定义例程原型前添加ELEMENTAL关键字,它是PURE例程的特殊形式。当传递数组参数时,每次对一个数组元素进行操作。要使用ELEMENTAL例程,必须在调用程序中建立其接口块。

(4)CPU_TIME子程序。该子程序通过参数返回特定CPU处理器的时间,单位为秒,参数须是单一的实数。

(5)NULL函数。在Fortran 90中不能直接初始化指针为空指针。Fortran 90指针必须先与目标变量相关联,或动态分配内存,然后才能使用NULLIFY函数设置空指针。Fortran 95则可利用NULL函数直接初始化指针为空指针。

(6)WHERE结构的扩展。WHERE结构经过扩展,可以包含一个FORALL结构的嵌套,而FORALL结构又可以包含WHERE语句或结构的嵌套。两者的配合使用具有强大的功能。

(7)默认初始化。默认初始化可以应用于派生类型,包括形参,这样就能保证具有指针成员的派生类型对象能够一直可以访问,从而避免了出现内存可分配,但是不能去分配的情形。

对于指针,可以使用新的固有函数NULL来给出初始的关联状态,也可以在使用数据之前,使用NULLIFY语句来获得初始化。

(8)固有函数CEILING,FLOOR,MAXLOC,MINLOC的扩展。在Fortran 90和高性能Fortran之间,某些固有函数以及相关函数存在某些不兼容,因为在高性能Fortran里面,在不同的变元位置增加了一个DIM函数。

在Fortran 95里面,就放松了对于变元顺序的要求。这样在变元序列当中,MASK和DIM的出现就可以是任意的了,从而保证了Fortran 95与高性能Fortran的兼容性。

(9)可分配数组的动态去分配。在Fortran 95里面,当退出一个给定的作用域时,其中没有通过使用SAVE而得到保留的可分配数组,就自动地去分配,和使用DEALLOCATE语句的效果一样。这样就可以防止可能发生的内存遗漏,从而规范分配过程。

(10)名称列表输入里面的注释。在名称列表输入记录当中可以使用注释,从而方便了用户。

(11) 最小域宽格式说明。

(12) 在使用数值的格式输出的时候,运用增强的输出格式编辑描述符,就可以对域宽进行极小化,从而避免输出时的白边。

(13) 用于支持 IEEE 754/854 浮点运算标准的某些修改。在所有以前的 Fortran 版本里面,都不区分 +0. 和 -0.,即正 0 和负 0,在 Fortran 95 版本里面,就能够区分这两者了,即在使用 SIGN 函数时,可以通过让第一个变元为 0,而第二个变元为负号,就得到负 0。

值得注意:Fortran 95 已经删除了 Fortran 90 中标明为过时的某些语言特征,也新标出了一些过时的语言特征,但是还没有删除。例如:算术 IF 语句,计算 GO TO 语句,语句函数和固定源码形式等语言特征在 Fortran 90 里面还允许正常使用,但在 Fortran 95 里面已被划归为过时的语言特征;实型和双精度实型的 DO 变量,PAUSE 语句,ASSIGN 语句,带标签的 GO TO 语句等语言特征在 Fortran 90 里面还可以使用,但在 Fortran 95 里已经被删除了。

1.3 Visual Fortran 编译器的演化和编译

1. Visual Fortran 编译器的演化

当前,国内使用较多的 Fortran 编译器或可视化集成开发环境为 Visual Fortran,它起源于 Microsoft 的 Fortran PowerStation 4.0。这套工具后来卖给了 Digital 公司继续开发,第二个版本称为 Digital Visual Fortran 5.0。Digital 被 Compaq 并购后,接下来的 6.0、6.1、6.5 和 6.6 版本称为 Digital Visual Fortran。本书使用目前最新的(Digital)Visual Fortran 6.6 专业版开发实例。其实不管是 6.0,还是 5.0,甚至是 4.0 的 PowerStation,其使用方法都是一样的。

Visual Fortran 被组合在 Microsoft Visual Studio 集成开发环境中。Visual Studio 提供一个统一的操作界面,这个界面包括文字编辑器、Project 的管理、调试工具等。而编译器则是使用类似 Plug In 的方法组合到 Visual Studio 中,用户在使用 Visual Studio 和 Visual C++ 时,看到的都是相同的操作界面。

Visual Fortran 6.6 除了完全支持 90/95 语法外,扩展部分还提供完整的 Windows 应用程序开发工具,可以直接建造 Win 32 DLL(动态链接库)、基于组件对象模型 COM 的组件等,专业版还包含了 IMSL 的数值链接库。另外,它还可以和 Visual C++ 6.0 互相链接,将 Fortran 和 C/C++ 语言的程序代码混合编译成同一个执行文件(EXE 或 DLL)。

2. Visual Fortran 编译器的编译过程

Visual Fortran 编译器的功能十分强大,包括编译器(Compile)、连接器(Link)、链接库(Library)、说明文件(Help)、分析工具(Profile)。本节只介绍编译器最基本的编译方法。

安装好 Visual Fortran 后,运行 Developer Studio 就可以开始编译 Fortran 程序了。编译程序的过程可以归纳为:

(1) 建立一个新的 Project,Project 会保存成 *.dsw 的文件。建立新的 Project 的方法为:打开 File,选择 New,选择 Project 选项卡,选择 Fortran Console Application 格式,给定 Project 名称。

(2) 生成一个新的程序文件(打开 File,选择 New,选择 Files 选项卡,选择 Fortran Free

Format Source File,给定文件名称),或是插入一个已有的程序文件(选项 Project/Add to Project/Files)。程序代码会保存成 *.f90 或 *.for 的文件。单击 File/Save Workspace 后,会记录 Project 所包含的程序文件。

(3)用 Build 菜单中的 Execute 选项来编译并运行程序,或只是单击 Build 选项来只做编译不做运行。

(4)要写新的程序可以另外再建立一个新的 Project,或是直接更换 Project 中的文件。千万不要把两个独立的文件放入同一个 Project 中,否则会导致编译过程出现错误。

(5)下次要修改程序时,可以直接使用 File/Open Workspace 来打开 *.dsw 的 Project 工作文件。

第 2 章　Fortran 程序设计基础

本章主要介绍 Fortran 的基础知识：程序书写、字符集及标识符、数据类型、声明的有关事项、算术表达式及表控输入/输出语句。通过本章的学习，可以编写简单的 Fortran 程序。

2.1　程序书写

1. Fortran 程序结构

Fortran 程序是一种段式结构。每个 Fortran 程序由一个主程序段和若干个子程序段及模块组成。子程序段和模块根据需要可有零个或多个，但主程序段有且仅有一个。每个程序段都有自己的段头语句，但主程序段的段头语句可以省略。每个程序段可以独立编写，程序运行总是从主程序段开始。

下面我们来看一个加法计算器程序的实例，它只包含一个程序单元，也就是主程序的 FORTRAN 程序。

例 2-1　简单 Fortran 程序的构造形式

```
1.    PROGRAM MAIN
        ！加法计算器程序
2.    REAL A, B, C
3.    A = 1000
4.    B = 200
5.    C = A + B
6.    PRINT * , ´C = ´, C
7.    END PROGRAM MAIN
```

第一行的 PROGRAM 关键字标识 Fortran 主程序，后接程序名，这一行是可选的；以感叹号开始的第二行是注释，不参加编译；第三行中的 REAL 将其后面的变量声明为实数型。这三行为非执行部分，之后的部分（END 语句之前）为执行部分。

由此给出简单的 Fortran 90 程序的构造形式：

[PROGRAM 程序名]
[声明语句]
[执行语句]
END[PROGRAM[程序名]]

方括号内的部分是可选的，END 语句是唯一必须的，它通知编译器：程序编译到此结束。END 语句中的程序名可以省略，但若出现程序名，必须同时出现 PROGRAM 关键字。

下面是一个最简单的 Fortran 程序：

例 2-2

    END

下面是一个稍微简单的打印输出程序：

例 2-3

    PROGRAM HELLO
        PRINT * ,"HELLO WORLD!"
    END

2. Fortran 语句

语句是构成 Fortran 程序的基本单位。按照 Fortran 对程序进行编译、执行过程中所起的作用，Fortran 的语句分为非执行语句和可执行语句。当需要引入或说明一个程序单元或子程序，或者是说明数据类型时，就需要使用非执行语句。程序执行非执行语句时不会对计算机产生任何操作。当需要计算机进行一个指定动作时，就需要使用可执行语句，如：赋值、输入输出、控制转移等。

Fortran 语句在使用时有特定的顺序要求。合适的语句位置如表 2-1 所示。

表 2-1 Fortran 语句的顺序

PROGRAM、FUNCTION、SUBROUTINE、BLOCK、DATA、MODULE			
USE			
FORMAT	IMPLICIT NONE		注释行
	PARAMETER	IMPLICIT 及其他说明语句	
	DATA	可执行结构	
CONTAINS			
内部例程或模块例程			
END			

注：其中处于同一水平位置的各语句之间没有严格的前后顺序，而不同的行则表示了严格的在程序当中出现的前后顺序。

下面给出语句顺序所应遵守的一般原则：

(1)程序段的段头语句，只能出现在每个程序段开始的位置。如：PROGRAM、FUNCTION、SUBROUTINE、BLOCK、DATA、MODULE 等；

(2)如果出现 USE 语句，则只能出现在段头语句之后、其他语句之前；

(3)IMPLICIT NONE 语句应紧跟在 USE 语句之后，在其他说明语句之前；

(4)FORMAT 语句和 DATA 语句也可以放置在可执行语句中间，不过把 DATA 语句放置在可执行语句中间是一种过时的做法；

(5)PARAMETER 语句可以出现在 DATA 语句和可执行语句之前、IMPLICIT NONE 语句之后的任何位置上；

(6)其他说明语句应出现在 DATA 语句和可执行语句之前；

(7)注释行可以写在程序的任何位置上;

(8)如果出现内部例程或模块例程,则必须跟在 CONTAINS 语句后面;

(9)END 语句是程序段的结束语句,只能出现在整个程序段的最后。

3. 空格

在 Fortran 语言中,空格通常没有意义,它不参加编译。适当地运用空格能够增加程序的可读性,如程序中的代码缩进。由于空格默认的功能就是分割不同的词汇,所以在代表有意义字符序列的记号(token)内,比如:标号、关键字、变量名、操作符等,不能随意使用空格。例如,RE AL、SUBRO UTINE 、MO NEY 和< =都是非法的,但如果变量名字符之间以连接号_连接起来,则属于合法的,例如 NA_ME,ADD_RESS,CHIN_PEO_NUM 都是合法的变量名。

一般情况下,记号之间需要用空格隔开,例如:100CONTINUE 是非法的,因为标号 100 和关键字 CONTINUE 是两个独立的记号。但并不是所有情形下的记号之间都必须要有空格,在不会产生混乱的前提下,有些语句关键词之间的空格是可以省略的,例如:END PROGRAM 和 ENDPROGRAM 都是合法的。

4. 注释

注释不是语句,不影响程序的执行,在编译时被忽略。但适当的注释能增强程序的可读性。

Fortran77 的注释方式为:第一列上由字符"C"或"*"作为注释的标志,第 7 至 72 列上写上注释内容。

Fortran 90 只提供了一种注释方式:以感叹号开始的语句作为注释,字符串内的感叹号除外。注释可以是一整行,也可以是空白行。注释的位置可以是任意的,关键是一行的任意位置只要出现了注释符"!",那么它后面直到行末,都会被编译器认为是注释而不加理会。因此不要把语句放置在一行内的注释后面。

5. Fortran 程序书写格式

Fortran 程序的书写格式有两种:一种是 Fortran 90 之后的自由格式,一种是 Fortran 90 之前的固定格式

1)固定格式

早期的计算机,还没有使用键盘/显示器作为输入/输出设备,那时的程序是利用穿孔卡片一张张地记录下来,再让计算机来执行。固定格式正是为了配合早期使用穿孔卡片输入程序所发明的格式。

固定格式是 Fortran 程序的一种旧式写法,采用这种写法的程序文件扩展名为".F"或".FOR"。

在固定格式中,每行有 80 列,这 80 列被分为四个区,分别书写不同的内容:

(1)第 1～5 列为标号区。可以写 1 至 5 位整数作为语句标号,也可以没标号,但转向、格式等语句中必须有标号。同一程序单元中,不得采用重复的标号。另外,标号不得全为零字符,且标号区中的空格不起作用。标号区中某一行的第一列若出现"C"或"*"字符,说明该行是注释行,仅起说明作用,不会被编译。该程序中的第一行即为注释行,10 为格式标号。

(2)第 6 列为续行区。如果此列出现数字"0"和空格以外的任何字符,且第 1～5 列均为空白时,则该行作为上一行的续行。例 2-4 程序中的"*"即为续行标志。需要注意的是,注释

行没有续行。

(3) 第7~72列为语句区。语句可以从第7列以后任何位置开始书写,但一行只能写一个语句。语句区内的空格(不包括引号内字符串中的空格)在编译时被忽略。

(4) 第73~80列为注释区。注释区用于程序员书写提示信息,在编译时不予处理。

下面是一个固定格式的Fortran程序实例。

例2-4 固定格式的Fortran程序

为了直观说明固定格式,本例以表格的形式列出固定格式的行与列。

1	2	3	4	5	6	7 至 72	73 至 80
C						FIXED FORMAT	
*						已知a,b,c,求一元二次方程的根	
						PROGRAM MAIN	
						a=1.0	
						b=3.0	
						c=-6.0	
						x1=(-b+ sqrt(b*b-4.0*a*c))/(2.0*a)	
						x2=(-b- sqrt(b*b-4.0*a*c))/	
					*	(2.0*a)	
						WRITE(*,10)x1,x2	
1	0					FORMAT(1x, 2f6.2)	
						END	

随着穿孔卡片的淘汰,固定格式已经没有必要再继续使用下去。但由于现在仍然可以找到很多用固定格式编写的旧程序,所以对于固定格式的使用规则,读者还是需要了解的。

2) 自由格式

自由格式是Fortran 90之后的新写法,是目前最流行的书写格式,它取消了许多限制。它没有规定每行的第几个字符有什么作用。自由格式的Fortran 90文件扩展名为.f90。对于自由格式,需要注意的事项有以下几点:

(1) 每行最多写132个字符;

(2) 叹号"!"后面的内容为注释;

(3) 如果需要写语句标号,标号可放在每行程序的最前面;

(4) 一行之内可以不止包含一条语句,但语句之间必须用(;)加以分隔;

(5) 一行程序代码的最后如果是符号"&",则代表下一行是该行的继续;

(6) 如果一行程序代码开头是符号"&",则其上一行的最后非空格符必须是一个&;且&号前不能有空格,代表该行是上一行的继续;

(7) Fortran 90允许出现多达39个续行。

以下是用自由格式书写的Fortran程序实例。

例 2-5 自由格式的 Fortran 程序

```
  ! FREE FORMAT
1.    PROGRAM MAIN
2.    REAL A,B,C,P,Q,X1,X2
3.    A=1.0;B=3.0;C=-6.0           ! 一行书写多个语句
4.    P=-B/(2.0*A)
5.    Q=SQRT(B*B-4.0*A*C)/&        ! 下一行是续行
6.    (2.0*A)
7.    X1=P+&  ! 下一行语句是续行,下一行开头是&,则该行
              ! 最后非空格符必须是&,且&号前不能有空格
      &Q      ! 此行是上一行的续行
8.    X2=P-Q
9.    WRITE(*,10)X1,X2
10.   10 FORMAT(1X,2F6.2)
11.   END
```

2.2 字符集和标识符

1. 字符集

"字符集"是指编写程序时所能用到的全部字符和符号。Fortran 语言的基本字符集由下列字符组成:

(1) 26 个英文字母(A~Z 和 a~z);

(2) 数字 0~9;

(3) 下划线(_);

(4) 特殊字符 := + - * /(),.'!"%&;<>?_$ 以及空格符(书写时用空格键表示)。

值得注意的是,Fortran 不区分大小写英文字母。READ、ReaD、read,都会被视为相同的命令。但在以下位置时,因为大小写是字符型数据的不同数据取值,所以大小写必须区分:

(5) 作为字符常量的字符串里面;

(6) 输入输出的记录里面;

(7) 作为编辑描述符的引号或撇号里面。

特殊字符主要具有功能的意义,如编辑功能,运算功能,语法功能等。

除了上面列出的基本字符集外,还有一些辅助的字符,它们在不同的平台有不同的用法约定。

辅助字符分两类:可打印字符和不可打印字符。

(8) 可打印字符。各种本地化语言的字符,例如,汉字、希腊字母等,都可以应用在字符串、注释和输入输出纪录当中。

(9) 不可打印字符。主要就是控制字符,例如制表符 Tab 键。

制表符(Tab 键)在 Fortran 77 标准当中主要用来表示 6 个空格,这样在固定格式代码的每行的开头使用 Tab,就能自动空出 6 个空格。在自由书写格式里,Tab 被看成 1 个空格,这样如果 Tab 被放在文本当中用于输出格式控制,这种默认的转换方式有时就会导致输出格式的混乱。

有关 Fortran 90/95 的辅助字符集的使用规则,读者可以参考具体编译系统的说明。

2. 标识符

标识符是程序中变量、常量、例程等的名称。标识符必须以字母(A~Z 和 a~z)开头,后可接多达 30 个字母(A~Z 和 a~z)、数字(0~9)或下划线(_)。例如:MASS,rate,Time_Rate,speed_of_light,exchange。

在对标识符命名时,需要注意几个原则:

(1) 只能以字母开头,可以内含下划线和数字,但下划线和数字不能作为标识符的第一个字符。如:40pigs,_Right 是无效标识符;

(2) 不能含有空格字符。如:My money 是无效标识符;

(3) 程序中辨认标识符时,不会区分它的大小写。如:SWOP,Swop 和 swop 是同一标识符;

(4) 在 Fortran 77 中,标识符的长度最好在 1~6 个字符之间,在 Fortran 90 中,标识符的长度最好在 1~31 个字符之间;

(5) 最好不要与关键字、标准例程重名。如:END、DO、FUNCTION、CONTAINS 等应尽量避免;

(6) 变量名和常量名不能和程序的名称或是前面声明过的变量或常量同名。如:在程序 EXCHANGE 中,不能含有变量或常量叫 EXCHANGE。

2.3 数据类型

在程序设计中,数据类型具有重要的意义。在程序中,每个数据都属于特定的数据类型。数据类型是指数据的取值范围以及在该数据上可以进行的操作。数据类型决定了数据在计算机中的表示形式及计算机可以对其进行处理的方式。

Fortran 语言提供了 5 种固有数据类型,这些数据类型可以分成两类:一类是数值型,其中包括整型、实型和复数型;另一类是非数值型,包括字符型和逻辑型。

在固有数据类型之外,Fortran 还允许用户定义派生数据类型,目的在于解决特殊的问题。本节只讲解 5 种固有的数据类型。

1. 整数类型

1) 整型变量

整型变量是含有整数取值的变量,整型变量必须先声明后使用。声明整型变量的一般形式为:

  INTERGERI

  INTEGER([KIND = n])I

其中,I 为整型变量名;KIND=n 是种类参数,表示整型变量所占用的内存字节数,对于整数,

n 一般为 1、2、4、8。如果种类参数没有特别规定,则取缺省值;而缺省值受编译器选项影响。在没有编译器选项规定时,32 位系统下缺省值为 4。

不同种类参数的整数取值范围如下所示:

INTEGER(1)　－128～127
INTEGER(2)　－32768～32767
INTEGER(4)　－2147483648～2147483647
INTEGER(8)　－9223372036854775808～9223372036854775807

种类参数(KIND)是 Fortran 90 新添加的特性。KIND 函数可以用来获取缺省种类参数的值;HUGE 函数则用来获得取值范围的上限;上限加 1 即为取值范围的下限。如下列代码段所示:

INTEGER(4)I,Max,Min
Max = HUGE(I)
Min = Max +1
PRINT * ,´上限是:´,Max
PRINT * ,´下限是:´,Min

在不同平台下,相同的种类参数可能有不同的取值范围,这极大地影响了程序代码的可移植性。为此,Fortran 90 提供了一些库函数,与 KIND 描述搭配,可以增加程序代码的"跨平台"能力。

SELECTED_INT_KIND(r)函数能够根据数据取值的十进制幂次范围,给出其种类参数值。一般句法为:

RESULT = SELECTED_INT_KIND(r)

RESULT 代表整数 n 在范围$-10^r < n < 10^r$内的种类参数。例如:

RESULT = SELECTED_INT_KIND(3)　! 2

当返回－1时,表示无法提供所想要的值域范围,没有可用的种类参数。当要在不同的平台上表示$\pm 10^r$内的整数 I 时,可采取如下的声明方式:

INTEGER, PARAMETER::K = SELECTED_INT_KIND(r)
INTEGER(K)I

先声明依赖于特定平台上的种类参数,然后再以该种类参数声明变量。

2)整型常量

整型常量从形式上讲,就是一串数字,可能在前面(左端)加上正负号,也可能在后面(右端)加上下划线,然后跟一个种别参数。例如:－325_2

整型常量的一般形式为:

[s]n[n...][_k]

其中:s 表示正负号,如果取负号(－),则这个负号是不可缺的,如果取正号(＋),则是可选的。因此不带任何符号的数字串被默认为正数。n 代表 0～9 的十进制数,前导 0 被忽略。

k 是一个可选的种别参数,必须用下划线(_)和表示数据的数字串区分开。

数字串后的下划线和种类参数是可选项。如果省略,就被认为是默认整型,这时系统默认的种类参数值就是固有查询函数 KIND(0)的结果。

2. 实数类型

1)实型变量

声明实型变量的一般形式为:

  REAL A
  REAL([KIND =]n)A
  DOUBLE PRECISION A

实数的种类参数 n 为 4、8,若没有编译器选项规定,缺省值为 4。双精度实型数相当于 REAL(8),不能再为它规定种类参数。不同种类参数的实数取值范围分别为:

  REAL(4) ±1.1754944E-38~±3.4028235E+38;

  REAL(8) ±2.225073858507201E-308~±1.797693134862316E+308。

Fortran 90 提供了获取实数取值范围下限的函数 TINY、精度函数 PRECISION、指数范围函数 RANGE。同 SELECTED_INT_KIND(r)函数类似,Fortran 90 也提供了函数 SELECTED_REAL_KIND,以获取特定平台下的种类参数。SELECTED_REAL_KIND 函数的一般句法为:

  RESULT = SELECTED_REAL_KIND(p, r)

RESULT 代表有效位数为 p(精度)、指数范围为 r 的实数的种类参数。返回-1 表示无法满足规定的有效位数,返回-2 表示无法满足规定的指数范围,返回-3 则表示既无法满足规定的有效位数,也无法满足规定的指数范围。比如,在特定平台下规定有效位数为 15、指数为 307,相应的种类参数应为 SELECTED_REAL_KIND(15,307)。

2)实型常量

实型常量有两种表示法:小数形式和指数形式。小数形式的实型常量的一般形式为:

  [s]n[n...][_ k]

带指数实型常量一般形式为:

  [s]n[n...]E[s]n[n...][_k]
  [s]n[n...]D[s]n[n...]

其中:

s 表示正、负号;n 表示从 0 到 9 的数字(默认实型的情况下);如果不含指数部分,则其中必须包含小数点;k 是种类参数(其值一般为 4、8),种类参数前面必须有下划线(_)。E,D 表示指数符,后接指数表示 10 的幂次,例如 1.0E6 表示 1.0 * 10 ** 6。

在使用实型常量时还应注意以下几点:

(1)用小数形式表示实数时,正号可以省略,并且允许没有整数部分和小数部分,但小数点是必须的。例如:0.0,.02,314.,-27.567,+0.05 均为正确的表示形式;

(2)指数符使用 D,表示常量为双精度实型数据(REAL(8)),由于这种精度的实型是单独定义的,因此不能再带有种类参数;

(3)E 和 D 后不能是非整数,E 前面的既可以是整型常数也可以是基本实常数。

(4)单独的指数部分不能作为常数,如 E+02 不表示 102,应写成 1E+02;

(5)在默认情况下,指数符 E 指单精度实型(REAL(4)),而如果带有种别参数,则依种类参数,例如-7.E2_8 为双精度实型常量,也可以写为-7.D2;

(6)D 后最多可以有三位整数,而 E 后最多只有两位整数。

3. 复数类型

1)复数型变量

Fortran 是唯一直接提供复数类型的语言。同声明整数、实数类型变量一样,声明复数类型变量的一般形式为:

```
COMPLEX A
COMPLEX([KIND=]n)A
```

复数类型变量的种类参数为 4、8,若没有编译器选项规定,种类参数为缺省值 8。复数类型变量的种类参数是应用于实部和虚部两个实型数据的,如果出现种类参数,该种类参数指定实部和虚部两个实型数据的种类参数;如果不带种类参数,则称此复数型变量为默认复型,即实部和虚部都属于默认实型。

应用于复型的固有查询函数与实型相同,其中有关 KIND,RANGE,PRECISION 的说明参见实型的相应说明。

SELECTED_REAL_KIND 也可以直接用于复数型变量,用法与功能都与用于实型变量一致。例如:COMPLEX(SELECTED_REAL_KIND(5,50))A 表示复数型变量 A 至少具有 5 位有效数,同时取值范围可达 10^{-50} 到 10^{50}。

2)复数型常量

复数类型常量由两个用括号括起来的整型或实型常数组成,两常数之间用逗号分开。如下列形式所示:

```
(r,m)
```

其中,r 代表复数常量的实部;m 代表复数常量的虚部。

复数型常量的种类参数,取实部和虚部的实数(不计整数)种类参数的极大值。

例如:

```
KIND(1,5.0)=4
KIND(1_8,2_8)=8
KIND(1.0,-3.5_8)=8
```

4. 逻辑类型

1)逻辑型变量

逻辑变量主要在逻辑判断时使用。声明逻辑型(或布尔型)变量 L 的一般形式为:

```
LOGICAL L
```

```
LOGICAL( [KIND = ]n)L
```

种类参数 n 可以取 1、2、4、8,若没有编译器选项规定,种类参数缺省值为 4。

设置逻辑型变量的方法如下：

```
A = .FALSE.      ! 设为"假"值
A = .TRUE.       ! 设为"真"值
```

显示一个逻辑变量时只会出现一个"F"代表 FALSE,或是出现一个"T"代表 TRUE。

2)逻辑型常量

逻辑型常量为.TRUE.(逻辑真)和.FALSE.(逻辑假),其中种类参数取缺省值。当然,也可显示规定逻辑型常量的种类参数,比如:.TRUE._2,种类参数规定为 2。

5. 字符类型

1)字符型变量

字符型变量是含有字符数据的变量。声明字符型变量 C 的形式为：

```
CHARACTER C
CHARACTER [([LEN = ] len)]C
CHARACTER * len C
CHARACTER [([LEN = ] len [,[KIND = ] n])]C
CHARACTER [(KIND = n [,LEN = len])C
```

字符型变量有两个可选参数:长度参数和种类参数。字符型变量的种类参数总是 1,即一个字符占一个存储字节。假如两个可选参数都没有给出,长度和种类参数均取缺省值 1；若只给出一个参数,这个参数代表长度；若给出两个参数,这两个参数依次为长度和种类参数(种类参数只能取 1)；若采取关键字(KIND＝,LEN＝)声明形式,参数的顺序可以任意。例如：

```
CHARACTER(KIND = 1,LEN = 10)Program
CHARACTER(30)PROJECT
```

2)字符型常量

在 Fortran 中,字符型常量是用英文的单引号或双引号作为界定符,如下所示：

```
[k_] ′[ch]′
[k_] ″[ch]″
```

其中,k 为可选的种类参数(值为 1),后接一下划线；ch 为字符(串),它可以是 Fortran 90 字符集之内或之外的字符(如 ASCII 码字符集中任何可显示字符),也可以是汉字等。字符的个数为字符串长度。例如′FORTRAN′的长度为 7；″天津大学″的长度为 8。

下列为一些有效的字符型常量：

```
″WHAT DAY IS IT TODAY?″
′TODAY′S DATE IS:′
′ ′
″The average is:″
```

如果字符串中包含着重符,那么符号可以用两个连续的单引号来表示。例如,字符串 I′m ok 可以表示为:

′I′′m ok′

另一种表示方法是,含有单引号的字符串可以用双引号括住,含有双引号的的字符串可以用单引号括住。字符串 I′m ok 也可以表示为:

″I′m ok″

另外,界定符必须统一:要么都用单引号,要么都用双引号。

2.4 声明的相关事宜

声明变量时,有一些需要注意的事项,这样可以减少编写程序犯错的机会。这一节中还会学习在声明变量的同时给变量赋初值的方法,以及其他和声明有关的技巧。

1. 强制类型声明

Fortran 90 以前的版本对变量类型有一个隐含的规定,即 I~N 规则。它的变量不一定要经过程序的声明才能使用,编译器会根据变量名称的第一个字母来决定这个变量的类型。凡以 I,J,K,L,M,N 这六个字母开头的变量都被视为整型变量,以其他字母开头的被当成实型变量。Fortran 90 仍然可以使用 I~N 规则,但并不推荐使用,因为这种隐含约定往往会带来严重的程序错误,还很容易发生"人为错误"。让我们实际操作一个实例,以加深认识。

例 2-6 隐含约定带来的弊端

```
1.   PROGRAM MAIN
2.   ! IMPLICIT NONE
3.   ! REAL LENGTH, WIDTH, AREA
4.     LENGTH = 0.8
5.     WIDTH = 0.04
6.     AREA = LENGTH * WIDTH
7.     PRINT *, ′LENGTH = ′, LENGTH        ! 0
8.     PRINT *, ′WIDTH  = ′, WIDETH        ! 0.0
9.     PRINT *, ′AREA  = ′, AREA           ! 0.0
10.  END PROGRAM
```

例 2-6 将一个实型常量 0.8 赋值给一个隐含约定为整型的变量 Length,在变量中仅保持了实型常量的整数部分 0,计算结果 Area 为 0.0;在引用实型变量 Width 时,错将变量名写成 Wideth,Fortran 编译器认为 Wideth 是一个新的实型变量,并给缺省值 0.0。在实际编程中,类似这样的错误并不少见。

如何才能避免产生这类错误呢?Fortran 90 提供了 IMPLICIT NONE 描述。

IMPLICIT 命令的功能是用来设置"默认类型"。所谓的默认类型,是指 Fortran 不经过声明,由第一个字母来决定变量类型。可以经过 IMPLICIT 描述来决定哪些字母开头的变量会自动使用某种类型。

```
IMPLICIT INTEGER(A,B,C)    ! A,B,C 开头的所有变量都视为整型变量
IMPLICIT REAL(B-P)         ! B 到 P 开头的所有变量都视为实型变量
IMPLICIT NONE              ! 关闭默认类型功能,所有变量都要事先声明
```

当使用 IMPLICIT NONE 命令后,所有变量都要先声明后使用,以避免在程序中使用没意义(未赋值)的变量。但要注意,这个语句要接在 USE 语句的下一行,不能把它放在其他位置。

在例 2-6 中添加 IMPLICIT NONE 语句,再对程序进行编译,则编译时出现错误,并提示要显式声明 Length、Width、Area 和 Wideth 四个变量;在程序中添加变量声明语句,并将 Wideth 改为 Width,此时就会顺利通过编译,并产生正确的输出结果。所以在编程时应该养成使用 IMPLICIT NONE 语句显式地定义每个变量的良好编程习惯。

2. 变量声明及初始化

Fortran 90 中,变量声明的一般形式为:

数据类型[[,属性]::] 变量列表

属性有 DIMENSION, PARAMETER, TARGET, POINTER, ALLOCATABLE, INTENT 等。在数据类型与变量之间的并列冒号"::"是可选的,当有属性存在时,冒号是必不可少的。冒号表示形容词已经形容完毕,准备要开始给定变量名称,多个变量名称之间要用逗号分隔。

变量在使用之前一定要初始化,否则可能会带来严重的问题。变量既可以在程序执行时进行初始化,也可以在声明的同时对变量进行初始化。Fortran 90 中对变量进行初始化时,直接把数值写在声明的变量后面就可以了。使用这个方法给变量赋值时,声明中间的"::"不能省略。见例 2-7 所示。

例 2-7 变量声明及初始化

```
1.   PROGRAM MAIN
2.     IMPLICIT NONE
3.     INTEGER A
4.     REAL              ::B = 4.5
5.     COMPLEX(8)        ::C = (3.0,4.0)
6.     LOGICAL D
7.     CHARACTER(10)     ::STR = ´I´´M OK´
8.     A = 10
9.     D = .TRUE.
10.    PRINT * , ´A = ´, A, ´B = ´, B, ´C = ´, C,´D = ´, D,´STR = ´, STR
11.  END PROGRAM
```

Fortran 77 则使用 DATA 对变量进行初始化。DATA 的语法是在 DATA 后接上所要设置初值的变量,然后再用两个斜杠包住所要设置的值。需要注意的是,DATA 也是声明的一部分,DATA 所要设置初值的变量最好先声明它的类型。DATA 语句的使用见例 2-8 所示。

例 2-8 DATA 语句的使用。

1. PROGRAM MAIN
2. IMPLICIT NONE
3. INTEGER A
4. REAL B
5. COMPLEX(8)C
6. LOGICAL D
7. CHARACTER(10)STR
8. DATA A,B,C,D,STR/10,4.5,(3.0,4.0),.TRUE.,´I´´M OK´/
9. PRINT * , ´A = ´, A, ´B = ´, B, ´C = ´, C,´D = ´,D,´STR = ´,STR
10. END PROGRAM

3. 常量的声明方法(PARAMETER)

程序中所用到的数据,有些是固定不变的常数,如:圆周率、重力加速度等,这时就可以把这些数据声明成常量,以方便程序的编写、阅读及修改。下面看实例 2-9。

例 2-9 常量声明。

 ! 计算从 H 处落下做自由落体运动的球体撞击地球时的速度
1. PROGRAM MAIN
2. IMPLICIT NONE
3. REAL, PARAMETER::G = 9.81
4. REAL H, V
5. H = 10.0
6. V = SQRT(2 * G * H)
7. PRINT * , ´V = ´, V
8. END PROGRAM

符号常量只能在声明时通过 PARAMETER 属性设置数值,而且只能设置一次。数值设置好后,在程序中就不能再改变,否则,编译时便会出现错误信息。

事实上程序中不论变量是否被设置成常数,并不会影响程序的执行结果,但声明常数还是有它的价值的,它既能减少发生错误的机会,又能增加程序执行的速度。

4. 声明在程序中的结构

由于 Fortran 语言是编译型语言,在编译完成后,编译器就已经为所引用的变量预留了内存空间,所以在程序执行时,除动态分配外,一般不会再为变量申请内存。所以声明部分必须出现在执行部分之前,当程序出现数值计算和输入输出命令时,就不能再声明变量。

2.5 算术表达式

在数值计算中,算术表达式具有特别重要的作用。算术表达式由算术运算符将常数、变量、函数等运算元素按一定规则组成的算式。算术表达式只计算数值的大小,其结果为一标量。

1. 算术运算符及优先级

Fortran 程序中有 5 种算术运算符,分别为加、减、乘、除和乘幂。按其运算优先级由"低"到"高"排列如下:

+ 加,− 减

* 乘,/ 除

** 乘幂(两个星号要连续,中间不能隔开)

( )括号(用括号括起来的部分优先计算)

即乘除运算级高于加减运算,乘幂又要高于乘除,而括号总是具有最高优先级。在运算级相同的情况下(乘幂除外),按"从左至右"的法则;但在连续的乘幂运算中,则遵循从"右至左"的法则。如 2 ** 3 ** 2,应先算 3 ** 2,再算左边的乘幂,最后结果为 512,而不是 64。

在编写算术表达式时需要注意以下几点:

(1)乘号不能省略,也不能写成"·"。例如:A(B+C)应写成 A * (B+C),而不能写成 A(B+C)或 A · (B+C)

(2)乘幂必须用两个连续的 * 表示,例如 X3 和 4XY 的写法是不允许的,正确的写法是 X ** 3 和 4 ** X ** Y;

(3)运算符不得相邻。如:A÷(−B)应写成 A/(−B),不能写成 A/−B。

在编写算术表达式时,经常还会用到数学中的一些函数,如三角函数、指数函数、对数函数、绝对值函数等。Fortran 会将这些常用的函数编成一系列独立的子程序,放在函数库中,供用户引用,这类函数统称为库函数或标准函数。

用户在使用这些函数时,只要写出函数的名字,并按要求提供出自变量的值就可以了。例如求 $|x|$,只要写 ABS(x)就可以了。

表 2-2 列出了一些常用的库函数。

表 2-2 常用库函数

函数名	数学含义	函数名	数学含义
ABS	求绝对值	EXP	指数运算
LOG	自然对数	LOG10	常用对数
SQRT	平方根	SIN	正弦
COS	余弦	TAN	正切
ASIN	反正弦	ACOS	反余弦
ATAN	反正切	INT	取整
MAX	最大值	MIN	最小值
MOD	求余		

注:表中所提供的只是部分常用库函数,读者可以根据编写程序的需要去查询 Fortran 90、Fortran 95 的函数库。

引用库函数的一般形式为:

函数名(自变量)

其中,自变量可以是一个或多个,自变量的个数和类型是预先规定的。

在使用库函数时,需要注意:

(1)自变量必须写在括号里。例如,SINX+COSX是错误的,应该写成 SIN(X)+COS(X)。

(2)三角函数的自变量单位为弧度。如 SIN30。应写成 SIN(30*3.1416/180)。

(3)自变量可以是表达式,且可以嵌套使用。如 EXP(X+3.5)或 SIN(ABS(X))。

(4)函数在表达式中出现时,其运算次序优于任何运算符。

(5)函数名分"通用名"和"专用名"。使用通用名时函数类型随自变量的类型而定,使用专用名时只允许使用指定类型的自变量,且只能得到固定类型的函数值。

下面是一些简单算术表达式的示例,希望能给读者较为完整的算术表达式的概念。

数学表达式	算术表达式
$\frac{4}{3}\pi R^3$	4.0/3.0 * PI * R ** 3
$3.5+\sin x-\tan x$	3.5 + SIN(X) - TAN(X)
$\frac{-b+\sqrt{b^2-4ac}}{2a}$	(-B + SQRT(B*B - 4*A*C))/(2*A)
$ae^{x+y}+\|x-y\|$	A * EXP(X+Y) + ABS(X-Y)
$\sin^2(\alpha+\beta)+\tan\|\alpha-\beta\|$	SIN(ALPHA + BATA) ** 2 + TAN(ABS(ALPHA - BETA))

2. 算术表达式的数据类型

算术表达式的数据类型从根本上说是由参加运算的量的类型决定的。Fortran 既允许两个同类型运算元素之间进行算术运算,也允许不同类型的数值型数据之间进行算术运算,但不允许数值型数据与非数值型数据之间进行算术运算。

数据类型转换规则:

1)同类型的两个运算元素运算后类型不变

例如:4 * 7 = 28　　　　结果为整型
　　　4.0 * 7.0 = 28.0　　结果为实型

需要注意:

(1)两个整数相除结果仍为整数。如:1/2 的结果是 0 而不是 0.5。因此计算 $4^{0.5}$ 不能写成 4 ** (1/2),而应该写成 4 ** (1.0/2.0)或 4 ** 0.5。

(2)含有整数除法的表达式的运算结果与运算顺序有关。

例如:4 * 8/5 = 6,而 4/5 * 8 = 0。若改用实数,则 4.0 * 8.0/5.0 与 4.0/5.0 * 8.0 结果相同,均为 6.4

2)不同类型之间的运算元素进行算术运算

一般应显式地进行类型转换。假如 A、B 分别是整型和实型,REAL(A)就将整数 A 转换为实型,INT(B)则将实型 B 转换为整型。当然,系统也有一个自动转换规则,即将低精度类型转换成高精度类型。在整型和实型之间进行算术运算时,整型将被转换成实型。在双精度数和单精度数或整型数运算时,结果为双精度数。在复数和其他类型数运算时,其他类型数被转换成复数型。

需要注意的是,数据类型的转换是从左向右进行的,边转换边运算。例如:9/4/3.0 并不是一开始就同时将 9 和 4 转换成实数 9.0 和 4.0,然后进行实数运算,而是先进行整数运算 9/4 得 2,然后将 2 转换成实数型 2.0,再除以实数型 3.0,最后得 0.6666667,而不是数学上的 0.75。

3)保证数值精度和提高运算速度

在书写表达式时,应注意:

(1)凡是能在整型范围内解决的不变成实型,因为整数的运算速度比实数快,尤其是乘幂。例如:X^3 应写成 X**3,不要写成 X**3.0。

(2)由于类型转换要花时间,所以应该尽量避免混合运算。例如:X+1 应写成 X+1.0。

3. 赋值语句中的类型转换

表达式对变量赋值时,如果变量与表达式的结果类型相同,则直接进行赋值;如果变量与表达式的结果类型不同,则先应该进行表达式的类型转换,然后再进行赋值。例如:I=7.5*3(设 I 为整型变量)执行后,I 的值是 22,而不是 22.5。又如,A=5*5/2(设 A 为实型变量)执行后,A 是 12.0。

2.6 表控输入/输出语句

表控输入/输出语句,即 READ*,PRINT* 和 WRITE* 语句。所谓表控格式是指输入、输出语句中不提供数据的输入、输出格式,而按编译程序提供的隐含格式进行数据的输入、输出。表控格式又称为自由格式。

1. 表控输入语句

表控输入语句的一般形式为:

READ(unit=u,*)输入列表

或

READ*,输入列表

其中,unit=u 指定输入设备;u 为输入设备号;"*"表示表控输入,"unit="可以省略;输入列表可以是变量、数组元素名、数组名、字符串名等,输入列表之间用逗号分隔。

这个语句的功能是从"u"指定的设备输入若干个数据,然后一一对应地赋给输入列表中的元素。例如:

READ(unit=5,*)a,b,c,d

表示从 5 号设备输入四个数据,分别赋值给变量 a,b,c,d。该语句也可以写成

READ(5,*)a,b,c,d

或

READ*,a,b,c,d

在程序中使用表控格式输入数据时,当程序执行到 READ* 语句时,会向设备发出输入数据的指令,这时就可以通过键盘输入数据。

输入数据时,如果只有一个数据,直接输入即可;如果是多个数据,数据之间要设法分隔开,既可以采取多行输入数据,每个数据独自放在一行,也可以用空格、逗号和斜杠(/表示输入数据到此结束)来分隔。若输入字符常数,而且字符常数中有空格符或逗号,则要使用引号将字符串括起来。

例 2 – 10 表控输入。

```
1.   PROGRAM MAIN
2.     IMPLICIT NONE
3.     INTEGER A
4.     REAL B
5.     CHARACTER(15)STR
6.     LOGICAL C
7.     COMPLEX D
8.     PRINT * ,"PLEASE INPUT A,B,STR,C,D:"
9.     READ * ,A,B,STR,C,D
10.    PRINT * ,´A = ´,A,´B = ´,B,´STR = ´,STR,´C = ´,C,´D = ´,D
11. END
```

若输入

2,5.4,´HAPPY BIRTHDAY´,.FALSE. ,(1.6, − 5.8)

则输出

A = 2 B = 5.400000 STR = HAPPY BIRTHDAY C = F D = (1.600000, − 5.800000)

表控输入时注意事项如下:

(1)输入数据的个数要和输入列表中变量的个数相等,多余的数据不起作用;当输入数据的个数少于变量个数时,则 READ 等待继续输入,若使用斜杠提前结束输入,Fortran 并不认为有错误,而是把没有输入的数值型变量设为 0(0.0),字符型变量值设为依赖于系统的特定字符串。

(2)输入的数据类型要和对应的变量类型一致。Fortran 允许将一个整数输入给一个实数,反之亦然;一个整数或实数可以输入给一个字符型变量,但一个前导字符是字母的字符串不能输给一个整数或实数。

(3)输入字符数据时,如果输入的字符串中有空格符或逗号,则要使用界定符将字符串括起来。如果输入的字符串中无空格或逗号,则用不用界定符都可以。例如:

```
CHARACTER(20)c
READ * , c
```

若输入

GOOD MORNING

则结果 c 中为 GOOD。因为这个字符串中间的空格被当成两个字符串了。

(4) 如果有多个 READ * 语句出现,Fortran 规定:每一个 READ * 语句在输入数据时,必须从一个新的输入行开始。

2. 表控输出语句

表控输出语句的形式为:

　　WRITE(UNIT = U, *)输出列表

其中,UNIT＝U 指定输出设备;U 为输出设备号;"*"表示表控输出,"UNIT＝"可以省略;输出列表可以是常量、变量、数组元素名、表达式、数组名、字符串等,它们之间用逗号分隔。

这个语句的功能是在"U"指定的设备上将输出列表中的各项值输出。

系统默认的输出设备号是 6,表示在显示器上输出,可以用"*"表示默认设备。表控语句的以下几种写法是等价的。

　　WRITE(UNIT = 6, *)A,B,C,D
　　WRITE(UNIT = 5, *)A,B,C,D
　　WRITE(UNIT = * , *)A,B,C,D
　　WRITE(* , *)A,B,C,D

表控输出语句还有另一种形式:

　　PRINT * ,输出列表

PRINT 的用法和 WRITE 大致相同,只是 PRINT 后面不使用括号,而且只有一个星号,它不能用"UNIT＝U"指定输出设备,只能在标准输出设备上输出数据。另外,WRITE 语句不能写成"WRITE * ,输出列表"的形式。

使用表控输出语句时,要注意:

(1)如果程序中有多个 PRINT * 或 WRITE(* , *)语句,每一个 PRINT * 或 WRITE(* , *)语句都从一个新的行开始输出。若一个输出语句无任何输出,将在屏幕上输出一空白行。

(2)若要输出和界定符相同的字符,必须用两个连续的界定符字符来表示。例如,要输出 MY NAME IS "PETER."时,输出语句应为:

　　WRITE(* , *)"MY NAME IS ""PETER."""

或

　　PRINT * ,"MY NAME IS ""PETER."""

PRINT * 语句和 WRITE(* , *)语句还有计算功能,可以直接进行表达式的计算。见例 2 - 11 所示。

例 2 - 11 表控输出

```
1.    PROGRAM MAIN
2.      IMPLICIT NONE
3.      REAL::A = 3,B = 4
4.      PRINT * , ´C = ´, SQRT(A * A + B * B)
5.      END
```

2.7 应用程序设计举例

例 2-12 已知圆锥的底面半径和高度,编制一程序,用以计算圆锥的体积。

分析:编制这个程序时,首先提示用户输入圆锥形容器的底面半径和高度,然后计算容器的容量并输出结果。

```
1.   PROGRAM MAIN
2.     IMPLICIT NONE
3.     REAL, PARAMETER::PI = 3.1415927
4.     REAL R,H,VOLUME
5.     PRINT * ,"Please input the radius of the cone:"
6.     READ * , R
7.     PRINT * ,"Please input the height of the cone:"
8.     READ * , H
9.     VOLUME = 1.0/3.0 * PI * R * R * H
10.    PRINT * , "volume = ", VOLUME
11. END PROGRAM
```

运行结果:

```
Please input the radius of the cone:
12.4
Please input the height of the cone:
18.9
volume =  3043.223
```

例 2-13 外摆线是一种常用的数学曲线,是一个动圆沿着一个定圆的外侧无滑动地滚动时,动圆圆周上任意一点的轨迹。外摆线在机械工程领域有着广泛的应用,常用作传动齿轮及螺杆压缩机等的型线。外摆线的方程如下所示:

$$\begin{cases} x = \cos t + \dfrac{1}{n}\cos nt \\ y = \sin t + \dfrac{1}{n}\sin nt \end{cases}$$,其中 n 为正实数,t 为度数。

编写程序,输入 n 和 t 的值,计算外摆线方程的值,并输出结果。

分析:在编写该程序时,注意要先将度数 t 转换成弧度。

程序如下:

```
1.   PROGRAM MAIN
2.     IMPLICIT NONE
3.     REAL X,Y,N,T,ALPHA
4.     PRINT * ,"Please input N, T:"
5.     READ * ,N,T
```

```
 6.    ALPHA = T * 3.14159/180.0
 7.    X = COS(ALPHA) + 1.0/N * COS(N * ALPHA)
 8.    Y = SIN(ALPHA) + 1.0/N * SIN(N * ALPHA)
 9.    PRINT * , "X = ", X, "Y = ", Y
10.    END PROGRAM
```

运行结果:

```
Please input N, T:
3.0 155
X = - 0.9925777 Y =  0.7445961
```

例 2 - 14 在热力学中,温标有多种,常常需要进行不同温标下温度的转换。设计一个程序,读取输入的热力学温度,转换并输出摄氏温度、华氏温度和兰氏温度。各温度之间转换公式如下:

$$t = T - 273.5; F = \frac{5}{9}T - 459.67; T_R = 1.8T$$

其中 T 表示热力学温度,t 表示摄氏温度,F 表示华氏温度,T_R 代表兰氏温度。

程序如下:

```
 1.   PROGRAM MAIN
 2.     IMPLICIT NONE
 3.     REAL TR, TS, TH, TL
 4.     PRINT * , ´Please input TR:´
 5.     READ * ,TR
 6.     TS = TR - 273.15
 7.     TH = 5 * TR/9 - 459.67
 8.     TL = 1.8 * TR
 9.     PRINT * , ´TR = ´, TR, ´TS = ´, TS, ´TH = ´,TH, ´TL = ´, TL
10.   END PROGRAM
```

运行结果:

```
Please input TR:
300
TR = 300.0000   TS = 26.85001   TH = - 293.0034   TL = 540.0000
```

本章要点

(1)一个简单的 Fortran(主)程序,由声明部分和执行部分构成,并以 END 结尾,END 是必须的;Fortran 90 之后的版本采取自由书写格式,即一条语句可以写在书写行的任意位置,一行最多可容纳 132 个字符,一行可以有多条语句,若一行写不下,可以用续行符号 & 标记在下一行接着写,续行可多达 39 行;适当的空格能增加程序的可读性,但记号之内不能有空格;

注释部分以"!"标识,在编译时被忽略。

(2) Fortran 字符集包括 26 个英文字母、数字、下划线及 21 个特殊符号;标识符名称只能由字母、下划线和数字构成,且只能以字母开头,名称中间不能有空白,Fortran 90 标识符的长度可达 31 个字符。

(3) Fortran 90 提供的数据类型除了有整型、实型、复型、逻辑型和字符型外,还有自定义数据类型。Fortran 用种类参数来控制数据的取值范围和精度。字符型有两个可选参数:长度参数和种类参数,但无论是否显示规定,种类参数的取值都是 1。

(4) Fortran 90 通过 IMPLICIT NONE 语句,来强制类型声明。声明变量的通用形式为:数据类型[,属性]::变量列表,当有属性存在时,或声明的同时进行初始化时,声明操作符::是必须的。声明常量使用 PARAMETER 属性,并在声明的同时进行赋值。声明是通知编译器预留存放数据的内存空间,所以声明应该放在执行语句之前。

(5) 算术运算符及算术运算规则和数学上的一致;整数相除结果为仍为整数,含有整数除法的表达式的运算结果与运算顺序有关;若算术表达式中的数据类型不一致,且没有进行显式转换时,系统会自动从左到右、按运算符优先级、将低精度转换为高精度类型进行运算。

(6) 当输入、输出简单数据时,可以使用 READ * /PRINT * /WRITE(* , *),按自由格式,分别从键盘输入数据,并在屏幕上输出数据。

习 题

一、单项选择题

1. 以下关于 Fortran 程序的说法,不正确的是( )。
A. Fortran 是一种段式结构
B. 一个 Fortran 程序可以有多个主程序
C. END 语句只能出现在程序的最后
D. 非执行语句不会使计算机产生任何操作

2. 以下标识符命名合法的是( )。
A. CIRCUM_1   B. X+1   C. 6SUM   D. GOOD NIGHT

3. 以下 Fortran 常量表示中,不正确的是( )。
A. 128. 和.05   B. 123,456 和 E5
C. 'this is right'和'k'   D. (1,2)和(0.5,0.6)

4. 数学式 $2x(abs + \dfrac{e^{-x}}{\sqrt{x^3 + y^3}})$ 的正确 Fortran 表达式是( )。
A. 2*X*(ABS+E(−X)/SQRT(X**3+Y**3))
B. 2*X*(A*B*S+E**(−X)/SQRT(X**3+Y**3))
C. 2*X*(A*B*S+EXP(−X)/SQRT(X**3+Y**3))
D. 2*X*(A*B*S+EXP(−X)/SQRT(X**3+Y**3)

5. 表达式"2/4+0.5"的值是( )。
A. 0.5   B. 1   C. 1.0   D. 0

6. 若要输出字符串 I'm OK,正确的语句为( )。
A. PRINT * , 'I'm OK'
B. PRINT * , "I'm OK'
C. PRINT(* , *)'I'm OK'
D. PRINT * , 'I''m OK'

二、思考题

1. Fortran 程序的两种书写格式有什么区别?
2. Fortran 程序中的"注释"有什么用途? 怎样使用"注释"?
3. 变量为什么要先声明后使用? 变量声明需要注意什么?

三、按要求编写程序

1. 从键盘输入三个角度值 a, b, c,计算如下式子的值:
$$\frac{\sin|a+b|}{\sqrt{\cos(|a|+|b|)}} + \tan c$$

2. 已知一圆柱底面半径 R 为 6.4,圆柱高为 5,编程求圆周长、圆面积、圆球表面积、圆球的体积、圆柱的体积和表面积(要求在变量声明的同时赋初值)。

3. 编写一个程序,完成以下要求:
(1)提示用户输入任意的三个小数;
(2)显示这三个小数;
(3)将这三个小数相加,并显示其结果;
(4)将结果按四舍五入方法转换成整数并显示。

4. 有一个六边形,求其面积。为求面积,作了三条辅助线,如图所示。提示:三角形面积 $= \sqrt{s(s-a)(s-b)(s-c)}$,其中 $s = \frac{a+b+c}{2}$, a,b,c 为三个边长。

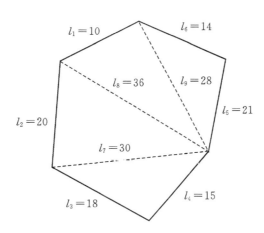

5. 从键盘输入一个四位十进制整数,分别输出其个位、十位、百位和千位上的数字。

6. 一次电子技术考试的考题太难,老师决定调整学生的考试成绩,调整方法是原成绩开平方后再乘以 10。编写一个程序读入一位学生的原成绩,计算并输出调整后的成绩。

第 3 章　结构化编程与逻辑运算

结构化编程,包含了高级语言的三种基本结构:顺序结构、选择结构和循环结构。顺序结构就是最普通的程序结构,程序按照语句的先后次序顺序执行。简单的顺序结构虽然条理清晰,但是不可能具备复杂的功能,尤其是不能根据具体的情况改变动作从而实现对问题的应变能力。

选择结构可以在程序执行中,视情况来选择是否要执行某一段程序代码,这样程序就具有了根据具体情况来进行应变的能力,这是编制功能复杂多样的程序的基础。

3.1　IF 语句

选择结构要通过对某些具体条件的判断来使得程序在执行当中进行转向、跳过某些程序模块来执行程序代码,这个功能主要是依靠 IF 这个关键字来实现的。

1. IF 基本用法

IF 的使用方法很直观,最基本的使用方法是由一个程序模块所构成。当 IF 语句之后的逻辑判断式的值为"真"时,这个程序模块中的程序代码才会执行。

```
IF(逻辑判断式)THEN
……
……←逻辑判断式的值为"真"时,才会执行这里面的程序代码
……
END IF
```

用 IF 来试着写一个警告车速过快的程序。假设现在正在高速公路上,如果车速超过 100 公里,就输出警告标语。

例 3-1

```
1.   PROGRAM EX0301
2.     IMPLICIT NONE
3.     REAL SPEED
4.     PRINT *,"SPEED:"! 信息提示
5.     READ *,SPEED ! 读入车速
6.     IF(SPEED > 100.0)THEN
7.     ! SPEED >100 时才会执行下面这一行程序
8.     PRINT *,"SLOW DOWN."
9.     END IF
10.  END
```

程序执行后会要求输入现在的车速,如果车速太快会输出"SLOW DOWN.",没有超速的话就不会出现任何警告。

这个程序只在第 3 行声明了一个变量 SPEED,用来读入车速使用。第 4 行的 PRINT 命令会显示提示输入车速的信息,第 5 行的 READ 命令会把车速读入变量 SPEED 中。第 6 到第 9 行是核心的部分:

  IF(SPEED > 100.0)THEN
  ! SPEED >100 时才会执行下面这一行程序
  PRINT * ,"SLOW DOWN." ←从 IF 到 END IF 之间的程序算是一个区块,IF 后的逻辑判断式的值为"真"时,会执行这个区块中的程序
  END IF

IF 中逻辑判断式的值为"假"时,会跳跃到 END IF 后的地方继续执行。

IF 括号中的逻辑判断式的值为"真"时,如果所需要执行的程序模块只有一行程序代码,可以把 IF 跟这行程序代码写在同一行,实例程序的 6 到 9 行可以改写成下面这一行程序代码:

  IF(SPEED > 100.0) PRINT * ,"SLOW DOWN."

这个写法还可以省略掉 THEN 及 END IF,不过只能在程序模块中只有一个程序命令时才能使用,这种只有一行的 IF 语句也称为"行 IF 语句"。对应地,上面提到的与 END IF 语句配合使用的多行的 IF 语句也称为"块 IF 语句"。

IF 命令还可以搭配上 ELSE,当逻辑判断式的值为"假"时,会去执行某一段程序代码。

  IF(逻辑判断式)THEN
  ……
  …… ←逻辑判断式的值为"真"时,执行这一段程序代码
  ……
  ELSE
  ……
  …… ←逻辑判断式的值为"假"时,则执行这一段程序代码
  ……
  END IF

这种程序结构体现了根据某种条件(也就是逻辑判断式)使得程序分别选择不同的代码来运行的结构,所以选择结构有时又称为"分支结构"。

试着用 IF 及 ELSE 来编写一个判断体重是否合乎标准的程序。假如张先生的身高是170cm,体重是 75kg,而如果一个人的体重值大于身高减去 100 后得到的数值,代表这个人超重,试写一个程序来判断张先生是否超重。

例 3-2

  1. PROGRAM EX0302
  2. IMPLICIT NONE

```
3.    REAL HEIGHT ！记录身高
4.    REAL WEIGHT ！记录体重
5.
6.    PRINT *,"HEIGHT:"
7.    READ *,HEIGHT      ！读入身高
8.    PRINT *,"WEIGHT:"
9.    READ *,WEIGHT      ！读入体重
11.   IF(WEIGHT > HEIGHT - 100)THEN
12.   ！如果体重大于身高减去100,会执行下面的程序
13.      PRINT *,"TOO FAT !"
14.   ELSE
15.   ！如果体重不大于身高减去100,会执行下面的程序
16.      PRINT *,"UNDER CONTROL."
17.   END IF
18.
19.   END
```

这个程序会经过一个简单的方法来判断一个人是不是太胖：身高减去100是否大于体重。程序会要求输入身高、体重，最后显示出判断的结果：

HEIGHT：
170(输入身高)
WEIGHT：
50(输入体重)
UNDER CONTROL.(判断的结果)

程序的执行结果会随着输入的数据不同，而出现不同的输出结果。这是由程序代码中的选择结构语句来决定的。现在来阅读程序代码，程序中声明了2个浮点数。

```
3. REAL HEIGHT ！记录身高
4. REAL WEIGHT ！记录体重
```

第6行到第9行以 WRITE 来输出提示信息，再使用 READ 来读取身高、体重。第11行到第17行是程序的核心部分，用来判断是否超重，并输出相对应的信息。

```
11. IF(WEIGHT > HEIGHT - 100)THEN
       ！如果体重大于身高减去100,会执行下面的程序
       PRINT *,"TOO FAT !"
    ELSE
       ！如果体重不大于身高减去100,会执行下面的程序
       PRINT *,"UNDER CONTROL."
    END IF
```

通常在程序编写中出现 IF 语句时，接下来的程序代码都会向后缩几格。这是为了避免出

现多层的 IF 语句时，程序变得难以阅读。因为程序在 IF 区段中会有"跳跃执行"的情况。程序代码向后错位可以增加程序代码的可读性，并减少出错的机会。如果不向后错位的话，实例程序例 3-2 的第 11 到第 17 行看起来会是下面的样式。

```
11. IF(WEIGHT > HEIGHT-100)THEN
12. ! 如果体重大于身高减去 100,会执行下面的程序
13. PRINT *,"TOO FAT !"
14. ELSE
15. ! 如果体重不大于身高减去 100,会执行下面的程序
16. PRINT *,"UNDER CONTROL."
17. END IF
```

这个实例中的程序模块都只有一行命令，还不太容易搞混。当每个程序模块都有好几行命令时，没有向后错位会导致不容易区分出在判断成立和不成立时，分别会执行的程序模块。

2. 逻辑运算

IF 命令需要搭配逻辑表达式（包括关系运算式或逻辑运算式）才能使用。一个逻辑表达式，可以不只是单纯的两个数字间互相比较大小（即关系运算式）。它还可以是由两个，甚至多个小逻辑表达式组合成的。

表 3-1　Fortran 90 的关系运算符号

==	判断是否"相等"
/=	判断是否"不相等"
>	判断是否"大于"
>=	判断是否"大于或等于"
<	判断是否"小于"
<=	判断是否"小于或等于"

Fortran 77 要使用缩写来做关系判断，不能使用数学符号，如表 3-2 所示

表 3-2　Fortran77 的关系运算符号

.EQ.	判断是否"等于"(Equivalent)
.NE.	判断是否"不等于"(Not Equivalent)
.GT.	判断是否"大于"(Greater Than)
.GE.	判断是否"大于或等于"(Greater or Equivalent)
.LT.	判断是否"小于"(Little Than)
.LE.	判断是否"小于或等于"(Little or Equivalent)

注意到，每个关系运算式使用关系运算符号进行运算，而最终将得到一个逻辑型的量 .TRUE. 或者 .FALSE.。

逻辑表达式除了可以使用关系运算式对两个数字来比较大小之外，还可以对两个关系运算式再进行逻辑运算，形成复合的判断条件。如下面的例子：

```
IF(A>=80 .AND. A<90 )THEN
```

".AND."是并且的意思,所以上一行程序代码的逻辑判断式就是在说"如果 A>=80 并且 A<90 的话,就……"。下面是所有使用在逻辑运算式之间的逻辑运算符号:

.AND.	逻辑"与"运算,如果两边的逻辑表达式的值都为"真",整个表达式的值为"真"
.OR.	逻辑"或"运算,如果两边的逻辑表达式只要有一个的值为"真",整个表达式的值为"真"
.NOT.	逻辑"否"运算,如果后边的逻辑表达式的值为"真",整个表达式的值为"假"
.EQV.	两边表达式的逻辑运算结果相同时,整个表达式值为"真"
.NEQV.	两边表达式的逻辑运算结果不同时,整个表达式值为"真"

大于小于等式的关系运算符优先级高于逻辑运算符,所以上面的表达式也等于下面的写法:

```
IF((A>=80).AND.(A<90))THEN
      ↑          ↑
```

这两个地方有没有加上括号()的运算结果都一样,因为>=跟<这两个符号的优先级都比.AND.高。

用一个实例来示范一次处理两个逻辑表达式的用法。假设台风来临时,如果风势超过 10 级或是降雨量超过 500mm,就停止上班上课。写一个程序来判定明天是否要上班上课。

例 3-3

```
1.    PROGRAM EX0303
2.      IMPLICIT NONE
3.      INTEGER RAIN, WINDSPEED
4.
5.      PRINT *,"RAIN:"
6.      READ *, RAIN
7.      PRINT *,"WIND:"
8.      READ *, WINDSPEED
9.
10.     IF( RAIN>=500 .OR. WINDSPEED>=10)THEN
11.        PRINT *,"停止上班上课"
12.     ELSE
13.        PRINT *,"照常上班上课"
14.     END IF
15.   END
```

程序执行结果如下:

```
RAIN:
100(输入降雨量)
```

WIND:

5(输入风速)

照常上班上课(判断的结果)

最后输出的结果会因输入的不同而改变,只要风刮得太大(超过10级)或是降雨量超过500mm,满足其中一项条件就会输出"停止上班上课"的结果。程序第10行的判断式可以做出正确的判断。

10. IF(RAIN＞=500 .OR. WINDSPEED＞=10)THEN

下面来详细解释逻辑运算符的使用方法。TRUE代表条件成立,FALSE代表条件不成立。

表 3-3 【.AND.】

逻辑 A	逻辑 B	A. AND. B
TURE	TURE	TURE
TURE	FALSE	FALSE
FALSE	TURE	FALSE
FALSE	FALSE	FALSE

".AND."的逻辑运算一定要在前后的两个逻辑量的值都为"真"的情况下,整个表达的值才是"真"。AND本来就可以翻译成"并且"的意思,所以只要有其中一边的值为"假",运算结果也就是"假"。

下面是一些运算结果为"真",从而条件成立的例子:

(10＞5 .AND. 6＜10)! 10＞5和6＜10这两个表达式的值都为"真",整个表达式的值也为"真"。

(2＞1 .AND. 3＞1)! 2和3都比1大,所以整个表达式的值为"真"

下面是一些条件不成立的例子:

(10＞5 .AND. 10＞70)! 10＞5成立,但10＞70不成立,所以整个表达式值为"假"

(1＞2 .AND. 1＞3)! 1＞2和1＞3都不成立,所以整个表达式值为"假"

表 3-4 【.OR.】

逻辑 A	逻辑 B	A. OR. B
TRUE	TRUE	TRUE
TRUE	FALSE	TRUE
FALSE	TRUE	TRUE
FALSE	FALSE	FALSE

.OR.本来就是"或"的意思,所以前后的两个逻辑量只要有一个的值为"真",整个表达式的值就为"真"。

来看一些条件成立的例子:

（1＞5 .OR. 2＜5)！1＞5 不成立,但 2＜5 成立,所以整个表达式的值为"真"

（3＞1 .OR. 2＞1)！3＞1 和 2＞1 都成立,整个表达式的值为"真"

来看看条件不成立的例子：

（1＞5 .OR. 2＞5)！1＞5 和 2＞5 都不成立,整个表达式的值为"假"。

表 3-5 【.NOT.】

逻辑 A	.NOT. A
TRUE	FALSE
FALSE	TRUE

.NOT. 只跟一个表达式做运算,".NOT."的作用是把原本的逻辑结果取反。

来看一个成立的例子：

（.NOT.3＞5)！3＞5 不成立,经过 NOT 取反后的表达式的值为"真"

下面是不成立的例子：

（.NOT. 1＜2)！1＜2 成立,经过 NOT 取反后的表达式的值为"假"

表 3-6 【.EQV.】

逻辑 A	逻辑 B	A.EQV. B
TRUE	TRUE	TRUE
TRUE	FALSE	FALSE
FALSE	TRUE	FALSE
FALSE	FALSE	TRUE

当两边逻辑运算结果相同时,整个表达式的值为"真",其他情况的值为"假"。

下面是成立的例子：

（1＞3 .EQV. 2＞3)！1＞3 和 2＞3 都不成立,结果相同,所以表达式的值为"真"

（1＜2 .EQV. 2＜3)！1＜2 和 2＜3 都成立,结果相同,所以表达式的值为"真"

下面是不成立的例子：

（1＜2 .EQV. 2＞3)！1＜2 成立,但 2＞3 不成立,结果不同,表达式的值为"假"

表 3-7 【.NEQV.】

逻辑 A	逻辑 B	A.NEQV. B
TRUE	TRUE	FALSE
TRUE	FALSE	TRUE
FALSE	TRUE	TRUE
FALSE	FALSE	FALSE

当两边逻辑运算结果不同时,整个表达式的值为"真"。它也是".EQV."的取反。
来看条件成立的例子:

  (1＞2 .NEQV. 3＞2)! 1＞2 不成立,3＞2 成立,两边结果不同,表达式的值为"真"

下面是不成立的例子:

  (1＞2 .NEQV. 2＞3)! 1＞2 和 2＞3 都不成立,两边结果相同,表达式的值为"假"
  (1＜2 .NEQV.2＜3)! 1＜2 和 2＜3 都成立,两边结果相同,表达式的值为"假"

逻辑运算可以通过.AND. ,.OR. ,.NOT. ,.EQV. ,.NEQV. 这几个运算符号连接出很长的表达式,也可以用括号()括起来以确定它们的运算先后顺序。

```
! 如果变量A＞=10而且A＜=20时,也就是A在10~20之间时,条件成立。
IF ((A＞=10).AND.(A＜=20))THEN
! 如果变量KEY等于字符Y或y时,条件会成立。
IF ((KEY = ='Y').OR.( KEY = ='y')) THEN
! 变量A等于10时,条件不成立。
IF(.NOT.(A = =10))THEN
```

上面这几个例子,事实上有没有使用括号结果都一样,不过使用括号的可读性会比较高一些。像下面这个例子就一定要使用括号:

```
IF((A＞0 .AND. B＞0).OR.(A＜0 .AND. B＜0))THEN
```

逻辑变量本身保存的内容就已经是"真"或"假"的布尔变量,所以可以直接放在 IF 的括号中来使用,程序代码中还可以使用关系运算式来设置逻辑变量的内容。

```
LOGICAL_VAR = A＞B
              ↑
```

当 A 的数值大于 B 时,LOGICAL_VAR 这个逻辑变量会被设定成"真"(.TRUE.),否则会被设定为"假"(.FALSE.)

使用 IF 时,可以先把逻辑运算的结果存放到逻辑变量中,再利用逻辑变量来做条件判断。利用这个方法把程序例 3-3 改写如下:

例 3-4

```
1.    PROGRAM EX0304
2.     IMPLICIT NONE
3.     INTEGER RAIN, WINDSPEED
4.     LOGICAL R,W
5.
6.     PRINT *,"RAIN:"
7.     READ *,RAIN
8.     PRINT *,"WIND:"
9.     READ *,WINDSPEED
```

```
10.
11.     R =(RAIN>=500)! 如果 RAIN>=500,R=.TRUE.,否则 R=.FALSE.
12.     W =(WINDSPEED>=10)
13.     ! 如果 WINDSPEED>=10,W=.TRUE.,否则 W=.FALSE.
14.     IF( R .OR. W )THEN ! 只要 R 或 W 有一个值是 TRUE 就成立
15.         PRINT *,"停止上班上课"
16.     ELSE
17.         PRINT *,"照常上班上课"
18.     END IF
19.
20.     END
```

通常在 IF 中的逻辑判断非常复杂,只有需要使用到重复的逻辑运算时,才会配合逻辑变量来使用,以增加程序代码的可读性。某些情况下使用逻辑变量可以增加执行效率,下面的章节会做出示范。

3. 多重判断 IF – ELSE IF

IF 可以配合 ELSE IF 来做多重判断,多重判断可以一次列出多个条件及多个程序模块。但是其中最多只有一个条件成立,也就是最多只有其中一个程序模块会被执行。

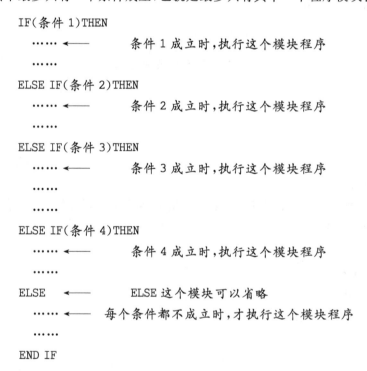

最后的 ELSE 模块可以省略,省略 ELSE 这个模块时,如果每个条件都不成立,则不会有任何一个模块的程序被执行,程序会继续从 END IF 后面来执行下去。

通过一个实例来示范"多重判断"的使用方法。小许这次的微积分考试得了 85 分,如果把成绩分成 A,B,C,D,E 这 5 个等级,而 90~100 分为 A 级、80~89 分为 B 级、70~79 分为 C

级、60～69 分为 D 级、60 分以下为 E 级。请写一个程序来判定小许这次微积分成绩的等级。

例 3-5

```
1.    PROGRAM EX0305
2.      IMPLICIT NONE
3.      INTEGER SCORE
4.      CHARACTER GRADE
5.
6.      PRINT *,"SCORE:"
7.      READ *,SCORE
8.
9.      IF( SCORE>=90 .AND. SCORE<=100 )THEN
10.        GRADE = 'A'
11.     ELSE IF( SCORE>=80 .AND. SCORE<90 )THEN
12.        GRADE = 'B'
13.     ELSE IF( SCORE>=70 .AND. SCORE<80 )THEN
14.        GRADE = 'C'
15.     ELSE IF( SCORE>=60 .AND. SCORE<70 )THEN
16.        GRADE = 'D'
17.     ELSE IF( SCORE>=0 .AND. SCORE<60 )THEN
18.        GRADE = 'E'
19.     ELSE
20.        ! SCORE<0 或 SCORE>100 的不合理情况
21.        GRADE = '?'
22.     END IF
23.
24.     WRITE( *,"('GRADE:',A1)"),GRADE
25.
26.   END
```

执行结果如下：

SCORE:

（输入 85）

GRADE: B(判定得到等级"B")

这个程序声明了两个变量 SCORE 及 GRADE，分别用来记录成绩及等级。第 7 行读取成绩之后，在第 9 行开始进入多重判断的部分。

  9. IF(SCORE>=90 .AND. SCORE<=100)THEN

这个语句成立的条件就是要变量 SCORE>=90 而且 SCORE<=100 时。也就是"分数在 90 分到 100 分之间时条件成立"。若这个条件成立，会执行："GRADE='A'"，也就是把等

级设置成"A"级。

程序的第 11,13,15,17 行的 ELSE IF(…)THEN 都是在做多重判断的工作。所做的工作就是把：

(1)分数在 80~89 间时,等级设为"B"(第 11,12 行)
(2)分数在 70~79 间时,等级设为"C"(第 13,14 行)
(3)分数在 60~69 间时,等级设为"D"(第 15,16 行)
(4)分数在 60 以下时,等级设为"E"(等 17,18 行)

第 19 行的 ELSE,是为了处理当条件完全出乎程序所设置的判断情况时。在多重判断当中,并不是一定要出现 ELSE 这个语句,但是为了能够完整地处理所有的情况,最好在所有的多重判断最后都能加入 ELSE,用来处理所有的意外情况。这个程序中只承认 0 到 100 分之间的分数是"正常"的成绩,所以当输入的分数大于 100 或小于 0 时,都会执行属于 ELSE 的程序模块,把等级设置成不知道"?"。

多重判断会按顺序从第 1 个 IF 开始尝试着做逻辑运算,遇到成立的表达式就执行相对应的程序模块,执行完后再跳到 END IF 后继续执行程序。每个条件都不成立时才会执行 ELSE 中的模块(如果有这个模块的话)。简而言之,程序只会执行其中一个符合条件的程序模块。根据这个策略,例 3-5 在逻辑运算方面可以简化成下面的样子：

例 3-6

```
1.    PROGRAM EX0306
2.    IMPLICIT NONE
3.    INTEGER SCORE
4.    CHARACTER GRADE
5.
6.    PRINT *,"SCORE:"
7.    READ *, SCORE
8.
9.    IF(SCORE>100)THEN
10.       GRADE = '?'
11.    ELSE IF(SCORE> = 90)THEN   ! 会执行到此,代表 SCORE< = 100
12.       GRADE = 'A'
13.    ELSE IF(SCORE> = 80)THEN   ! 会执行到此,代表 SCORE<90
14.       GRADE = 'B'
15.    ELSE IF(SCORE> = 70)THEN   ! 会执行到此,代表 SCORE<80
16.       GRADE = 'C'
17.    ELSE IF(SCORE> = 60)THEN   ! 会执行到此,代表 SCORE<70
18.       GRADE = 'D'
19.    ELSE IF(SCORE> = 0)THEN    ! 会执行到此,代表 SCORE<60
20.       GRADE = 'E'
21.    ELSE
22.       GRADE = '?'
```

```
23.    END IF
24.
25.    WRITE(*,"('GRADE:',A1)")GRADE
26.
27.    END
```

这个程序和上一个实例的执行结果完全相同,只是写法不同。每一个条件都只使用了一个判断式,比原本的方法简练了许多,不过在效果上却是完全相同的。因为 IF-ELSE IF 所组合出来的多重判断式只会执行第一个符合条件的程序模块,执行完就跳到 END IF 离开。以 85 分作为例子来看看实际执行过程:

(1)第 9 行的 IF(SCORE>100)不会成立,跳到下一个 ELSE IF。既然这个表达式不成立,那 SCORE 一定小于等于 100。

(2)第 11 行的 IF(SCORE>=90)不会成立,跳到下一个 ELSE IF。既然这个表达式不成立,那 SCORE 一定小于 90。

(3)第 13 行的 IF(SCORE>=80)会成立,而经过前面两个判断式不成立后,已经可以确定 SCORE<90,所以 SCORE 在 80 到 90 分之间,等级为 B。执行完这个程序模块后,再跳到第 23 行的 END IF 后面继续执行程序。

第 15,17,19 行的条件判断式,虽然在逻辑上 85>70、85>60、85>0 都是成立的。但是因为在第 13 行的条件已经先成立,程序执行位置会在第 14 行执行完后就跳离整个 IF 语句,不会再有机会执行到这 3 行条件判断。

比较例 3-6 和例 3-5 这两个程序,以程序可读性来说例 3-5 更好一些,但以执行效率来说是例 3-6 比较好。因为例 3-6 的每一个 IF 判断式都只有 1 个表达式,例 3-5 都有 2 个表达式,自然是例 3-6 所需要的运算量会比较少。

如果不使用多重判断,利用很多个独立的 IF 语句,同样可以编写判别成绩等级的程序。来看看下一个实例:

例 3-7

```
1.     PROGRAM EX0307
2.      IMPLICIT NONE
3.      INTEGER SCORE
4.      CHARACTER GRADE
5.
6.      PRINT *,"SCORE:"
7.      READ *, SCORE
8.
9.      IF(SCORE>=90 .AND. SCORE<=100 )GRADE='A'
10.     IF(SCORE>=80 .AND. SCORE<=90  )GRADE='B'
11.     IF(SCORE>=70 .AND. SCORE<=80  )GRADE='C'
12.     IF(SCORE>=60 .AND. SCORE<=70  )GRADE='D'
13.     IF(SCORE>=0  .AND. SCORE<=60  )GRADE='E'
```

```
14.    IF(SCORE>100 .OR. SCORE<0 )GRADE = '?'
15.
16.    WRITE( * ,"('GRADE:',A1)")GRADE
17.
18.    END
```

程序执行结果和前两个实例相同,但这次的写法是最没有效率的方法。因为每个 IF 都是互相独立的,所以从第 9 行到第 14 行之间的 6 个 IF 里的逻辑表达式一定都会去执行。同样以 85 分的情况来看执行过程:

(1)第 9 行的 IF 不成立,离开这段 IF 语句,来到第 10 行。

(2)第 10 行的 IF 成立,这个程序模块把 GRADE 设置成 B。接着离开这段 IF 语句,来到第 11 行。

(3)第 11 行的 IF 不成立,离开这段 IF 语句,来到第 12 行。

(4)第 12 行的 IF 不成立,离开这段 IF 语句,来到第 13 行。

(5)第 13 行的 IF 不成立,离开这段 IF 语句,来到第 14 行。

(6)第 14 行的 IF 不成立,离开这段 IF 语句。

这 6 个 IF 语句是独立的,所以每个逻辑表达式会按顺序一个一个做下去,不像使用 IF - ELSE IF 时可以跳过其中几个。所以这个写法虽然执行起来有相同效果,但执行效率会比较差。

如果把这个程序的 9 到 14 行改写成下面的样子就会大错特错。

```
9.     IF(SCORE> = 90)GRADE = 'A'
10.    IF(SCORE> = 80)GRADE = 'B'
11.    IF(SCORE> = 70)GRADE = 'C'
12.    IF(SCORE> = 60)GRADE = 'D'
13.    IF(SCORE> = 0)GRADE = 'E'
14.    IF(SCORE>100 .OR. SCORE<0 )GRADE = '?'
```

执行后会发现,永远都只可能得到"E"和"?"两种结果。同样以 85 分的情况来看执行过程:

(1)第 9 行 SCORE>=90 不成立。

(2)第 10 行 SCORE>=80 成立,执行 GRADE='B'。

(3)第 11 行 SCORE>=70 成立,执行 GRADE='C'。

(4)第 12 行 SCORE>=60 成立,执行 GRADE='D'。

(5)第 10 行 SCORE>=0 成立,执行 GRADE='E'。

(6)第 14 行 SCORE>100 .OR. SCORE<0 不成立。

可以发现 GRADE 被重新设置了 4 次内容,最后得到的值是 E。在这里因为每个 IF 都是独立的,所以逻辑表达式不能像例 3 - 6 那样使用。

4. 嵌套 IF 语句

介绍完多重判断 IF - ELSE IF 后,现在来介绍多层 IF 的使用。

```
    IF( … )THEN        第 1 层 IF 开始
     IF( … )THEN       第 2 层 IF 开始
      IF( … )THEN      第 3 层 IF 开始
      ELSE IF( … )THEN
      ELSE
      END IF           第 3 层 IF 结束
     END IF            第 2 层 IF 结束
    END IF             第 1 层 IF 结束
```

当第 1 层的 IF 成立时,才有可能执行到第 2 层 IF 的程序代码。简单地说,要先通过第 1 关的考验,才有可能来到第 2 关,通过第 2 关才能到达第 3 关,这种 1 层接着 1 层的结构被称为嵌套结构。

以一个简单的数学问题来示范嵌套 IF 的用法。在 2D 的平面坐标系上,可以区分出四个象限。写一个程序来读入一个(X,Y)的坐标值,并判断这个点式位于哪个象限中。

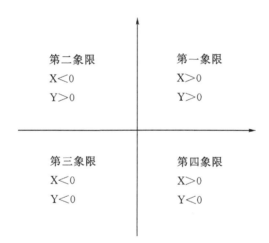

例 3 - 8

```
1.   PROGRAM EX0308
2.    IMPLICIT NONE
3.    REAL X,Y
4.    INTEGER ANS
5.
6.    PRINT *,"INPUT(X , Y)"
7.    READ *, X,Y
8.
9.    IF( X>0 )THEN
10.     IF(Y>0)THEN ! X>0,Y>0
11.       ANS = 1
12.     ELSE IF(Y<0)THEN ! X>0, Y<0
13.       ANS = 4
```

```
14.        ELSE ! X>0, Y = 0
15.           ANS = 0
16.        END IF
17.     ELSE IF(X<0)THEN
18.        IF(Y>0)THEN ! X<0, Y>0
19.           ANS = 2
20.        ELSE IF(Y<0)THEN ! X<0, Y<0
21.           ANS = 3
22.        ELSE ! X<0, Y = 0
23.           ANS = 0
24.        END IF
25.     ELSE ! X = 0, Y = 任意数
26.        ANS = 0
27.     END IF
28.
29.     IF( ANS/ = 0 )THEN ! ANS 不为 0 时,代表有解
30.        WRITE( * ,"('第',I1,'象限')")ANS
31.     ELSE
32.        WRITE( * , * )"落在轴上"
33.     END IF
34.
35.     END
```

程序执行后会要求输入 X,Y 坐标值,输入 1,1 时会输出:

第 1 象限

这个程序先把整个坐标系分成左、右两边来看。左边就是 X<0 的部分,在这个部分中,如果 Y>0 时,坐标就在第 2 象限;如果 Y<0 时,坐标就在第 3 象限。右边是指 X>0 的部分,如果 Y>0 则坐标就在第 1 象限;如果 Y<0 则坐标就在第 4 象限。X=0 或 Y=0 时,都是坐标点落在轴上面的情况。

3.2 浮点数及字符的逻辑运算

使用浮点数及字符来做逻辑判断时,有一些注意事项需要了解。

1. 浮点数的逻辑判断

使用浮点数来做逻辑运算时,要避免使用"等于"的判断。因为使用浮点数做计算时,有效位数是有限的,难免会出现计算上的误差,理想中的等号不一定会成立。要使用浮点数来做"等于"的逻辑判断时,最好用其他方法来取代。来看看下面的例子。

例 3 - 9

```
1.    PROGRAM EX0309
```

```
2.    IMPLICIT NONE
3.    REAL A
4.    REAL :: B = 3.0
5.
6.    A = SQRT(B)**2 - B ! 理论上 A 应该要等于 0
7.
8.    IF(A = = 0.0)THEN
9.        PRINT *,"A 等于 0"
10.   ELSE
11.       PRINT *,"A 不等于 0"
12.   END IF
13.   END
```

虽然理论上 $a=\sqrt{b^2}-b=0$，但是这个程序实际执行出来的结果，A 并不一定会为 0，第 8 行的 IF 并不一定会成立，程序有可能会输出"A 不等于 0"这个字符串。这是因为有效位数的问题。计算 SQRT(3.0)时，就只能使用有限的位数来记录这个计算结果，SQRT(3.0)的值从一开始就会有误差，再把这个有误差的数值拿来做乘幂，得到的结果不会是 3，它会是一个接近 3 的数值。

这个程序如果把变量 B 的初值改成 4，第 8 行的判断式就会成立，读者可以试试看。因为 SQRT(4)＝2，这是一个可以被正确记录的数值。SQRT(3)会是无穷小数，没有办法使用浮点数来正确记录它。

浮点数的计算误差经常会发生，所以在判断式中，要给误差预留一点空间。上面的实例就应该用下面的方法来改写。

例 3-10

```
1.    PROGRAM EX0310
2.    IMPLICIT NONE
3.    REAL A
4.    REAL :: B = 4.0
5.    REAL, PARAMETER :: E = 0.0001 ! 设置误差范围
6.
7.    A = SQRT(B)**2 - B ! 理论上 A 应该要等于 0
8.
9.    IF(ABS(A - 0.0)< = E)THEN
10.       PRINT *,"A 等于 0"
11.   ELSE
12.       PRINT *,"A 不等于 0"
13.   END IF
14.   END
```

判断 A 是否为 0 的程序代码被改写成第 9 行的写法：

9. IF(ABS(A－0.0)＜＝E)THEN

ABS这个函数是取绝对值。程序设置计算误差大小为0.0001,当A＞＝－0.0001而且A＜＝0.0001时,都视为A等于0。误差范围大小通常要视计算时的数值范围来设置。

2. 字符的逻辑判断

除了数字可以拿来互相比较大小之外,字符也可以互相比较大小。比较字符大小的根据是比较它们的字符码,因为在保存字符时,事实上就是保存它的字符码。个人计算机都使用ASCII字符码。举例说明如下:

´a´＜´b´
! 因为a的ASCII码为97,b的ASCII码为98
´A´＜´a´
! 因为A的ASCII码为65,a的ASCII码97
″abc″＜″bcd″
! 根据字母顺序来比较,字符串″abc″的第1个字符小于字符串″bcd″的第1个字符
″abc″＜″abcd″
! 根据字母顺序来做比较,两个字符串的前三个字符都一样,
! 但字符串″abcd″比字符串″abc″多了1个字符

用一个程序实际读入两个字符串来做比较。

例3－11

```
1.    PROGRAM EX0311
2.    IMPLICIT NONE
3.    CHARACTER(LEN＝20)∷STR1,STR2
4.    CHARACTER RELATION
5.
6.    PRINT * ,″STRING 1:″
7.    READ( * ,″(A20)″)STR1
8.    PRINT * ,″STRING 2:″
9.    READ( * ,″(A20)″)STR2
10.
11.   IF(STR1＞STR2 )THEN
12.      RELATION ＝ ´＞´
13.   ELSE IF(STR1 ＝＝ STR2 )THEN
14.      RELATION ＝ ´＝´
15.   ELSE
16.      RELATION ＝ ´＜´
17.   END IF
18.
19.   WRITE( * ,″(´STRING1´,A1,´STRING2´)″)RELATION
```

20.
21.   END

3.3　SELECT CASE 语句

SELECT CASE 语句是收录在 Fortran 90 的标准当中,不过市面上各家的 Fortran 77 编译器几乎早就把 SELECT－CASE 当成 Fortran 77 的不成文标准了。

写程序时有时会使用"多重判断",我们学习过使用 IF 来完成"多重判断"的方法,现在来学习用另一个在语法上更简洁的方法来做这个工作。使用新的语法 SELECT CASE 来改写判断分数等级的程序例 3－5。

例 3－12

```
1.    PROGRAM EX0312
2.    IMPLICIT NONE
3.    INTEGER SCORE
4.    CHARACTER GRADE
5.
6.    PRINT *,"SCORE:"
7.    READ *,SCORE
8.
9.    SELECT CASE(SCORE)
10.   CASE(90:100) ! 90 到 100 分之间
11.     GRADE = 'A'
12.   CASE(80:89) ! 80 到 89 分之间
13.     GRADE = 'B'
14.   CASE(70:79) ! 70 到 79 分之间
15.     GRADE = 'C'
16.   CASE(60:69) ! 60 到 69 分之间
17.     GRADE = 'D'
18.   CASE(0:59) ! 0 到 59 分之间
19.     GRADE = 'E'
20.   CASE DEFAULT ! 其他情况
21.     GRADE = '?'
22.   END SELECT
23.
24.   WRITE(*,"('GRADE:',A1)")GRADE
25.
26.   END
```

程序执行结果和例 3－5 判断成绩等级的程序是一模一样的。从这个例子很容易就可以了解 SELECT－CASE 的使用方法。事实上,通常在 SELECT－CASE 语句中的一个判断式,不会完全用来判断变量是否落在一个数值范围中,而是用来判断变量是否等于某个数值。详细语法介绍如下:

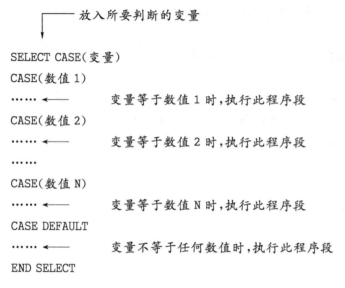

CASE DEFAULT 程序模块并没有规定一定要出现。在 CASE 里的冒号前后放入两个数值时,代表在这两个数字范围中的所有数值。CASE 的括号里还可以用逗号来放入多个数值。

```
CASE(1)        ! 变量＝1 时,会执行这个 CASE 中的程序模块
CASE(1:5)      ! 1＜＝变量＜＝5 时,会执行这个 CASE 中的程序模块
CASE(1: )      ! 1＜＝变量时,会执行这个 CASE 中的程序模块
CASE( :5)      ! 变量＜＝5 时,会执行这个 CASE 中的程序模块
CASE(1,3,5)    ! 变量等于 1 或 3 或 5 时,会执行这个 CASE 中的程序模块
```

使用 SELECT CASE 来取代某些使用 IF－ELSE IF 的多重语句,会让程序代码看起来比较简洁。不过使用 SELECT CASE 有一些限制:

(1)只能使用整数(INTEGER),字符(CHARACTER),及逻辑变量(LOGICAL),不能使用浮点数及复数。

(2)每个 CASE 中所使用的数值必须是固定的常量,不能使用变量。

使用浮点数时,不能用 SELECT－CASE 来做多重判断,只能使用 IF－ELSE IF 的做法。另外一个限制就是每个 CASE 里面的数值必须是常量,像下面这一段程序就是错误的:

```
A = 65
B = 97
READ * , KEY
SELECT CASE(KEY)
CASE(A)! 这一行程序错误,CASE 中不能使用变量
……
```

```
      CASE(B)！ 这一行程序错误,CASE 中不能使用变量
      ……
      CASE(C)！ 如果 C 是声明成 PARAMETER 的常量,才能在这里使用
      ……
```

再来看一个实例,下面是一个小型的交互式计算机程序。

例 3-13

```
1.    PROGRAM EX0313
2.      IMPLICIT NONE
3.      REAL A, B, ANS
4.      CHARACTER OPERATOR
5.
6.      READ *, A
7.      READ( *,"(A1)")OPERATOR ！不赋值格式时,有些机器会读不到除号"/"
8.      READ *, B
9.
10.     SELECT CASE(OPERATOR)
11.     CASE( ´+´ )
12.       ANS = A + B
13.     CASE( ´-´ )
14.       ANS = A - B
15.     CASE( ´*´ )
16.       ANS = A * B
17.     CASE( ´/´ )
18.       ANS = A/B
19.     CASE DEFAULT ！输入其他符号不处理
20.       WRITE( * ,"( ´UNKNOWN OPERATOR´, A1 )")OPERATOR
21.       STOP ！结束程序
22.     END SELECT
23.
24.     WRITE( * ,"( F6.2, A1, F6.2, ´=´, F6.2 )")A, OPERATOR, B, ANS
25.
26.   END
```

程序执行后会要求输入 3 笔数据,最后把输入的两个数字拿来做加减乘除的其中一项运算。

```
100.           （第 1 笔数据输入要输入第 1 个数字）
+              （第 2 笔数据输入要第输入 + - * / 其中一个操作符）
200            （第 3 笔数据输入要输入第 2 个数字）
100.0 + 200.0 = 300.0    （最后会输出计算结果）
```

这个程序与本章最初始的计算机程序比较起来进步了一些，表达式不在需要事先写好在程序代码中，但输入接口差了一些。

3.4 其他流程控制

除了 IF 和 SELECT CASE 之外，Fortran 还有一些控制流程的命令，其中最重要的是 GOTO 命令。

1. GOTO

GOTO 语句从 Fortran77 之前就流传下来了，但不建议读者使用它。因为使用 GOTO 编写的程序在结构上会很乱，导致程序代码难以阅读。在这里之所以要介绍 GOTO 的目的，是希望读者不会看不懂一些用古典风格编写的 Fortran 程序。

Fortran 程序中，任何一行程序代码都可以加上自定义"代码"，不是只有用到 FORMAT 语句时才能给定代码。而 GOTO 命令就是提供程序员一个任意跳跃的所赋值"行代码"的那一行程序位置来执行程序的能力。来看看把前面判断一个人是否过重的程序例 3-2 使用 GOTO 改写后的形式。

例 3-14

```
1.      PROGRAM EX0314
2.      IMPLICIT NONE
3.      REAL HEIGHT ! 记录身高
4.      REAL WEIGHT ! 记录体重
5.
6.      PRINT *,"HEIGHT:"
7.      READ *, HEIGHT ! 读入身高
8.      PRINT *,"WEIGHT:"
9.      READ *, HEIGHT ! 读入体重
10.
11.     IF( WEIGHT > HEIGHT - 100)GOTO 200
12.     ! 上面不成立，没有跳到200才会执行这里
13. 100 PRINT *,"UNDER CONTROL."
14.     GOTO 300 ! 下一行不能执行所以要跳到300
15. 200 PRINT *,"TOO FAT !"
16.
17. 300 CONTINUE
18.     END
```

程序前半段并没有什么改变，在没有遇到 GOTO 时，程序仍然是一行行地向下执行。在第 11 行中，如果条件成立，程序会跳到代码为 200 的第 15 行去，显示：

TOO FAT!

如果条件不成立，程序就会执行第 13 行，输出下面的字符串：

UNDER CONTROL.

接着再执行第 14 行的 GOTO 300，这个命令会导致执行路径跳到行代码为 300 的第 17 行结束程序。如果没有第 14 行的跳跃操作，程序会继续执行第 15 行的 WRITE 命令。

GOTO 所要跳跃的目的地，可以是程序代码中的任何一个有设置"行代码"的地方，这个位置可以在 GOTO 命令的前面或后面。下面是使用 GOTO 所编写的"循环"。

例 3-15

```
1.   PROGRAM EX0315
2.     IMPLICIT NONE
3.
4.     INTEGER I ! 用来累加使用
5.     INTEGER,PARAMETER ::N = 10 ! 被当成常量,用来限定 I 的累加
                                     次数
6.     DATA I /0/
7.
8. 10  WRITE( * , ´(1X, A3, I2 )´)´I =´, I
9.     I = I + 1
10.
11.    IF( I<N)GOTO 10 ! I<10 就跳回代码为 10 的那一行
12.    END
```

这个程序很有趣，它会重复执行第 9 行的 WRITE 命令 10 次，所以会出现下面这 10 行输出。

I = 0
I = 1
I = 2
I = 3
I = 4
I = 5
I = 6
I = 7
I = 8
I = 9

这个程序声明了两个变量：

4. INTEGER I   ! 用来累加使用
5. INTEGER N   ! 被当成常量,用来限定 I 的累加次数

程序开始后会一直执行到第 11 行，然后看看 I 是否小于 N。如果 I<N 就返回代码为 10

的第9行来执行。因为I的初始值为0,每次执行到第10行时,I的数值就会累加上1。这个操作会一直重复到I=10的时候才会停止,所以屏幕上会输出10次变量I的数值,而且这个数值每次会增加1。这个程序会顺便引出了下一章所要介绍的"循环"的概念。

GOTO还有一种用法,程序代码中可以一次提供几个跳跃点,根据GOTO后面的算式来选择要使用哪一个跳跃点。

例 3-16

```
1.      PROGRAM EX0316
2.      IMPLICIT NONE
3.      INTEGER I
4.      INTEGER N
5.      DATA I , N /2,1/
6.      ! I/N=1 时 GOTO 10,I/N=2 时 GOTO 20,I/N=3 时 GOTO 30
7.      ! I/N<1 或 I/N 时不做 GOTO,直接执行下一行
8.         GOTO( 10,20,30)I/N
9.  10     10 WRITE( * , * )´I/N=1´
10.        GOTO 100
11. 20     WRITER( * , * )´I/N=2´
12.        GOTO 100
13. 30     WRITER( * , * )´I/N=3´
14.
15.    100 CONTINUE
16.    END
```

程序代码中已经写定I=2、N=1,所以执行后输出I/N=2。这个GOTO的用法并不被常用,笔者的建议是不要去使用它。

最后还要强调一点,虽然GOTO命令看起来很具有威力,但是建议不是必要时,不要使用。因为它很容易破坏程序的结构,在程序写到成百上千行时,如果其中包含了许多GOTO命令,阅读程序代码时,要到处去寻找"跳跃点",这会造成程序难以维护及修改。

2. IF 与 GOTO 的联用

IF判断还有一种叫做算术判断的方法,它的做法跟GOTO有点类似。直接来看一个实例。

例 3-17

```
1.     PROGRAM EX0317
2.     IMPLICIT NONE
3.     REAL A, B
4.     REAL C
5.     DATA A, B /2.0, 1.0 /
6.
7.     C = A - B
```

```
8.        ! C<0 就 GOTO 10,C=0 就 GOTO 20,C>0 就 GOTO 30
9.           IF( C )10,20,30
10.    10    PRINT *, 'A<B'
11.       GOTO 40
12.    20    PRINT *, 'A = B'
13.       GOTO 40
14.    30    PRINT *, 'A>B'
15.    40    CONTINUE
16.    END
```

程序代码中已经固定 A=2、B=1,所以最后会输出 A>B。算术 IF 要配合行代码来使用,在这个实例中,IF 会去查看 C 的数值,如果 C<0 时,程序会跳跃到行号为 10 的地方来执行程序,C=0 时,程序会跳跃到行代码为 20 的地方去,C>0 时,程序会跳跃到行代码为 30 的地方去。这个语法同样不建议大家使用。

3. PAUSE, CONTINUE, STOP

PAUSE 的功能就跟它的字面意义相同,程序执行到 PAUSE 时,会暂停执行,直到用户按下 Enter 键才会继续执行。这可以应用在屏幕上要连续输出许多页的数据时,在该换页的地方加上一个 PUASE。等用户看完一页数据后,按 ENTER 键再来读下一页的资料。

CONTINUE 这个命令已经在上面介绍过了,它并没有实际的用途,它的功能就是"继续向下执行程序"。在 Fortran 77 中,如果把 CONTINUE 放在适当的地方,可以方便阅读程序代码;在 Fortran 90 之后就不大会有机会使用到它。

STOP 的功能也跟它的字面意义相同,程序执行到 STOP 时程序停止执行,与 END 语句不同的地方在于,一个程序可以有多个 STOP 语句存在。

3.5 二进制的逻辑运算

二进制的逻辑运算跟 IF 中的逻辑判断式不太相同,它比较接近单纯的数字运算。这一节所要介绍的二进制的逻辑运算都是 Fortran90 中所提供的功能。

二进制的数字只有 0 和 1 两种,应用上通常都把 0 当成逻辑上的 FALSE,1 当成逻辑上的 TURE。用 0,1 来表示逻辑上的集合运算时,都可以得到下面结果:

```
0.AND.0 = 0      0.AND.1 = 0
1.AND.0 = 0      1.AND.1 = 1
```

这个结果跟本章第一节所列的表是相同的,只是用 0/1 取代 FALSE/TURE 而已。计算机在记录数值时,是以二进制的方法来保存,也就是以一连串的布尔变量,这一连串的布尔变量也可以拿来做逻辑的集合运算。

Fortran 90 的库函数中,IAND 用来做二进制 AND 计算,IOR 用来做二进制的 OR 计算。来看几个实例:

```
A = 2          ! A 等于二进制的 010
```

```
B = 4           ! B等于二进制的 100
C = IAND(A,B)   ! C = 0,也就是二进制的 000
C = IOR(A,B)    ! C = 6,也就是二进制的 110
```

IAND,IOR 这两个函数都是把输入的两个整数中,同样位置的位值进行逻辑运算,上面实例中的计算写成下面的形式可以看得比较清楚。

```
        0  1  0            0  1  0
        1  0  0            1  0  0
   AND  ↓  ↓  ↓       OR   ↓  ↓  ↓
        0  0  0            1  1  0
```

Fortran 90 对二进制的操作还不止如此,读者可以参考编程软件帮助文件中的函数表。这些功能可以使 Fortran 更加能够掌握控制内存的能力。

顺便再提一点,Fortran 90 在设置整数时,可以不使用十进制的方法,而是用其他进制的方法来做设置。某些状况下,使用十六进制或是二进制来设置数值会比较方便。

```
INTEGER   :: A
A = B"10"   ! A = 2,二进制的 10 相当于十进制的 2
A = O"10"   ! A = 8,八进制的 10 相当于十进制的 8
A = Z"10"   ! A = 16,十六进制的 10 相当于十进制的 16
```

把数字用双引号括起来,最前面加上 B(Binary)代表这段数字是二进制数字,同理最前面用 O(Octal)代表要使用八进制,最前面用 Z 代表要使用十六进制。要注意十六进制中可以使用数字 0~9 及 A,B,C,D,E,F,其中 A = 10,B = 11,……,F = 15。也就是说十六进制的 A 等于十进制的 10,Z"A" = 10。

本章要点

(1)结构化编程,包含了高级语言的三种基本结构:顺序结构、选择结构和循环结构。

(2)选择结构要通过对某些具体条件的判断来使得程序在执行当中进行转向、跳过某些程序模块来执行程序代码,这个功能主要依靠 IF 这个关键字来实现。

(3)IF 后的逻辑判断式的值为"真"时,会执行这个区块中的程序;IF 中逻辑判断式的值为"假"时,会跳跃到 END IF 后的地方继续执行。

(4)IF 命令还可以搭配上 ELSE,当逻辑判断式的值为"假"时,会去执行 ELSE 之后的一段程序代码。

(5)IF 命令需要搭配逻辑表达式(包括关系运算式或逻辑运算式)才能使用。一个逻辑表达式,可以不只是单纯的两个数字间互相比较大小(即关系运算式)。它还可以由两个甚至多个小逻辑表达式组合而成。每个关系运算式使用关系运算符号进行运算,而最终将得到一个逻辑型的量 .TRUE. 或者 .FALSE.。

(6)Fortran 90 的关系运算符有:"= =","/=",">",">=","<","<="。逻辑运算符有:".AND.",".OR.",".NOT.",".NOT.",".NEQV."。

(7)IF 可以配合 ELSE IF 来做多重判断,多重判断可以一次列出多个条件及多个程序模块。但是其中最多只有一个条件成立,也就是最多只有其中一个程序模块会被执行。

(8)多层的 IF – ELSE – ENDIF 也可以嵌套使用。

(9)SELECT – CASE 语句也经常用来进行多重的判断。

习 题

1. 假如所得税有 3 个等级,月收入在 1000 元以下的税率为 3%,在 1000 元至 5000 元之间的税率为 10%,在 5000 元以上的税率为 15%。请写一个程序来输入一位上班族的月收入,并计算他(她)所应缴纳的税金。

2. 某电视台的晚上 8 点节目安排如下:

星期一、四:新闻

星期二、五:电视剧

星期三、六:卡通片

星期日:电影

请写一个程序,可以输入星期几来查询当天晚上的节目。

3. 假如所得税有三个等级,而且随年龄不同又有不同算法:

第一类:低年级(不满 50 岁)

月收入在 1000 元以下的税率为 3%,在 1000 元至 5000 元之间的税率为 10%,在 5000 元以上的税率为 15%。

第二类:老年级(50 岁以上)

月收入在 1000 元以下的税率为 5%,在 1000 元至 5000 元之间的税率为 7%,在 5000 元以上的税率为 10%。

请写一个程序来输入一位上班族的年龄、年收入,并计算他(她)所应缴纳的税金。

4. 在一年当中,通常有 365 天。但是如果是闰年时,一年则有 366 天。在公历中,闰年的策略如下:(以公元来记年)

(1)年数是 4 的倍数时,是闰年

(2)年数是 100 的倍数时是例外,不当闰年记。除非它刚好又是 400 的倍数。

请写一个程序,让用户输入一个公元的年份,然后交给程序来判断这一年当中会有多少天。

5. 输入 4 个数 A,B,C,D,按由大到小的顺序打印出来。

6. 编写一个函数,判断一个整数是否素数。

7. 利用上一编程结果,对 1000 以内的所有偶数验证哥德巴赫猜想。即:对于大于 2 的任一偶数,先分解为两个奇数之和,然后验证第一个奇数是否素数,如果是,再验证第二个奇数是否素数,如果两个奇数都是素数,则输出结果。(要求给出所有把偶数分解成两个素数之和的等式)。并统计,每个偶数可以分解的等式个数(两个素数互换位置的不算一个独立的结果),研究随着偶数增大,分解的等式个数的变化规律。

8. 输入一个自然数,进行因子分解并输出结果,例如 24=1×2×2×2×3。(输出格式不限。)

第 4 章 循 环

循环可以用来自动重复执行某一段程序代码,善用循环可以让程序代码变得很精简。循环有两种执行格式,第一种格式会固定重复程序代码 n 次。另一种格式则是不固定重复几次,一直执行到出现跳出循环的命令为止。

4.1 DO 循环

有许多程序都是执行一次就结束了,如果想再做一次同样的事情,就要再重新执行一次程序。写程序时有时候会希望能自动连续重复执行某一段程序代码,这个时候就需要使用"循环"。

先来看一段实例程序,假如我们想对一个好朋友连说 10 次 HAPPY BIRTHDAY,用前面学过的方法要连续用 10 个 WRITE 命令来显示 10 行 HAPPY BIRTHDAY。使用循环就不需要这么麻烦。

例 4-1

```
1.   PROGRAM EX0401
2.     IMPLICIT NONE
3.     INTEGER COUNTER
4.     INTEGER, PARAMETER :: LINES = 10
5.     ! COUNTER<＝LINES 之前会一直重复循环
6.     ! 每执行一次循环 COUNTER 会累加 1
7.     DO COUNTER = 1, LINES, 1
8.       PRINT *, "HAPPY BIRTHDAY", COUNTER
9.     END DO
10.
11.  END
```

程序执行后显示 10 行 HAPPY BIRTHDAY,每一行最后还会有计算行数用的数字:

```
HAPPY BIRTHDAY      1
HAPPY BIRTHDAY      2
HAPPY BIRTHDAY      3
HAPPY BIRTHDAY      4
HAPPY BIRTHDAY      5
HAPPY BIRTHDAY      6
HAPPY BIRTHDAY      7
HAPPY BIRTHDAY      8
```

| HAPPY BIRTHDAY | 9 |
| HAPPY BIRTHDAY | 10 |

这个程序会重复执行循环中(第 7 行到第 9 行中)的程序代码 10 次。下面是 DO 的详细语法：

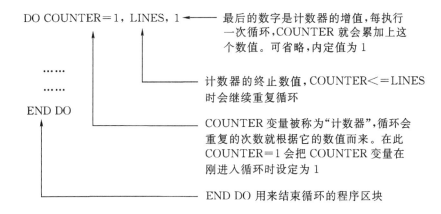

DO 循环中，用来决定循环执行次数的变量，通常被称为这个循环的"计数器"。本书都会以"计数器"这个名词来称呼这一类变量。计数器会在循环的一开始就设置好它的初值、终值以及增量，每进行一次循环，计数器就会累加上前面所设置的增量，当计数器超过终值时就会结束循环。

DO 循环中的计数器的初值、循环终止值及循环增量值可以用常量或是变量来指定。

实例程序例 4-1 在每个循环中除了显示 HAPPY BIRTHDAY 外，还会显示计数器 COUNTER 的内容。可以发现计数器 COUNTER 每经过一次循环，数值就会累加上 1。执行到第 10 次循环时 COUNTER=10，进行第 11 次循环前 COUNTER 累加 1 变成 11，这个时候 COUNTER<=LINES 的条件不成立，循环也就不再执行下去。在递增的循环中，在结束循环后，计数器的数值一定会比循环的终值条件大。这个例子的终止值为 10，计数器 COUNTER 离开循环后会变成 11。

再来看一个例子，试着使用循环来计算 2+4+6+8+10。

例 4-2

```
1.   PROGRAM EX0402
2.     IMPLICIT NONE
3.     INTEGER, PARAMETER :: LIMIT = 10 ! 计数器的上限
4.     INTEGER COUNTER ! 计数器
5.     INTEGER :: ANS = 0 ! 拿来累加使用
6.
7.     DO COUNTER = 2, LIMIT, 2
8.       ANS = ANS + COUNTER
9.     END DO
10.    PRINT *, ANS
```

```
11.
12.   END
```

执行后会输出正确的答案 30。

程序声明了 3 个变量，LIMIT 跟 COUNTER 用来决定循环执行次数。ANS 则用来做累加使用，它一开始的初值设置为 0。

```
3.   INTEGER, PARAMETER :: LIMIT = 10 ！计数器的上限
4.   INTEGER COUNTER ！计数器
5.   INTEGER :: ANS = 0 ！拿来累加使用
```

第 7 到 9 行是循环部分，计数器一开始设置成 2，循环终止值定为 10，计数器累加值为 2。循环会执行 5 次，每一次 COUNTER 的值分别为 2、4、6、8、10，当 COUNTER＝12 时循环就会结束。

```
7.   DO COUNTER = 2, LIMIT, 2
```

第 8 行的累加命令会随着循环执行 5 次。而 COUNTER 的值会由 2 增加到 12，不过当 COUNTER 为 12 时，会结束循环。所以第 8 行中的计算，在每次循环中的实际表达式为：

```
ANS = ANS + 2  = 0 + 2  = 2 ！第 1 次循环，计算前 ANS = 0, COUNTER = 2
ANS = ANS + 4  = 2 + 4  = 6 ！第 2 次循环，计算前 ANS = 2, COUNTER = 4
ANS = ANS + 6  = 6 + 6  = 12！第 3 次循环，计算前 ANS = 6, COUNTER = 6
ANS = ANS + 8  = 12 + 8 = 20！第 4 次循环，计算前 ANS = 12, COUNTER = 8
ANS = ANS + 10 = 20 + 10 = 30
！第 5 次循环，计算前 ANS = 20, COUNTER = 10
```

请注意，把变量拿来和自己做累加，在写程序时是经常使用的技巧。

```
ANS = ANS + 2
```

这个式子会先取出变量 ANS 的值，把这个数值加上 2，再把计算得到的结果储存回变量 ANS 的内存所在位置。

Fortran 77 使用 DO 会比较麻烦一点，它不使用 END DO 来结束循环，而是使用行号来结束循环，程序代码要在 DO 的后面写清楚这个循环到哪一行程序代码结束。把程序例 4－2 用 Fortran 77 语法改写的形式如下：

```
1.   PROGRAM EX0402
2.     IMPLICIT NONE
3.     INTEGER LIMIT
4.     PARAMETER :: LIMIT = 10
5.     INTEGER COUNTER
6.     INTEGER ANS
7.     DATA ANS / 0 /
```

8.
9.   DO 100, COUNTER = 2, LIMIT, 2
10. 100 ANS = ANS + COUNTER
11.
12.   WRITE(* , *)ANS
13.
14. END

程序代码在第 9、10 这两行有点不同。

Fortran 77 中,经常会使用 CONTINUE 这个命令来结束循环。因为 CONTINUE 这个命令没有实际的用途,刚好可以拿来做封装使用。使用 CONTINUE 后的循环会变成下面的样子:

9.   DO 100, COUNTER = 2, LIMIT, 2
10.   ANS = ANS + COUNTER
11. 100 CONTINUE

END DO 虽然是 Fortran 90 才提供的语句,但是如同 CASE 一般,早就被市面上的 Fortran 77 编译器视为"不成文标准",所以可以看到有很多 Fortran 77 的程序同样使用 END DO,而不使用行号来封装循环。

循环的增值并没有规定一定要是正数,它也可以是负数,让计数器一直递减下去。不过这个时候循环的计数器终止值必须小于计数器起始值,递减的循环终止条件会由大于终止值,改为小于终止值时结束循环。下面的程序代码同样可以执行循环 10 次,在循环中 I 值会从 10 递减到 1,I=0 时结束循环。

DO I = 10, 1, -1
   WRITE(* , *)I
END DO

用来设置计数器初值、上限及增值的数值可以使用变量来指定,不过这些变量的值,只会在进入循环之前被读取一次,在循环中改变这些变量并不会发生作用。以下面的程序代码为例,计数器 I 值还是会从 1 慢慢增加到 10,循环还是会执行 10 次,不会因为 S,E,INC 这 3 个变量的值在循环中被改变而有变化。因为 S,E,INC 的值只在进入循环之前会被读取一次,在循环中改变它们的值不会对循环有任何影响。

S = 1
E = 10

```
        INC = 1
        DO I = S, E, INC
            S = 5
            E = 1
            INC = - 1
            WRITE( * , * )I
        END DO
```

用来作为计数器的变量,在循环的程序模块中不能再使用命令去改变它的数值,不然在编译时会发生错误。

```
        DO I = 1,  10
            I = I + 1  ! 改变计数器的值,在编译时会出现错误
        END DO
```

DO 循环和 IF 描述一样可以是多层嵌套的结构。

```
        DO I = 1,  10(第 1 层循环开始)
          DO J = 1,  10(第 2 层循环开始)
            DO K = 1,  10(第 3 层循环开始)
              ⋮
            END DO      (第 3 层循环结束)
          END DO      (第 2 层循环结束)
        END DO      (第 1 层循环结束)
```

使用嵌套循环时要小心,因为内层循环重复执行的次数会是外层循环的好几倍。以下面的程序代码来说,总共会显示 15 行 HAPPY BIRTHDAY。因为外层循环设置要执行 5 次,内层循环则要执行 3 次。但是每执行一次外层的循环,都一定也要在内层执行 3 次。所以 WRITE 命令会执行 5 * 3 = 15 次。

```
        DO I = 1, 5
          DO J = 1, 3
            WRITE( * , * )"HAPPY BIRTHDAY"
          END DO
        END DO
```

用一个实例程序来实际观察嵌套循环中计数器增长的情况。

例 4 - 3

```
    1.    PROGRAM EX0403
    2.        IMPLICIT NONE
    3.        INTEGER I, J
    4.
    5.        DO I = 1, 3
    6.          DO J = 1, 3
```

```
7.         WRITE( * ,"(I2,I2)")I, J
8.       END DO
9.       PRINT * ,"ANOTHER CYCLE"
10.    END DO
11.
12. END
```

每执行一次内层循环,就会把计数器 I,J 的内容显示出来,每执行完一次外层会显示"ANOTHER CYCLE"的字符串,执行结果如下:

```
1 1    (外层第 1 次,内层第 1 次)
1 2    (外层第 1 次,内层第 2 次)
1 3    (外层第 1 次,内层第 3 次)
ANOTHER CYCLE(外层第 1 次跑完)
2 1    (外层第 2 次,内层第 1 次)
2 2    (外层第 2 次,内层第 2 次)
2 3    (外层第 2 次,内层第 3 次)
ANOTHER CYCLE(外层第 2 次跑完)
3 1    (外层第 3 次,内层第 1 次)
3 2    (外层第 3 次,内层第 2 次)
3 3    (外层第 3 次,内层第 3 次)
ANOTHER CYCLE(外层第 3 次跑完)
```

由执行结果可以发现,在嵌套循环中,每当外层的循环要进行新的循环时,所有的内层循环都要全部重新重复执行它所设置的次数。以这个实例来说,外层循环会执行 3 次,每次会令内层循环执行 3 次,所以内层循环总共会重复 3 * 3=9。

4.2 DO WHILE 循环

循环并不一定要由计数器的增、减来决定是否该结束,它可改由一个逻辑运算来做决定,这就是 DO－WHILE 的功能。

```
DO WHILE(逻辑运算)◄── 逻辑运算成立时,会一直重复执行循环
   ……
END DO
```

以这个方法改写计算 2+4+6+8+10 的程序如下:

例 4-4

```
1.  PROGRAM EX0404
2.    IMPLICIT NONE
3.    INTEGER, PARAMETER :: LIMIT = 10    ! 计数器的上限
4.    INTEGER COUNTER                      ! 计数器
```

```
 5.      INTEGER :: ANS = 0              !拿来累加使用
 6.
 7.      COUNTER = 2                     !设置计数器初值
 8.      DO WHILE( COUNTER <= LIMIT )
 9.        ANS = ANS + COUNTER
10.        COUNTER = COUNTER + 2         !计数器累加
11.      END DO
12.
13.      PRINT *, ANS
14.
15.    END
```

执行结果和例 4-2 完全相同，同样会算出正确的结果 30。不过程序代码看起来比较繁杂一点。改用 DO WHILE 循环后，计数器的初值设置(第 7 行)跟累加(第 10 行)都需要用命令明确显示出来。还有循环终止条件的判断也要明确写清楚(第 8 行)。

这个循环同样会执行 5 次，来仔细地看看这 5 次的过程是什么样的情况。

第 1 次：
COUNTER 初值为 2，所以 COUNTER<=LIMIT 成立，循环会执行
ANS = ANS + COUNTER = 0 + 2 = 2 及
COUNTER = COUNTER + 2 = 2 + 2 = 4

第 2 次：
COUNTER = 4, ANS = 2, COUNTER<=LIMIT 成立，循环会执行
ANS = ANS + COUNTER = 2 + 4 = 6 及
COUNTER = COUNTER + 2 = 4 + 2 = 6

第 3 次：
COUNTER = 6, ANS = 6, COUNTER<=LIMIT 成立，循环会执行
ANS = ANS + COUNTER = 6 + 6 = 12 及
COUNTER = COUNTER + 2 = 6 + 2 = 8

第 4 次：
COUNTER = 8, ANS = 12, COUNTER<=LIMIT 成立，循环会执行
ANS = ANS + COUNTER = 12 + 8 = 20 及
COUNTER = COUNTER + 2 = 8 + 2 = 10

第 5 次：
COUNTER = 10, ANS = 20, COUNTER<=LIMIT 成立，循环会执行
ANS = ANS + COUNTER = 20 + 10 = 30 及
COUNTER = COUNTER + 2 = 10 + 2 = 12

第 6 次：
COUNTER = 12, COUNTER<=LIMIT 不成立，循环结束

在这里使用 DO WHILE 循环并不会比以前使用 DO 所编写出来的循环更精简和美观。

因为 DO WHILE 的目的并不是要用来处理这种"单纯的计数累加循环"情况。这一类型的循环都是使用一个计数器(就是在程序中所使用的 COUNTER)来做固定程序的累加操作,当计数器累加到一个数值时就会跳出循环,进入循环之前就事先知道这个循环会执行几次。而 DO WHILE 循环所处理的是,不能事先预知执行次数的循环,来看一个实例。

蔡小姐把她的体重视为秘密,不过这里有一个程序可以让大家来猜她的体重。

例 4-5

```
1.  PROGRAM EX0405
2.    IMPLICIT NONE
3.    REAL, PARAMETER :: WEIGHT = 45.0    ! 答案
4.    REAL, PARAMETER :: E = 0.001        ! 误差
5.    REAL :: GUESS = 0.0                 ! 猜测值
6.
7.    DO WHILE( ABS( GUESS - WEIGHT ) > E )
8.      PRINT *,"WEIGHT :"
9.      READ *, GUESS
10.   END DO
11.
12.   PRINT *,"YOU'RE RIGHT"
13.
14. END
```

程序执行后会不断要求用户猜一个数字,一直到猜到答案才会停止。程序中声明了 3 个变量,WEIGHT 用来储存答案,E 用来作为浮点数的误差值,GUESS 用来读取用户猜测的数值。

```
3. REAL, PARAMETER :: WEIGHT = 45.0 ! 答案
4. REAL, PARAMETER :: E = 0.001 ! 误差
5. REAL :: GUESS = 0.0 ! 猜测值
```

一开始把 GUESS 的初值先设置成 0,这是因为一个变量在声明之后所"先天存在"的数值无法预料,虽然 Fortran 中通常会把它设为 0,但是建议还是自己来做设置初值的操作。要是这个先天的数值刚好等于所要猜测的数值时,程序中的循环就不会执行。

这个程序是一个很典型必须使用 DO WHILE 循环来解决的程序。因为在设计程序时,根本就不能预测到用户需要猜几次才会猜对,也就不知道循环要执行几次。所以在此设置的循环执行条件是:

```
7. DO WHILE( ABS( GUESS - WEIGHT ) > E )
```

这个条件基本上可以看成 DO WHILE(GUESS/=WEIGHT),也就是 GUESS 不等于 WEIGHT 时,就继续猜下去。第 3 章曾介绍过,使用浮点数时,最好不要直接判断两个数字是否相等,必须使用 ABS(GUESS-WEIGHT)>E 这个方法来判断,允许一些误差。第 7 行中判断式的意义是,当 GUESS-WEIGHT 得到的值和 0 相差很远时,就把这两个数字视为不相

等。

当 GUESS 不等于 WEIGHT 时，就继续执行循环。也就是说，猜不对就继续猜，一直到猜对为止。

4.3 循环结构

这一节介绍 CYCLE 和 EXIT 这两个与循环相关的命令。这两个命令虽然都是 Fortran 90 标准新增加的，不过也早就被当成 Fortran 77 的不成文标准之一。

1. CYCLE

CYCLE 命令可以略过循环的程序模块中在 CYCLE 命令后面的所有程序代码，直接跳回循环的开头来进行下一次循环，来看下面的实例。

假设某百货公司共有 9 层楼，但电梯在 4 层不停，试写一个程序来仿真百货公司中电梯从 1 楼爬升到 9 楼时的灯号显示情况。

例 4-6

```
1.    PROGRAM EX0406
2.      IMPLICIT NONE
3.      INTEGER :: DEST = 9
4.      INTEGER FLOOR
5.
6.      DO FLOOR = 1, DEST
7.        IF( FLOOR = = 4 )CYCLE
8.        PRINT *, FLOOR
9.      END DO
10.
11.   END
```

执行结果如下：

```
1
2
3
5    （没有出现 4，直接跳到 5）
6
7
8
9
```

这个程序使用了一个计数循环，在每一次的循环中，都把计数器（变量 FLOOR）给显示出来，程序中第 7 行中的 IF 判断会使得 FLOOR＝＝4 时执行 CYCLE 命令，程序会略过 CYCLE 后面的 WRITE 描述，又跑到循环的入口继续执行，FLOOR 值此时也累加到 5 来进行下一个循环。

在程序中,如果需要略过目前的循环程序模块,直接进行下一个循环时,就可以使用CYCLE命令。

2. EXIT

EXIT的功能是可以直接"跳出"一个正在运行的循环,不论是DO循环还是DO WHILE循环都可以使用。用EXIT命令改写前面的猜体重程序例4-5来做示范。

例4-7

```
1.   PROGRAM EX0407
2.     IMPLICIT NONE
3.     REAL, PARAMETER :: WEIGHT = 45.0
4.     REAL, PARAMETER :: E = 0.0001
5.     REAL :: GUESS
6.
7.     DO
8.       PRINT *,"WEIGHT:"
9.       READ *, GUESS
10.      IF( ABS( GUESS - WEIGHT )< E )EXIT
11.    END DO
12.
13.    WRITE(*,*)"YOU'RE RIGHT!"
14.
15.  END
```

程序执行起来和前面的例4-5是一模一样的。第7行中第一次出现这个用法:

```
7.   DO
```

代表这个循环继续执行的条件永远成立,不需要判断。如果不在循环中加入跳出循环的描述,会造成循环一直执行下去,程序无法终止,所以在第10行中加入了EXIT命令。

```
10.     IF( ABS( GUESS - WEIGHT )< ERROR )EXIT
```

当GUESS值接近于WEIGHT时,就当成GUESS等于WEIGHT,执行EXIT命令跳出循环。一般来说,EXIT命令是在循环中最少需要执行一次,或是结束循环的条件式太过复杂时才会拿出来使用。

DO WHILE循环会在进入循环之前就先检查执行循环的条件是否成立,条件不成立时不会执行循环。某些情况下会希望DO-WHILE循环中的程序代码至少执行一次,这时候就会使用类似这个实例例4-7的写法来使用循环。

读者有没有注意到例4-7并不需要和例4-5一样要对GUESS设置初值,因为循环至少会执行一次,GUESS变量的值一定会有机会让用户从键盘输入。例4-5则不一样,如果GUESS的初值刚好就是WEIGHT的值,那用户根本就没有机会去猜,程序就会结束了。

3. 署名的循环

循环还可以取"名字",这个用途是可以在编写循环时能明白地知道 END DO 这个描述的位置是否正确,尤其是在多层的循环当中。署名的循环也可以配合 CYCLE,EXIT 来使用。先来看一个实例。

例 4 – 8

```
1.   PROGRAM EX0408
2.     IMPLICIT NONE
3.     INTEGER :: I, J
4.
5.     OUTER: DO I = 1, 3   ! 循环取名为 OUTTER
6.       INNER: DO J = 1, 3  ! 循环取名为 INNER
7.         WRITE( * , "('(', I2, ',', I2, ')')")I, J
8.       END DO INNER ! 结束 INNER 这个循环
9.     END DO OUTER ! 结束 OUTTER 这个循环
10.
11.  END
```

执行结果如下:

```
( 1 , 1 )
( 1 , 2 )
( 1 , 3 )
( 2 , 1 )
( 2 , 2 )
( 2 , 3 )
( 3 , 1 )
( 3 , 2 )
( 3 , 3 )
```

程序使用了两层循环,在 5、6 行中还把循环分别都取了名字。当循环取了名字之后,想要结束一个循环就不能随便只用一个 END DO 来解决。就如程序的第 8、9 行,在 END DO 后面还要加上循环的名字才行。

```
5.     OUTER: DO I = 1, 3        ! 循环取名为 OUTTER
6.       INNER: DO J = 1, 3       ! 循环取名为 INNER
7.         WRITE( * , "('(', I2, ',', I2, ')')")I, J
8.       END DO INNER             ! 结束 INNER 这个循环
9.     END DO OUTER               ! 结束 OUTTER 这个循环
```

取名的循环在编写多层循环时不易出错,因为具备名字的循环在使用 END DO 来结束循环时,还要清楚指明要结束哪一个循环。取名的循环还可以配合 CYCLE EXIT 来运行,在嵌套的多层循环中可以从内层的循环指明要跳离外层的循环,看看下面这个实例。

例 4 - 9

```
1.   PROGRAM EX0409
2.    IMPLICIT NONE
3.    INTEGER :: I, J
4.
5.    LOOP1: DO I = 1, 3
6.      LOOP2: DO J = 1, 3
7.        IF( I = = 3 )EXIT LOOP1 ! 跳离 LOOP1 循环
8.        IF( J = = 2 )CYCLE LOOP2 ! 重做 LOOP2 循环
9.        WRITE( * , "( '( ' , I 2 , ' , ' , I 2 , ' ) ' )" )I , J
10.     END DO LOOP2
11.   END DO LOOP1
12. END
```

执行结果如下：

(1 , 1)
(1 , 3)
(2 , 1)
(2 , 3)

程序的第 7、8 行出现了下面的描述

7. IF(I = = 3)EXIT LOOP1 ! 跳离 LOOP1 循环
8. IF(J = = 2)CYCLE LOOP2 ! 直接做下一次的 LOOP2 循环

当 I=3 时，会跳出最外层的循环，J=2 时，会直接做下一次的内层循环。如果没有这两行的话，执行结果应该会出现 9 组数字。有了这两行之后，因为 J=2 的内层循环会不做，所以(1,2),(2,2)这两组数字都不会显示，直接跳到(1,3),(2,3)。I=3 时则会跳出循环 LOOP1，所有以 3 开头的数字(3,X)都不会显示。

从这个程序中可以看到，使用署名的循环时，可以配合 EXIT，CYCLE 等命令，在内层循环中指名所想要作用的循环，从内层循环中直接跳离外层循环。

4.4　循环的应用

循环是编写程序时不可缺少的重要工具之一，读者一定要熟悉有关循环的各种方法，才不会在阅读本书接下来的章节时发生困难。基于循环的重要性，在本节中就示范一些使用循环来解决问题的方法。

例 4 - 10

试求等差数列 1＋2＋3＋4＋…＋99＋100 的值。

```
1. PROGRAM EX0410
2.   IMPLICIT NONE
```

```
3.    INTEGER COUNTER
4.    INTEGER :: ANS = 0
5.
6.    DO COUNTER = 1, 100
7.        ANS = ANS + COUNTER
8.    END DO
9.
10.   PRINT *, ANS
11.
12.   END
```

执行后会输出正确的答案 5050。

虽然这类"等差数列"的相加问题比较好的解法应该是使用数学家高斯所发明的梯形公式,不过还是有必要学习一下使用循环来一个个累加的程序方法。

程序的主要技巧在于,要先声明一个 ANS 变量,并把初值设置成 0。然后在循环中,把 ANS 的值和 1,2,⋯,99,100 这 100 个数字来做累加。而循环的计数器正好可以用来生成这 100 个数字。

例 4-11

费氏数列(Fibonacci Sequence)的数列规则如下:

$F_0 = 0$, $F_1 = 1$, 当 $N > 1$ 时 $F_n = F_{n-1} + F_{n-2}$

费氏数列的前 10 个数字列举如下:"0 1 1 2 3 5 8 13 21 34"。请编写程序来计算费氏数列的前 10 个数字。

```
1.    PROGRAM EX0411
2.      IMPLICIT NONE
3.      INTEGER COUNTER
4.      INTEGER :: Fn1 = 1
5.      INTEGER :: Fn2 = 0
6.      INTEGER :: Fn = 0
7.
8.      WRITE( *,* )Fn2
9.      WRITE( *,* )Fn1
10.
11.     DO COUNTER = 2,9 ! 设置循环执行8次
12.       Fn = Fn2 + Fn1
13.       WRITE( *,* )Fn
14.       Fn2 = Fn1
15.       Fn1 = Fn
16.     END DO
17.
```

18. END

执行结果如下:

```
 0
 1
 1
 2
 3
 5
 8
13
21
34
```

由于 F_0、F_1 早就被定义了,而且它们和 $F_n(n>1)$ 的求法不同,所以要把前面两者独立出来另作处理。程序中的变量 Fn2、Fn1 的值代表的是 F_{n-2}、F_{n-1} 的意思,在声明时 F_{n-2} 先设成 F_0 的值,F_{n-1} 先设置成 F_1 的值。把这两个数值写在屏幕上后,才进入循环中来计算 F_2 以后的值。

要计算费氏数列的前 10 个数字,也就是计算 $F_0 \sim F_9$ 的数值。而 F_0 跟 F_1 都已经确定,所以只需要计算 $F_2 \sim F_9$ 的数值。在这边循环也就设置让计数器由 2 到 9。不过计数器的值在程序中并不会拿来使用,只要确定循环会执行 8 次就行了。

11. DO COUNTER = 2,9 ! 设置循环执行 8 次

循环中的程序模块,会根据公式 $F_n = F_{n-2} + F_{n-1}$ 来计算 F_N 的值,并显示结果。

12. Fn = Fn2 + Fn1
13. WRITE(* , *)Fn

计算出新的 F_n 值后,再重新设置 F_{n-2}、F_{n-1} 的值来进行下一次的循环。在下一次的循环中,要计算 F_{n+1} 的值,F_{n-1} 的值就是目前的 F_N 值。

14. Fn2 = Fn1
15. Fn1 = Fn

例 4 – 12

来试着做简单的密码加密、解密程序。这里使用的加密方法很简单,把每个英文字母在 ASCⅡ 表中的编号加上 2 所得到的字母当成密码来传输。例如:ABC 加密后成为 CDE。解密的工作就是把上述的操作还原,把 CDE 解密回 ABC。

(加密程序)

1. PROGRAM EX0412
2.   IMPLICIT NONE
3.   INTEGER I
4.   INTEGER STRLEN

```
 5.     INTEGER, PARAMETER :: KEY = 2
 6.     CHARACTER( LEN = 20 ):: STRING
 7.
 8.     PRINT *,"STRING :"
 9.     READ *, STRING
10.     STRLEN = LEN_TRIM( STRING )! 取得字符串实际长度
11.
12.     DO I = 1, STRLEN
13.       STRING(I : I) = CHAR( ICHAR(STRING( I : I )) + KEY )
14.     END DO
15.
16.     WRITE( *,"( 'ENCODED :', A20 )" )STRING
17.
18.   END
```

例 4-13

（解密程序）

```
 1.   PROGRAM EX0413
 2.     IMPLICIT NONE
 3.     INTEGER I
 4.     INTEGER STRLEN
 5.     INTEGER, PARAMETER :: KEY = 2
 6.     CHARACTER( LEN = 20 ):: STRING
 7.
 8.     PRINT *," ENCODED STRING :"
 9.     READ *, STRING
10.     STRLEN = LEN_TRIM( STRING )! 取得字符串实际长度
11.
12.     DO I = 1, STRLEN
13.       STRING(I : I) = CHAR( ICHAR(STRING( I : I )) - KEY )
14.     END DO
15.
16.     WRITE( *,"( 'ENCODED :', A20 )" )STRING
17.
18.   END
```

把 ATTACK NOW 这个字符串送到加密程序中，会得到一串密码：CVVCEM"PGY。把这一段密码送到解密程序中，可以还原出本来的字符串"ATTACK NOW"。

程序中第 10 行程序代码会计算输入字符串的真正长度，如果没有做这个工作，那么就必须把整个字符串，连同没有输入数据的部分都拿去加密，例如"ATTACK NOW"会被加密成为:CVVCEM"PGY""""""""最后面会出现一连串双引号,因为字符串声明长度为20,没有输入数据的字符串尾部都会是空格。

这样的结果可以通过假设双引号等于空格而被猜测出所使用的加密方法是字母的ASCⅡ码加2。如果只传送CVVCEM"PGY这一段密码,就可能不会被一眼看出所使用的加密方法。

这两个程序一个用来加密,另一个用来解密。两个程序的写法几乎完全一样,只差在第13行,因为解密的操作就是把加密的过程给还原。加密时先用ICHAR函数取出每个字符的ASCⅡ值,把得到的值加上2之后再把这个数值用char函数转换回字符。

```
13.   STRING( I : I ) = CHAR( ICHAR(STRING( I : I )) + KEY )
```

解密时,只要把加的操作变成减的操作,把字符一个一个还原回来就行了。

```
13.   STRING( I : I ) = CHAR( ICHAR(STRING( I : I )) - KEY )
```

密码学在今天网络流行之后更显重要,它可以用来保障数据移植时的安全,还可以防止外人入侵计算机。读者可以试着自行设计加密的方法。

例 4 - 14

写一个小型的计算机程序,用户可以输入两个数字及一个运算符号来决定要把这两个数字做加减乘除的其中一项运算。每做完一次计算后,让用户来决定要再做新的计算或是结束程序。

```
1.   PROGRAM EX0414
2.     IMPLICIT NONE
3.     REAL A, B, ANS
4.     CHARACTER :: KEY = 'Y'
5.
6.     DO WHILE( KEY = = 'Y' .OR. KEY = = 'y' )
7.       READ *, A
8.       READ(*,"(A1)")KEY
9.       READ *, B
10.      SELECT CASE(KEY)
11.      CASE( ' + ' )
12.        ANS = A + B
13.      CASE( ' - ' )
14.        ANS = A - B
15.      CASE( ' * ' )
16.        ANS = A * B
17.      CASE( ' / ' )
18.        ANS = A / B
19.      CASE DEFAULT
20.        WRITE(*,"(' UNKNOWN OPERATOR', A1 )")KEY
21.        STOP
```

22.   END SELECT
23.   WRITE(*,"(F6.2,A1,F6.2,'=',F6.2)")A,KEY,B,ANS
24.   WRITE(*,*)"(Y/y)TO DO AGAIN.(OTHER)TO EXIT."
25.   READ(*,"(A1)")KEY
26.   END DO
27. END

这个程序跟第 3 章的实例例 3-13 差不多。不过例 3-13 做完一个算式后程序就结束了，这个程序则可以让用户输入 Y 或 y 来做一个新的运算。程序执行结果如下：

3(输入数字)
*(输入操作数)
5(输入数字)
3.00 * 5.00 = 15.00
(Y/y)TO DO AGAIN.(OTHER)TO EXIT.

N(输入 Y 或 y 可以再做新的计算，输入其他值则程序结束)

本章要点

(1)循环可以用来自动重复执行某一段程序代码。循环有两种执行格式，第一种格式会固定重复程序代码 n 次，称为"DO 循环"。另一种格式则是不固定重复几次，一直执行到出现跳出循环的命令为止，称为"DO WHILE 循环"。

(2)DO 循环中，用来决定循环执行次数的变量，通常被称为这个循环的计数器。计数器会在循环的一开始就设置好它的初值、终值以及增量，每进行一次循环，计数器就会累加上前面所设置的增量，当计数器超过终值时就会结束循环。

(3)Fortran 90 中使用 END DO 来结束循环。

(4)可以使用多层嵌套的循环。每当外层的循环要进行新的循环时，所有的内层循环都要全部重新重复执行它所设置的次数。

(5)DO WHILE 循环不固定循环的次数，而是满足一定的条件就继续执行循环。DO WHILE 循环同样用 END DO 来结束循环。

(6)CYCLE 命令可以略过循环的程序模块中在 CYCLE 命令后面的所有程序代码，直接跳回循环的开头来进行下一次循环。

(7)EXIT 的功能是可以直接"跳出"一个正在运行的循环，不论是 DO 循环还是 DO WHILE 循环都可以使用。

(8)循环还可以取"名字"，这个用途是可以在编写循环时能明白地知道 END DO 这个描述的位置是否正确，尤其是在多层的循环当中。署名的循环也可以配合 CYCLE、EXIT 来使用。

习 题

1. 以循环来连续显示 5 行的 Fortran 字符串，输出结果如下：

Fortran

Fortran

Fortran

Fortran

Fortran

2. 以循环来计算等差数列 1+3+5+7+9+⋯+99 的结果。

3. 改变一下例 4-5 这个猜女士体重的程序的条件。让程序最多只准许用户猜测 5 次，5 次之内猜不中就不能再猜下去了。也就是这个循环最多执行 5 次就会结束，不过要是在 5 次之内就猜对，也要跳出循环。程序最后还要显示信息来告诉用户有没有猜对。

4. 以循环来计算 $1/1! + 1/2! + 1/3! + 1/4! + \cdots + 1/10!$ 的值。

5. 写一个程序，让用户输入一个内含空格符的字符串，然后使用循环把字符串中的空格符消除之后再重新输出。例如：

Happy New Year(输入这个包括空格的字符串)

HappyNewYear(最后要输出这个没有任何空格的字符串)

第 5 章 模块化程序设计——例程和模块

我们在解决一个复杂问题时,往往习惯于把它分解为若干个较为简单的子问题,并逐一解决这些子问题,从而解决整个问题。将这种思想引入程序设计中,就形成了模块化程序设计方法:将一个实际编程问题,划分成若干功能比较单一的"模块",并分别实现这些"模块"。

在 Fortran 语言中,"模块"直接映射为例程(子程序和函数的统称)。Fortran 90 包括三种程序构造单元,分别是例程、主程序和模块。例程又分为内部例程和外部例程。外部例程、主程序和模块都可含有其内部例程。通用的例程放置于模块中,作为模块例程专供其他程序单元使用。

本章将重点讲解内部、外部例程和模块的使用方法及其相互转换的规则,还会讲述接口块、例程参数、例程重载和递归例程等内容。

5.1 内部例程

所谓内部例程,就是包含在主程序单元里的 CONTAINS 结构中的函数和子程序,只有包含它们的程序单元才能够调用这些例程。内部例程可以分为:内部函数和内部子程序。

1. 内部函数

1)构造形式

在讲解内部函数的语法规则前,先来看一个包含内部函数的实例。

例 5-1 求 $\dfrac{n!}{\sum_{i=1}^{n} i}$。

在本例中将求阶乘及求和的过程均写成内部函数的形式。

程序如下:

```
1.   PROGRAM MAIN
2.     IMPLICIT NONE
3.     INTEGER N,I
4.     N = 10
5.     DO I = 1,N
6.       PRINT * ,I,FACT(I),ADD(I),FACT(I)/ADD(I)
7.     END DO
8.     CONTAINS
9.       ! 求 N!
10.      FUNCTION FACT(N)
11.        INTEGER FACT,N,I
12.        FACT = 1
```

```
13.         DO I = 2, N
14.            FACT = I * FACT
15.         END DO
16.      END FUNCTION FACT
17.      ! 求 1 + 2 + 3 + ... + (N-1) + N
18.      FUNCTION ADD(N)
19.         INTEGER N, I
20.         REAL ADD
21.         ADD = 0
22.         DO I = 1, N
23.            ADD = ADD + I
24.         END DO
25.      END FUNCTION ADD
26. END PROGRAM MAIN
```

例 5-1 是主程序中含有内部函数,由例 5-1 可见,内部函数位于主程序的 CONTAINS 关键字和 END 语句之间,其构造形式为:

FUNCTION 函数名([参数列表])
[声明语句]
[执行语句]
END FUNCTION[函数名]

其中[ ]中的语句为可选部分,CONTAINS 语句把内部例程从其所在的程序单元隔离开,不是可执行的。当程序运行到 CONTAINS 语句时,它后面的语句就不会接着执行,而是直接转移到该程序单位的 END 语句。

需要注意,无论一个程序单元包含几个内部函数,该程序单元都只能包含一个 CONTAINS 语句。

强制类型声明 IMPLICT NONE,其作用域为整个程序单元,所以无需在内部函数中再重写此语句。

内部函数的调用是非常直接的,就是把函数名称以及它的实参用作表达式的项。其引用的一般形式为:

Fun([$a_1, a_2, \cdots, a_n$])

其中:

Fun 是被调用内部函数的名字,$a_1, a_2, \cdots, a_n$ 为实参列表。

2)全局变量和局部变量

如果变量的作用域仅限于它所在的程序单元内,那么它就是局部变量。如果变量的作用范围是整个程序,那么它就是全局变量。如果全局变量和局部变量同名,全局变量则会被屏蔽,函数和子例程子程序运用的是局部变量,这种现象称为"同名覆盖",例 5-1 中的变量 I 即是这种情况,在内部函数 Fact( )和 Add( )中,I 均为局部变量。

初看起来,全局变量可以为所有的例程所共用,使用灵活方便,因此颇为一些初学者所喜爱,在程序中大量使用。实际上滥用全局变量会破坏程序的模块化结构,使程序难以理解和调试。

以计算 $\sum_{i=1}^{n} i$ 为例,在内部函数中使用全局变量。

例 5 – 2 求 $\sum_{i=1}^{n} i$ 。

程序如下:

```
1.    PROGRAM MAIN
2.     IMPLICIT NONE
3.     INTEGER N,I
4.     N = 10
5.     DO I = 1,N
6.       PRINT * ,I,ADD(I)
7.     END DO
8.     CONTAINS
9.     FUNCTION ADD(N)
10.      INTEGER N,ADD
11.      ADD = 0
12.      DO I = 1, N
13.        ADD = ADD + I
14.      END DO
15.     END FUNCTION ADD
16.   END PROGRAM MAIN
```

该输出结果为:

```
 1      1
 3      6
 5     15
 7     28
 9     45
11     66
13     91
15    120
17    153
19    190
```

输出结果明显错误,程序错误的原因是:I 是一全局变量,当函数 Add 第一次被引用时,I=1,该值被传递给形参 N,相同的 I 在函数循环体中被赋值 2,当函数 Add 返回到主程序打印时,I 的值为 2;下一次引用时,I 在主程序增为 3,依此类推,程序只能计算 n 为奇数的前 n

项和。

所以,在内部例程中声明所有变量应成为一个良好的编程习惯,以消除全局变量带来的负面影响。假如需要从程序单元向内部例程传递数据,最安全的方式是利用参数传递。假如需要在多个内部例程中共享大量数据,最好的办法是在模块中声明全局变量,需要访问这些全局变量的内部例程引用该模块即可。

3) 函数返回值

在 Fortran 中,函数值的返回通过把表达式的值赋给函数名来实现。此时,赋值号左边的函数名不能带参数表。例如:

```
ADD = ADD + I
```

在 Fortran 90 中,函数值也可以通过 RESULT 语句来返回。例如:

```
FUNCTION Add(N)RESULT(R)
    INTEGER R, N, I
    R = 0
    DO I = 1, N
      R = R + I
    END DO
END FOUNCTION Add
```

其中,R 是结果变量名,其数据类型代表函数类型;赋值号左边不再是函数名 ADD,而是结果变量名 R,相应的函数类型声明,也由声明 ADD 改为声明 R。

通过 RESULT 语句获得函数返回值时,计算结果不是通过函数名返回,而是通过结果变量返回的。所以,函数名已没有任何值的含义。需要注意,函数名与结果变量名不能重名,而且函数体内不允许出现对函数名的任何说明。

通常情况下,函数执行到最后的 END 语句才返回。有时执行流程需要提前返回,这时可使用 RETURN 语句。不过 RETURN 语句不可滥用,否则会导致类似 GOTO 语句问题。

4) 语句函数

所谓语句函数,就是只包含一条 Fortran 语句的函数定义。由于语句函数的功能完全可以用内部函数来实现,而通过内部函数形式来表示同样的功能,可以使得程序更加具有结构性,因此语句函数已经过时。Fortran 90 虽然也支持语句函数,但已不推荐使用。

定义语句函数的一般形式为:

语句函数名(参数列表)= 函数表达式

可以看出,语句函数在形式上和数学上的函数表达式完全一样。

与上面的语句函数等价的内部函数采用如下的形式:

```
FUNCTION 函数名([参数列表])
    函数名 = 函数表达式
END FUNCTION
```

可以看到,上面采用内部函数的形式更加具有结构性。

语句函数的引用同内部函数一样,用实参代替形参即可。语句函数可以出现在表达式中。

语句函数的引用结果是一个函数值,函数值的类型由函数名的类型决定。

下面看一个使用语句函数的具体实例。

例 5-3 求空间在点(1.0,1.0,1.0)、点(2.5,-1.8,-4.0)和点(3.5,-5.0,6.8)的方向余弦。

根据空间解析几何可知,空间任意一点(X,Y,Z)的方向余弦计算公式为:

$$\cos\alpha = \frac{X}{\sqrt{X^2+Y^2+Z^2}}$$

$$\cos\beta = \frac{Y}{\sqrt{X^2+Y^2+Z^2}}$$

$$\cos\gamma = \frac{Z}{\sqrt{X^2+Y^2+Z^2}}$$

使用语句函数,程序如下:

```
1.    PROGRAM MAIN
2.      IMPLICIT NONE
3.      INTEGER I
4.      REAL F,X,Y,Z,W,COSA,COSB,COSC ! 函数名 F、形参 X,Y,Z,W
5.      F(W,X,Y,Z) = W/SQRT(X*X + Y*Y + Z*Z) ! 定义函数语句
6.      DO I = 1,3
7.        PRINT * ,"输入点的坐标值 X,Y,Z:"
8.        READ * , X, Y, Z
9.        COSA = F(X,X,Y,Z)
10.       COSB = F(Y,X,Y,Z)
11.       COSC = F(Z,X,Y,Z)
12.       PRINT * , COSA, COSB, COSC
13.     END DO
14.   END PROGRAM
```

语句函数在使用时应注意以下几点:

(1)语句函数先定义后使用,且只能用一条语句来定义;

(2)定义语句应放在声明部分,且放在语句函数相关的类型声明之后;

(3)参数列表可以为空(此时,函数实际是一常量表达式),但函数名后边的一对括号,无论在定义时还是引用时都不能省略。

2. 内部子程序

内部子程序的构造形式为:

SUBROUTINE 子程序名[(参数列表)]

[声明语句]

[执行语句]

END SUBROUTINE[子程序名]

其中，SUBROUTINE 是关键字；子程序名仅起标识作用，不代表值，所以与类型无关，且在程序体内不能被赋值；参数表可以为空，子程序名后的一对括号可以省略。

内部子程序通过 CALL 语句来调用，调用形式为：

CALL 子程序名[(实参列表)]

下面看一个利用内部子程序来实现两个数据交换的实例。

例 5-4 通过子程序返回多个值。

```
1.   PROGRAM MAIN
2.     IMPLICIT NONE
3.       REAL X,Y
4.       X = 6;Y = 8
5.       CALL EXCHANGE(X,Y)
6.       PRINT * ,X,Y
7.   CONTAINS
8.     SUBROUTINE EXCHANGE(A,B)
9.       REAL TEMP,A,B
10.      TEMP = A
11.      A = B
12.      B = TEMP
13.    END SUBROUTINE EXCHANGE
14.  END PROGRAM MAIN
```

在上例中，当主程序调用内部子程序时，实参 X、Y 的值被传递给形参 A、B，改变后的形参值被传回调用程序，从而可以实现两个数据的交换。子程序中的 TEMP 为局部变量，它在主程序中不可访问。

由内部子程序和内部函数可以看出，子程序与函数的主要区别有以下几点：

(1) 子程序没有返回值和子程序名关联，因此无需声明子程序类型；
(2) 子程序通过 CALL 语句调用；
(3) 子程序在例程头和尾中，使用关键字 SUBROUTINE；
(4) 若子程序参数表可以为空，子程序名后的一对括号可以省略；
(5) 函数通过函数名返回一个值，而子程序通过参数可以返回多个值。

5.2 主程序

主程序说明了整个 Fortran 程序的逻辑结构，同时整个程序的运行总是从主程序的第一个可执行语句开始的。一个完整的程序有且仅有一个主程序，其构造形式为：

[PROGRAM 程序名]
　　[声明语句]
　　[执行语句]

[CONTAINS
　　内部例程]
END [PROGRAM [程序名]]

主程序使用时应注意以下几点：

(1)主程序有 END 语句，其他均是可选的；

(2)若含有内部例程，则必须有 CONTAINS 关键字；

(3)可以有多个内部例程，但内部例程不能再含有自己的内部例程，即不允许内部例程的嵌套，也不允许内部例程相互调用；

(4)主程序的 END 语句若出现程序名，其前面的 PROGRAM 关键字不能少；

(5)主程序不能在任何位置被引用，也就是说，主程序不能被直接或间接地递归运行；

(6)主程序不能包含 RETURN 语句和 ENTRY 语句，不过主程序里面的内部例程可以包含 RETURN 语句。

5.3　外部例程

程序代码中，在不同的地方往往需要重复某一个功能和重复使用某一段程序代码，这个时候可以使用外部例程，以便被多个调用程序使用。通常，外部例程位于单独的文件中，除了头、尾部分外，外部例程和主程序在形式上是相同的。

1. 外部例程的构造形式

外部例程又可分为外部子程序和外部函数。

外部子程序构造形式为：

SUBROUNINE 子程序名[(参数列表)]
　　[声明语句]
　　[执行语句]
　　[CONTAINS
　　　　内部例程]
END [SUBROUNINE [子程序名]]

外部函数构造形式为：

FUNCTION 函数名[(参数列表)]
　　[声明语句]
　　[执行语句]
　　[CONTAINS
　　　　内部例程]
END [FUNCTION [函数名]]

其中[　]为可选部分。

外部例程和内部例程的主要差别：

(1)外部例程可以含有内部例程，而内部例程不能再含有内部例程；

(2) END 语句中的关键字 SUBROUNINE/FUNCTION,在外部例程中是可选的,但在内部例程中是必须的。

(3) 对于一个 Fortran 程序来说,外部例程是全局性的,因为它可以在任何位置被调用或引用;相反,内部例程则只是对于包含它的程序单元是已知的。

(4) 外部例程的界面在它被程序单元引用的时候,是隐式的,因为外部例程一般都是单独编译的;相反,对于内部例程来说,它是由包含它的程序单元编译的,因此在包含它的程序单元引用它的时候,它的界面是显式的。

2. 外部例程的调用

外部函数的调用方法和语句函数、内部函数一样,只能出现在表达式或输出语句中。当调用外部函数时,一般书写成如下形式:

  Fun([$a_1, a_2, \cdots, a_n$])

其中:Fun 是被调用外部函数的名字,$a_1, a_2, \cdots, a_n$ 为实参列表。

下面例子说明外部函数的调用方法和执行过程。

例 5-5 利用外部函数计算 n!。

```
1.   PROGRAM MAIN
2.   IMPLICIT NONE
3.     INTEGER n, Fact
4.     PRINT *, "输入正整数 n:"
5.     READ *, n
6.     PRINT *, n, "! =", Fact(n)
7.   END PROGRAM
8.   ! 计算 n! 的外部函数
9.   FUNCTION Fact(N)
10.    IMPLICIT NONE
11.    INTEGER::N, I, Fact
12.    Fact = 1
13.    DO I = 2, N
14.      Fact = Fact * I
15.    END DO
16.  END FUNCTION
```

外部子程序的调用必须用 CALL 语句,CALL 语句的形式如下:

  CALL 子程序名[($a_1, a_2, \cdots, a_n$)]

其中,$a_1, a_2, \cdots, a_n$ 为实参列表。

当形参列表为空时,实参列表也必须为空,可以去掉子程序名之后的那对括号,此时的 CALL 语句的形式为:

  CALL 子程序名

下面举一个使用外部子程序的实例。

例 5 - 6 利用外部子程序求一元二次方程 $AX^2+BX+C=0$ 的根。

```
1.   PROGRAM MAIN
2.     IMPLICIT NONE
3.     REAL A,B,C
4.     COMPLEX X1,X2
5.     EXTERNAL Root
6.     ! 声明例程 Root 为外部例程
7.     PRINT * ,"请输入一元二次方程的系数 A,B,C:"
8.     READ * ,A,B,C
9.     CALL Root(A,B,C,X1,X2)
10.    PRINT * ,´X1 = ´,X1
11.    PRINT * ,´X2 = ´,X2
12.  END PROGRAM
13.  SUBROUTINE Root(A,B,C,X1,X2)
14.    IMPLICIT NONE
15.    REAL A,B,C
16.    COMPLEX X1,X2
17.    X1 = ( - B + SQRT(CMPLX(B * B - 4 * A * C)))/(2.0 * A)
18.    ! CMPLX 把整型或者实型数据转换成复型数据
19.    X2 = ( - B - SQRT(CMPLX(B * B - 4 * A * C)))/(2.0 * A)
20.  END SUBROUTINE
```

从上面的介绍可以看出，函数和子程序调用过程总体相同，首先进行形参和实参的结合，然后执行子程序体，最后，遇到 END 语句或 RETURN 语句时，从子程序中返回。但也存在两个重要差别：一是调用方法不同，对函数的调用是出现在表达式中，而对子程序的调用必须使用 CALL 语句；二是返回点不同，函数的返回点是发出调用命令的表达式，而子程序的返回点是调用命令后面的第一个可执行语句。

在 Fortran 程序中，主程序可以调用任何外部例程，外部例程也可调用其他外部例程，而且可以递归调用，但任何外部例程不可调用主程序。

如果外部例程名与系统的标准例程名相同，编译器会优先引用标准例程。为了避免出现这种情况，可以在调用程序的声明部分，添加外部例程声明语句（EXTERNAL），这应该成为一个良好的编程习惯。

如果一个文件包含多个外部例程，可考虑将外部例程移至模块中，从而将外部例程转换为模块例程。

5.4 接口块

要正确地调用例程，编译器需要知道例程的有关信息：例程名、参数类型、参数个数及返回值类型等,这些信息的集合称为例程的接口。标准例程、内部例程和模块例程的接口对编译器都是显式的,而外部例程的接口却是隐式的,编译器无从知道其接口信息。

在调用程序中声明外部例程时,只是提供了外部例程名,此时的接口仍然是隐式的。当遇到可选参数、例程重载等复杂情况时,还需要提供进一步的接口信息,编译器才能对外部例程产生正确的调用。为此 Fortran 90 提供了接口块,以向调用程序指定外部例程所有的接口特征。

接口块的一般形式为:

```
INTERFACE
    接口体
END INTERFACE
```

接口体由外部例程头(FUNCTION 或 SUBROUTINE 语句)、参数声明语句和外部例程尾(END FUNCTION 或 END SUBROUTINE 语句)构成。其中,参数名可以和外部例程定义用的参数名不同,但参数类型和属性都不能改变。不过,为了省事,通常都是将外部例程定义的参数声明部分直接拷贝过来。

当使用接口块时,一般都把接口块写在调用程序的开头部分,如:

```
PROGRAM 主程序名
    接口块
    调用程序内声明语句
    执行语句
END PROGRAM
```

例 5-7 针对例 5-6 的求一元二次方程根的外部例程,在主程序中添加接口块。

```
1.  PROGRAM MAIN
2.     IMPLICIT NONE
3.     INTERFACE
4.        SUBROUTINE Root(A,B,C,X1,X2)
5.           REAL A,B,C
6.           COMPLEX X1,X2
7.        END SUBROUTINE
8.     END INTERFACE
9.     REAL A,B,C
10.    COMPLEX X1,X2
11.    PRINT * ,"请输入一元二次方程的系数 A,B,C:"
12.    READ * ,A,B,C
13.    CALL Root(A,B,C,X1,X2)
14.    PRINT * ,´X1 = ´,X1
15.    PRINT * ,´X2 = ´,X2
16. END PROGRAM
17. SUBROUTINE Root(A,B,C,X1,X2)
```

```
18.     IMPLICIT NONE
19.     REAL A,B,C
20.     COMPLEX X1,X2
21.     X1=(-B+SQRT(CMPLX(B*B-4*A*C)))/(2.0*A)
22.     ！CMPLX 把整型或者实型数据转换成复型数据
23.     X2=(-B-SQRT(CMPLX(B*B-4*A*C)))/(2.0*A)
24.     END SUBROUTINE
```

有了接口块的详细规定,就不需要用 EXTERNAL 语句声明外部例程了。

在例 5-7 中,外部例程的接口信息比较简单,可以不使用接口块;但以下情况则必须使用接口块:

(1)外部例程具有可选参数;
(2)例程用来定义操作符重载;
(3)外部函数返回数组或变长字符串;
(4)外部例程具有假定形状数组、指针或目标参数;
(5)例程做参数;
(6)例程重载。

除了操作符重载和例程重载外,其他几种情形只要将外部例程转换为模块例程,就可免去提供接口块的麻烦。所以,模块在 Fortran 90 中具有十分重要的作用。

5.5 模　块

前面讲过,Fortran 90 有三种程序单元:主程序、外部例程和模块,模块是 Fortran 90 中新增加的一种独立编写的程序单元,主要用在程序单元之间共享数据和操作例程中。

模块中可以包含其他程序单元(主程序、外部例程)访问的数据、例程和派生类型的说明和定义,如变量、数组的说明、派生类型的定义、函数子程序、子例程的定义等。

1. 模块的构造形式

在讲解模块的构造形式之前,先看一个将例程置于模块中的实例。

例 5-8　模块的使用。

```
1.  MODULE Myutils
2.     IMPLICIT NONE
3.     REAL, PARAMETER ::PI=3.1415926
4.  CONTAINS
5.     FUNCTION AREA(R)
6.        REAL R, AREA
7.        AREA=4*PI*R*R
8.     END FUNCTION
9.     FUNCTION VOLUME(R)
10.       REAL R, VOLUME
```

11.　　　　VOLUME = 4 * PI * R ** 3/3
12.　　END FUNCTION
13.　END MODULE Myutils
14.　PROGRAM Main
15.　　USE Myutils
16.　　IMPLICIT NONE
17.　　REAL ::R = 4.0
18.　　PRINT * ,"球的表面积为:",AREA(R)
19.　　PRINT * ,"球的体积为:",VOLUME(R)
20.　END PROGRAM

上例中,例程已经转换为模块例程。主程序通过引用(USE)模块,就可使用模块当中的模块例程及数据。注意:USE 语句必须位于 IMPLICIT NONE 语句之前,否则编译时会提示错误(Error: This USE statement is not positioned correctly within the scoping unit)。若模块和主程序放在同一个文件,模块应位于主程序之前,否则编译时会提示错误(Error: Declaration of module '***' comes after the use of that module. A module's declaration must precede its use.)。

模块的构造形式为:

MODULE 模块名
[声明语句]
[CONTAINS
　　模块例程]
END [MODULE [模块名]]

模块例程是模块的内部例程,其形式和主程序、外部例程包含的内部例程是一样的,只不过模块例程还可以含有自己的内部例程。内部例程和三种程序之间的层次关系如图 5-1 所示。

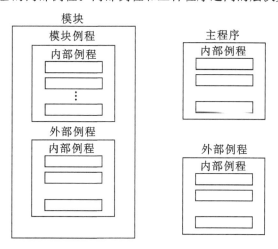

图 5-1　内部例程和程序单元的层次单元

模块不仅可供主程序和外部例程引用,还可供其他模块引用。主程序、模块和外部例程三种程序单元之间的关系如图 5-2 所示。

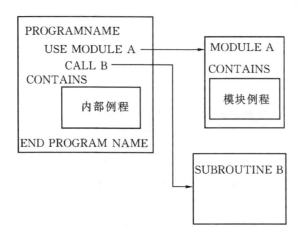

图 5-2　主程序、模块和外部例程之间的关系

2. 模块的使用

1) PUBLIC 和 PRIVATE 属性

模块能实现信息隐藏:将模块内部使用的实体隐藏起来,外部程序只使用公共部分的实体。对于模块中的实体(数据和例程),可以用 PUBLIC 或 PRIVATE 属性说明公共享有和私有使用。模块缺省访问属性为 PUBLIC。

PUBLIC 或 PRIVATE 表示访问权限。如果模块实体具有 PUBLIC 属性,则可以被使用该模块的程序单位所使用。如果模块实体具有 PRIVATE 属性,则只能在模块内被使用,而不能被使用该模块的程序单位所使用。

下面来看一个关于模块实体属性的实例。

例 5-9　模拟计算银行库存金额。

分析:银行库存金额＝银行原有金额＋存款金额－贷款金额,可以在模块例程中利用内部例程 LoanMoney,SaveMoney 计算库存金额,并用内部例程 MoneyNull 显示库存金额。

```
1.   MODULE BANK
2.     IMPLICIT NONE
3.     PRIVATE MONEY
4.     PUBLIC
5.     INTEGER :: Money = 10000000
6.   CONTAINS
7.     SUBROUTINE SaveMoney(Number)
8.       INTEGER :: Number
9.       Money = Money + Number
10.    END SUBROUTINE
11.    SUBROUTINE LoanMoney(Number)
```

```
12.     INTEGER :: Number
13.     Money = Money - Number
14.   END SUBROUTINE
15.   SUBROUTINE MoneyNull
16.     PRINT *,"银行库存金额为:",Money,"元"
17.   END SUBROUTINE
18. END MODULE
19. PROGRAM MAIN
20.   USE BANK
21.   IMPLICIT NONE
22.   CALL SaveMoney(100000)
23.   CALL LoanMoney(10000)
24.   CALL MoneyNull
25. END PROGRAM
```

在这个实例中,MODULE Module 将变量 Money 声明为私有使用,所以 Money 只能在 MODULE Module 中使用,主程序不能调用它,否则,在编译过程中就会出现错误。除了变量外,例程也可以经过 PUBLIC 或 PRIVATE 来定义属性,如程序中的 PUBLIC LoanMoney,SaveMoney,Report 语句,就将 LoadMoney,SaveMoney,Report 定义成可以公开使用的例程。

除了实例中的声明形式,也可采取不带实体列表的统一声明形式,例如:

PRIVATE
PUBLIC Exchange

除 Exchange 外,其余的模块实体均为私有的。

一般情况下,可以把不想对外公开的数据、只在某个范围内使用的例程说明为私有使用,而把那些可以共享的的数据、在整个程序范围内使用的例程说明为公有使用,例如各种数学的、物理的、化学的常数等。

2)访问模块内的所有公共实体

要使用模块中的实体,必须先引用模块。一般引用形式为:

USE 模块名

值的注意的是,USE 语句必须作为一个程序单元内的第一个语句出现。

有时,不方便直接使用模块实体名,比如要使用两个独立模块的同名例程,或模块实体具有一个很长的名称,这时,可在客户程序中重新命名模块实体,实现"别名共享"。

其模块引用形式为:

USE 模块名,重命名列表(新实体名 => 原实体名,新实体名 => 原实体名)

例如:模块 YourMod 有一个例程或变量 YourPlonk,被重新命名为 MyPlonk:

USE YourMod,MyPlonk => YourPlonk

值得注意的是,改名的形式与赋值语句具有相似性,但是改名属于 USE 语句内的一个选项,而不是一个单独的语句。

3)访问模块内的部分公共实体

有时,客户程序只使用模块中的部分实体。这时,只要在 USE 语句中使用 ONLY 属性的形式即可实现"部分共享",可采用如下的引用形式:

USE 模块名,ONLY:X,Y

只使用模块中的 X 和 Y。冒号后边的实体也可被重新命名。

例如,模块 YourMod 有 YourPlonk 和 HisPlonk

USE YourMod,ONLY：MyPlonk ＝＞YourPlonk,部分享用 YourPlonk,且 YourPlonk 被重命名为 MyPlonk。

假如某个客户要同时引用多个模块,每个模块都得单独使用 USE 语句,并使 USE 语句出现在 IMPLICIT NONE 之前,而模块的先后顺序无关紧要。

5.6 例程参数

例程在定义时,列表中的参数只是特定数据类型的占位符(因此称为形参或虚参),系统并没有为它们真正分配任何内存空间;当例程被调用或引用时,列表中的参数才会被分配给一定的内存空间,并接收外部实参传递进来的值;例程执行完毕,例程中的参数所占用的内存空间被系统自动释放,所保存的参数值也随之消失。

例程中的局部变量也有同样的性质,只有在例程被调用期间才有确定的值,而当例程执行完毕时"消亡"。如果需要保持前次调用期间某些变量的值,可以把这些变量设置为 SAVE 属性。

1. 参数传递方式

实参和形参之间的数据传递有两种方式:一是引用传递(地址传递);二是值传递。

1)按值方式传递

当参数以值传递时,实参仅将其值赋给了形参。在这种情况下,对虚参分配独立于实参的存储空间,因此对形参的任何修改都不会影响到实参。当实参是常量和表达式的情况下,参数是以值方式传递的。若将一变量实参括起来,该实参就转化为表达式,表达式以值方式传递。如:

CALL Exchange((A),B)

其中,(A)是表达式,以值方式传递。

2)引用传递(地址传递)

在 Fortran 中,除实参是常量和表达式的情况外,参数通常以引用方式传递。以引用方式传递数据时,是将实参的内存地址传递给形参。在这种情况下,对形参不分配独立于实参的存储空间,形参和相应实参使用的是相同的地址,因此例程中形参的变化就会反映到实参中。

2. 参数类型匹配

参数传递时,最重要的一点是参数类型要匹配。参数类型若不匹配,会发生难以预料的结果,因为 Fortran 在进行参数传递时,是传递这个变量的内存地址,传送出去的参数跟接收的参数会使用相同内存位置记录数值,不同的数据类型在计算机中是以不同方式表达的。

例 5-10 参数类型匹配。

```
1.  PROGRAM MAIN
2.    IMPLICIT NONE
3.    EXTERNAL Add
4.    INTEGER :: X = 1
5.    CALL Add(X)
6.    PRINT * ,´X´, X
7.  END PROGRAM
8.  SUBROUTINE Add(X)
9.    IMPLICIT NONE
10.   REAL, INTENT(INOUT):: X
11.   X = X + 1
12. END SUBROUTINE
```

在例 5-10 中,形参 X 声明为实型,对应的实参声明为整型,实参和形参类型不匹配导致出现错误的结果。这是因为实参传递进的整数 1 被认为是实数 1.0,而实数 1.0 的计算机整型表达为 1065353216。

若将例 5-10 中的外部例程改为内部例程或模块例程,编译器就会检查出实参和形参类型不匹配的错误。这也说明编译器一般不会对外部例程的参数类型匹配进行检查,除非在调用程序中建立了外部例程的接口块。

3. 参数属性

1)INTENT 属性

INTENT 属性可以与形参联合使用,从而确保参数按照用户的意愿进行使用。INTENT 属性包括 IN、OUT 和 INOUT 三种形式。其中,INTENT(IN)表示形参仅用于向例程传入数据,拥有该属性的形参不允许改变,也不能成为无定义变量;INTENT(OUT)表示形参仅用于将结果返回给调用程序,对应的实参必须是一个变量;INTENT(INOUT)表示既能向例程传入数据,又能将结果返回给调用程序,对应的实参也必须是一个变量。

假如一个形参没有规定为 INTENT 属性,对应的实参可以是变量,也可以是常量或表达式。

下面是一个关于 INTENT 属性的使用实例。

```
SUBROUTINE SUB(X,Y,Z )
  REAL, INTENT(IN)::X
  REAL, INTENT(OUT)::Y
  REAL Z
  INTENT(INOUT)::Z
  Y = 2 * X
  Z = X + Z
```

```
    X = 2 ! 会发生错误
END SUBROUTINE
```

上述程序改变了具有 INTENT(IN) 属性的形参 X 的值,所以在编译时发生错误。

建议所有的形参都规定 INTENT 属性,特别是函数参数应规定为 INTENT(IN) 属性。显式地说明形参的入口属性,可以避免实参值的误改;显式地说明形参的出口属性,可以避免返回的遗漏。

值得注意的是,INTENT 属性仅对例程的形参有效,不能用来声明子程序中的局部变量和主程序中的变量。

2) OPTIONAL 属性

在科学计算中,为了满足尽可能多的调用需求,往往要设置足够多的形参,但是在一个具体的问题当中,往往有很多形参并没有起到变量的作用,而是一直取常量,在这种情况下,可以规定这些参数具有可选(OPTIONAL)属性,直接采用默认常量替代它,这样能够很大地减少程序运行的资源消耗。假如参数列表既有必选参数又有可选参数,那么所有的必选参数必须放在可选参数之前。当外部例程使用可选参数时,需要在调用程序中建立其接口块,如果将具有可选参数的外部例程置于模块中,接口块则可以省略。

例如一外部例程 Sub1 有 5 个参数,后面 3 个为可选的,下面是调用程序中建立的接口块:

```
INTERFACE
    SUBROUTINE Sub1(M,N,X, Y, Z)
    REAL M,N, X, Y, Z
    OPTIONAL X,Y,Z
    END SUBROUTINE
END INTERFACE
```

下面是不同的调用语句:

```
CALL Sub1(A, B)
CALL Sub1(A, B, C)
CALL Sub1(A, B, Z = C,Y = D)
```

上面第 1 种调用,只有必选参数被传递;第 2 种调用,2 个必选参数和前面的 1 个可选参数被传递;第 3 种调用,2 个必选参数和后面的 2 个可选参数被传递。

实际上,Fortran 90 允许在调用语句中混合使用"按位置"和"按名"实参与形参的对应方式,但运用此种调用方式时,可选参数的形参名必须被引用,即使用关键字参数列表。如第 3 种调用方式,前面部分实参不使用关键字实参,只从某一实参开始使用关键字实参。此时,前面未使用关键字的实参仍要保持与原来形参次序相同,后面使用关键字实参的部分可以按任意次序排列。

一旦某个参数使用了关键字,其后面的参数都得使用关键字。比如,下面的调用就是错误的:

```
CALL Sub1(A, B, Y = D, E, F)
```

在编写带有可选参数的例程时,通常会赋给可选参数一默认值。调用时,若不给可选参数传递数据,就使用默认值。

下面来看一个实例:编写一个函数,计算 $F(X)=AX^3+BX^2+CX+D$ 的值,其中,X,A 的值是必需的,B,C,D 的值则可有可无。

例 5-11 可选参数的使用。

```
1.    PROGRAM MAIN
2.      IMPLICIT NONE
3.      INTERFACE
4.        FUNCTION F(X,A,B,C,D)
5.          REAL F
6.          REAL, INTENT(IN):: X,A
7.          REAL,OPTIONAL,INTENT(IN)::B,C,D
8.          REAL RB, RC, RD
9.        END FUNCTION
10.     END INTERFACE
11.     PRINT *, F(2.0,1.0,C=1.0)
12.     PRINT *, F(2.0,2.0,D=1.0,B=2.0)
13. END PROGRAM
14.
15. FUNCTION F(X,A,B,C,D)
16. ! 计算 FUNCTION F(X)= A*X**3+B*X*X+C*X+D
17. ! B,C,D 不传入,值为 0
18. REAL F
19.     REAL, INTENT(IN):: X,A              ! X,A 一定要传入
20.     REAL,OPTIONAL,INTENT(IN)::B,C,D     ! B,C,D 可以不传入
21.     REAL RB, RC, RD
22.     RB = 0.0; RC = 0.0; RD = 0.0;
23.     IF(PRESENT(B))RB = B                ! 检查可选参数是否存在
24.     IF(PRESENT(C))RC = C
25.     IF(PRESENT(D))RD = D
26.     F = A*X**3 + RB*X*X + RC*X + RD
27. END FUNCTION、
```

在例 5-11 程序中,函数 PRESENT 用来检查一个参数是否传递进来,函数 PRESENT 的返回值是布尔变量,如果想要检查的参数传递进来,会返回.TRUE.,没有则返回.FALSE.。

例 5-11 中的外部例程具有可选参数,所以必须使用接口块。若将外部例程置于模块中,就不再需要接口块了。

5.7 例程重载

前面讲过,程序调用例程时,实参和形参的类型必须匹配。可是,Fortran 提供的一些标准函数(如 ABS(X)、SIN(X)、EXP(X)),既能接受整数,又能接受实数,甚至是复数。有的标准函数不仅允许实参是单个变量,还允许是数组。这似乎违反了参数类型匹配的原则,其实这即是例程重载。

在 Fortran 90 中,例程重载是指不同参数列表的例程被赋予相同的名字,例程调用时,编译器会依据所传递的实参类型,按实参与虚参类型匹配的原则,调用相应的例程。在 Fortran 95 中,用户必须通过模块中的接口块定义一个通用名,以实现例程重载。

例 5-12 重载绝对值函数。

```
1.   MODULE Mod
2.     IMPLICIT NONE
3.     INTERFACE FABS ! FABS 是调用时使用的例程名
4.       MODULE PROCEDURE FABSReals, FABSIntegers
5.     END INTERFACE
6.   CONTAINS
7.     FUNCTION FABSReals(X)
8.       REAL, INTENT(IN)::X
9.       REAL FABSReals
10.      IF(X>=0)THEN
11.        FABSReals = X
12.      ELSE
13.        FABSReals = -X
14.      ENDIF
15.    END FUNCTION
16.    FUNCTION FABSIntegers(X)
17.      INTEGER, INTENT(IN)::X
18.      INTEGER FABSIntegers
19.      IF(X>=0)THEN
20.        FABSIntegers = X
21.      ELSE
22.        FABSIntegers = -X
23.      ENDIF
24.    END FUNCTION
25.  END MODULE
26.  PROGRAM MAIN
27.    USE Mod
28.    IMPLICIT NONE
```

29.　　REAL :: A = 1.0
30.　　INTEGER :: B = -1
31.　　PRINT * ,´ABS(A) = ´,FABS(A)
32.　　PRINT * ,´ABS(B) = ´,FABS(B)
33.　END PROGRAM

在模块中建立重载例程接口块,只需列出具体的模块例程,并以调用时的例程名命名接口块:

```
INTERFACE FABS
    MODULE PROCEDURE FABSReals, FABSIntegers
END INTERFACE
```

如果具体的例程作为外部例程来实现,在调用程序中建立的接口块应为:

```
INTERFACE FABS
  FUNCTION FABSReals
    REAL INTENT(IN)::X
    REAL FABSReals
  ENDFUNCTION
  FUNCTION FABSIntegers
    INTEGER INTENT(IN)::X
    INTEGER FABSIntegers
  ENDFUNCTION
END INTERFACE
```

和一般外部例程接口块相比,例程重载建立的接口块只是多了个接口名。

编写例程时,有时也会编写出一些功能相同,参数个数不同的例程。如例 5-13,重载例程 rootX( ),用以计算一元一次方程和一元二次方程的根。

例 5-13　不同参数个数的例程重载。

1.　MODULE Mod
2.　　IMPLICIT NONE
3.　　INTERFACE rootX
4.　　　MODULE PROCEDURE rootX1, rootX2
5.　　END INTERFACE
6.　CONTAINS
7.　　SUBROUTINE rootX1(A, B)
8.　　　REAL A, B
9.　　　PRINT * ,"X = ", -B/A
10.　　END SUBROUTINE
11.　　SUBROUTINE rootX2(A, B,C)
12.　　　REAL A, B, C

```
13.      COMPLEX X1,X2
14.      X1 = ( - B + SQRT(CMPLX(B * B - 4 * A * C)))/(2.0 * A)
15.      X2 = ( - B - SQRT(CMPLX(B * B - 4 * A * C)))/(2.0 * A)
16.      PRINT * ,´X1 = ´,X1
17.      PRINT * ,´X2 = ´,X2
18.   END SUBROUTINE
19. END MODULE
20. PROGRAM MAIN
21.   USE Mod
22.   IMPLICIT NONE
23.   CALL rootX(1.0, 2.5)
24.   CALL rootX(1.0, 2.0, 1.0)
25. END PROGRAM
```

5.8 递归例程

在程序设计中,把直接或间接调用自己的方式称为递归调用,把包含递归调用的例程称为递归例程。Fortran 90 以前的版本不允许递归调用,Fortran 90 支持递归,但必须添加 RECURSIVE 关键字,在例程是函数的情况下还必须添加 RESULT 子句。

递归的典型例子是计算 $n!$,其递归公式为:

$$n = \begin{cases} 1 & (n = 1) \\ n & n > 1 \end{cases}$$

下面分别用递归函数和递归子程序来求 $n!$。

例 5 - 14 用递归函数求 $n!$。

```
1.  PROGRAM MAIN
2.    IMPLICIT NONE
3.    INTEGER I
4.    DO I = 1,10
5.      PRINT * ,I, ´! = ´, Fact(I)
6.    END DO
7.    CONTAINS
8.      RECURSIVE FUNCTION Fact(N), RESULT(F)
9.        INTEGER F, N
10.       IF(N = = 1)THEN
11.          F = 1
12.       ELSE
13.          F = N * Fact(N - 1)
```

```
14.      END IF
15.    END FUNCTION
16.  END PROGRAM
```

RECURSIVE 是递归函数的关键字，RESULT（结果变量名）在递归情况下是必不可少的，在非递归情况下是可选的。递归函数的调用与普通函数子程序的调用形式完全一样。值得注意的是：在递归函数体内调用函数自身时，用的是函数名，而赋值给函数时，用的是结果名。

递归算法简单直观，容易编写。但递归算法执行效率低，原因是递归包含递推和回归两个过程，系统分别要进行进栈和出栈操作。例如，求 5! 的执行过程如图 5-3 所示。

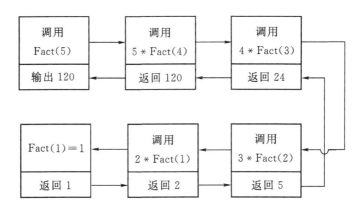

图 5-3　递归例程调用顺序

可以看出，一个问题是否可以转换为递归来处理必须满足以下条件：
(1) 必须包含一种或多种非递归的基本形式；
(2) 一般形式必须最终能转换到基本形式；
(3) 由基本形式来结束递归。无限递归没有任何实际意义，甚至会导致系统崩溃。

递归子程序和递归函数一样，也需要添加关键字 RECURSIVE。我们将上例中求 $n!$ 的算法重新写为递归子程序。

例 5-15　递归子程序求 $n!$。

```
1.   PROGRAM MAIN
2.     IMPLICIT NONE
3.     INTEGER F,I
4.     DO I = 1,10
5.       CALL Fact(F,I)
6.       PRINT *, I, ´!´, F
7.     END DO
8.   CONTAINS
9.     RECURSIVE SUBROUTINE Fact(F,N)
10.      INTEGER F,N
```

```
11.      IF(N = = 1)THEN
12.        F = 1
13.      ELSE
14.        CALL Fact(F,N - 1)
15.        F = N * F
16.      END IF
17.    END SUBROUTINE
18.  END PROGRAM
```

编写该递归子程序的关键,是将赋值语句 F=N*F 置于递归调用语句之后。

另外,不论是递归调用子程序,还是递归调用函数,实参都要递减,这样才有可能从未知向已知方向移动,直到达到终止条件。若递归是外部例程,须调用程序建立其接口块。

5.9 应用程序设计举例

例 5 - 16 计算组合数 $C_n^m = \dfrac{n!}{m!(n-m)!}$。

分析:可以先编写一个求 n! 的函数子程序,然后在主程序中调用该函数子程序即可。

```
1.  PROGRAM MAIN
2.  IMPLICIT NONE
3.    INTEGER m,n,Fact,C
4.    DO
5.      PRINT * ,"输入正整数 m,n:"
6.      READ * , m, n
7.      If(m<n)EXIT
8.        PRINT * ,"请重新输入 m,n!"
9.    END DO
10.   C = Fact(n)/Fact(m)/Fact(n-m)
11.   PRINT * , m, n, C
12. END PROGRAM
13. ! 计算n! 的外部函数子程序
14.   FUNCTION Fact(N)
15.   IMPLICIT NONE
16.     INTEGER::N, I, Fact
17.     Fact = 1
18.     DO I = 2, N
19.       Fact = Fact * I
20.     END DO
21.   END FUNCTION
```

运行结果:

```
输入正整数 m,n:
2   10
2        10        45
```

例 5-17 利用牛顿迭代法求解方程 $3x^3+x^2+5x-8=0$ 的解。

分析:方程的一般形式为 $f(x)=0$,设根的一个近似值为 x_i,新的近似值表示为 x_{i+1},利用牛顿迭代公式表示为,

$$x_{i+1} = x_i - \frac{f(x_i)}{f'(x_i)}$$

其中,f' 是 $f(x)$ 的一阶导数,迭代求解至 $f(x)$ 接近 0。

程序如下:

```
1.  PROGRAM Newton
2.  IMPLICIT NONE
3.    REAL F, DF
4.    INTEGER :: N = 0 ! 迭代次数
5.    INTEGER :: MaxN = 100 ! 最大迭代次数
6.    REAL :: Eps = 1.0E-6 ! 迭代精度
7.    REAL :: X = -5 ! 根的初值
8.    DO WHILE(ABS(F(X)) > Eps .AND. N < MaxN)
9.      X = X - F(X)/DF(X)
10.     N = N + 1
11.   END DO
12.   IF(F(X) <= Eps)THEN
13.     PRINT *,´Newton converged´
14.     PRINT *,"迭代次数 N = ",N
15.     PRINT *,"x = ",X,"f(x) = ",F(X)
16.   ELSE
17.     PRINT *,´Newton deverged´
18.   END IF
19. END PROGRAM Newton
20. ! 计算 F(X)的外部函数子程序
21. FUNCTION F(X)
22.   REAL F,X
23.   F = 3*X**3+X*X+5*X-8
24. END FUNCTION F
25. FUNCTION DF(X)! 计算 DF(X)的外部函数子程序
26.   REAL DF, X
27.   DF = 9*X*X+2*X+5
```

28.　END FUNCTION DF

运行结果：

Newton converged

迭代次数 N = 9

x = 0.9349032　　f(x) = -3.6215741E-07

例 5-18　编写一个用于三个整型变量从小到大排序的程序。

分析：排序的方法有很多，由于本题只涉及 3 个整型变量的排序问题，所以简单地利用交换函数即可完成排序。

程序如下：

```
1.   PROGRAM MAIN
2.     IMPLICIT NONE
3.     INTERFACE
4.       SUBROUTINE sort(X,Y,Z)
5.         INTEGER X,Y,Z
6.       END SUBROUTINE
7.     END INTERFACE
8.     INTEGER::A=20,B=5,C=15
9.     CALL sort(A,B,C)
10.    PRINT *,A,B,C
11.  END PROGRAM
12.  SUBROUTINE sort(X,Y,Z)
13.    INTEGER X,Y,Z
14.    IF(X>Y)THEN
15.      CALL Swop(X,Y)
16.    END IF
17.    IF(X>Z)THEN
18.      CALL Swop(X,Z)
19.    END IF
20.    IF(Y>Z)THEN
21.      CALL Swop(Y,Z)
22.    END IF
23.    CONTAINS
24.      SUBROUTINE Swop(X,Y)
25.        INTEGER Temp,X,Y
26.        Temp = X
27.        X = Y
28.        Y = Temp
29.      END SUBROUTINE Swop
```

30.   END SUBROUTINE Sort

运行结果：

    5   15   20

本章要点

(1) 模块化程序设计思想：将大程序分解为若干个功能单一的例程。例程又分为外部例程和内部例程。Fortran 90 程序包括主程序、外部例程和模块三种程序单元。其中，主程序和外部例程包含的内部例程不能再包含内部例程，而模块中的模块例程允许包含其内部例程，即允许例程嵌套。

(2) 若外部例程接口信息较简单，可以通过 EXTERNAL 关键字将例程声明为外部例程，以防止调用程序使用和外部例程同名的标准例程；若外部例程接口信息复杂或某些特殊情况下，必须要使用接口块，以使编译器产生正确的调用。编译器自动为标准例程、内部例程和模块例程提供显示接口。

(3) 模块中可以包含其他程序单元（主程序、外部例程）访问的数据、例程和派生类型的说明和定义，专供其他程序单元使用。在通过 USE 语句引用模块时，既可使用全部公有实体，也可只使用其中的部分公有实体，还可对模块实体进行重命名。模块中实体的缺省访问属性为 PUBLIC，PRIVATE 属性则将实体访问属性限制在模块内。

(4) 实参和形参的数据传递必须类型匹配。Fortran 中，参数一般以引用方式传递，当实参是常量和表达式时，则以值传递。编程中应养成通过 INTENT 属性明确规定参数的传递方式的良好编程习惯。

(5) 重载例程通过接口名来规定统一的名字，将不同参数表的例程置于接口块内，在引用时按参数匹配原则调用具体的例程。重载的具体例程可以是模块例程，也可以是外部例程，但要求规定不同的接口体。

(6) Fortran 90 支持递归，允许例程直接或间接地调用自身。但必须添加 RECURSIVE 关键字，在例程是函数时，RESULT 子句是必不可少的。在设计递归程序时，既要找出递归表达式，还必须确立递归的终止条件，无限递归没有任何实际意义。

习 题

一、选择题

1. 在 Fortran 90 中，不能独立作为程序单元的是（　）。
A. 外部例程　　　　　　B. 内部例程　　　　　　C. 模块　　　　　　D. 主程序

2. 以下关于主程序使用的说法不正确的是（　）。
A. 主程序如果含有内部例程，则必须有 CONTAINS 关键字
B. 主程序只有 END 语句是必须的，其他都是可选的
C. 主程序可以包含有多个内部例程，内部例程也可以包含有自己的内部例程

D. 一个完整的程序有且只有一个主程序
3. 下列关于函数子程序的说法正确的是（　　）。
A. 若无形参，函数名后的括号可以省略
B. 由函数名或变量结果名返回函数值
C. 不能进行递归调用
D. 函数子程序通过函数名可以返回多个值
4. 下列关于模块的说法不正确的是（　　）。
A. 主程序和外部例程可以使用模块中具有 PUBLIC 属性的模块例程和数据
B. 模块例程作为模块的内部例程，其形式和主程序、外部例程包含的内部例程是相同的
C. 模块例程不能包含有自己的内部例程
D. 模块不仅可以供主程序和外部例程引用，也可以供其他模块引用
5. 下面关于接口块的说法错误的是（　　）。
A. 标准例程、模块和内部例程的接口是显式的
B. 接口块的参数名可以和外部例程定义用的参数名不同，参数类型和属性也可以改变
C. 将具有可选参数的外部例程转换成模块例程后，就不需要使用接口块
D. 例程重载接口块需要有接口名，即调用时的例程名

二、思考题

1. 函数和子程序之间有什么不同？
2. 内部例程和外部例程有什么不同？
3. INTENT 属性用途是什么？为什么要用 INTENT 属性？

三、编程题

1. 有一个六边形，求其面积。要求采用内部函数来实程。为求面积，作了 3 条辅助线，如图所示。提示：三角形面积 $= \sqrt{s(s-a)(s-b)(s-c)}$，其中 $s = \dfrac{a+b+c}{2}$，a、b、c 为三个边长。

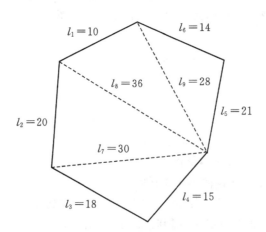

2. 试写两个外部子例行子程序计算两个正整数的最大公因子和最小公倍数，用主函数调

用这两个外部子例行子程序,求 198,72 的最大公因子和最小公倍数。

3. 编写一个外部函数子程序,判断一个三位数是否为水仙花数。并在主程序中调用该函数子程序,打印出 100~999 中所有的水仙花数。

注:如果一个 3 位数的个位数、十位数和)百位数的立方和等于该数本身,则该数为水仙花数。

4. 编写外部函数子程序,计算 $\sin x = x - \frac{x^3}{3!} + \frac{x^5}{5!} - \frac{x^7}{7!} + \cdots$ 的值,直到最后一项的绝对值小于 10^{-6} 为止。再编写主程序,从键盘读入 x,调用该外部函数并输出 sinx 的计算结果。注意不能用 Fortran 的标准函数 SIN(X)。

5. 编写一个模块程序,提供以下服务:定义出常量 π、e。定义出子程序,实现求和 $\sum_{i=1}^{n} n^2$、求阶乘 $n!$。并在主程序中计算如下结果:从键盘上输入整数 n、实型数 $A、R、R_0$,求 $\frac{n!}{(\sum_{i=1}^{n} n^2)}$(实型)和 $\frac{An}{2\pi R^2} \left(\frac{R}{R_0}\right)^n e^{-\left(\frac{R}{R_0}\right)^n}$(实型)。

6. 编写一个求立方数的函数 CUBE( ),并重载它,使之可以对输入的整型数和实型数求立方。

7. 使用递归算法编写求斐波那契数列的第 n 项的函数,然后在主函数中输入 n 进行验证,并求前 n 项的和。斐波那契数列,即:$F(0) = 0, F(1) = F(2) = 1, F(n) = F(n-1) + F(n-2)(n \geqslant 3)$。

8. 用递归过程求解问题:如果一头母牛从出生起第四个年头开始每年生一头母牛,按此规律,第 n 年共有多少头母牛?在主程序中从键盘读入 n,调用它并输出计算结果。

9. 编写一程序用 Euler 法求解微分方程 $\frac{dy}{dx} = y^2 - x^2$,当 $x=0$ 时,$y=1.0$。试求出 $x = 0.1, 0.2, 0.3, 0.4\cdots, 1.0$ 时的 y 值。算法如下:

Euler 法求解 $y' = f(x, y(x))$,定解条件:$x = x_0$, $y = y_0$。取向前差分,

令 $y' = \frac{1}{h}(y_{n+1} - y_n), h = x_{n+1} - x_n$

得 $y_{n+1} = y_n + h * f(x_n, y_n) + O(h^2)$

$\begin{cases} x = x_0 \\ y = y_0 \end{cases} \Rightarrow f(x_0, y_0) \Rightarrow y_1, f(x_1, y_1) \Rightarrow y_2 \cdots \Rightarrow y_n$

第 6 章 数 组

数组是另外一种使用内存的方法，它可以用来配置一大块内存空间。使用第 2 章所介绍的变量声明方法，所得到的变量只能保存一个数值，数组则可以用来保存多个数值。处理大量数据时，数组是不可缺少的工具。

6.1 基本使用

数组（ARRAY）是一种使用数据的方法。它可以配合循环等功能，用很精简的程序代码来处理大量的数据。

1. 一维数组

简单来说，数组可以一次声明出一长串具有同样数据类型的变量，直接来看一个实例。某小学 5 年级 5 班刚刚结束了他们的期中考试，请写出一个程序来记录班级 5 位同学的数学成绩，并提供由学号来查询成绩的功能。

例 6-1

```
1.    PROGRAM EX0601
2.      IMPLICIT NONE
3.      INTEGER, PARAMETER :: STUDENTS = 5
4.      INTEGER STUDENT( STUDENTS )
5.      INTEGER I
6.
7.      DO I = 1, STUDENTS
8.        WRITE( * , "( ´NUMBER´ , I2 )" )I
9.        READ * , STUDENT(I)
10.     END DO
11.
12.     DO
13.       PRINT * ,"QUERY:"
14.       READ * , I
15.       IF( I <= 0 .OR. I > STUDENTS)EXIT
16.       PRINT * , STUDENT(I)
17.     END DO
18.
19.   END
```

执行后会要求按照学号一个一个输入成绩，输入完成后就可以由学号来查询成绩，输入一个不存在的号码会结束程序。

```
        NUMBER  1
80
        NUMBER  2
85
        NUMBER  3
90
        NUMBER  4
75
        NUMBER  5
95
        QUERY :
1
            80
3
            90
0
```

这个程序使用数组来记录 5 位同学的成绩。数组也是一种变量,使用前同样要先声明,数组的声明方法如下:

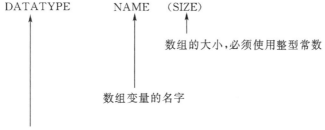

DATATYPE NAME(SIZE)

DATATYPE 指数组的类型,除了 4 种基本类型(INTEGER,REAL,COMPLEX,LOGICAL)之外,也可以用 TYPE 自定义数组的类型,例如程序的第 4 行声明了一个叫做 STUDENT 的整型数组,数组的大小为 5 个元素。

```
    4. INTEGER STUDENT( STUDENTS )
```

请注意,在声明时,只能使用常数来赋值数组的大小,常数包括直接填入数字或是使用声明为 PARAMETER 的常数。

```
    4. INTEGER STUDENT( 5 )! 也可以直接填入数字
```

在声明数组时,要说明它的大小。因为数组是用来保存多个相同类型的数据,至于能保存几个数据,就要根据所声明的大小而定。本程序中声明为整型、大小为 5 的数组,所以可以保存 5 个整数。而要取用这 5 个元素的方法如下:

```
   STUDENT( 1 ) = 89      ! 设置第 1 个元素值为 89
   STUDENT( 3 ) = 83      ! 设置第 3 个元素值为 83
   A = STUDENT( 1 ) + STUDENT( 3 )    ! 把第 1、3 这两个元素的值拿出来相加。
```

大小为 5 的数组,可以把它想象成 5 个变量。使用这些变量的方法很简单,只要配合括号,再加上一个索引值就可以使用其中的一个变量。数组在声明大小时要使用常数,但数组的索引值就不一定要用常数,也可以使用一般的变量。

使用数组时超出范围是很危险的,绝对要避免发生这种情况。

```
   READ * , I
   PRINT * ,STUDENT(I)
```

上面这两行程序就很有可能会超出数组所能使用的范围,因为没有办法事先就知道输入的 I 值会是多少,只要 I 值超过数组 STUDENT 的大小,使用了不存在的元素,程序执行就会发生错误。

再回到实例程序例 6-1,程序中声明了 3 个变量,其中 STUDENT 被声明成常数,只有常数才能被拿来赋值数组的大小。

```
3.  INTEGER , PARAMETER :: STUDENTS = 5 ! 班级人数
4.  INTEGER STUDENT(STUDENTS) ! 用来保存每个人的成绩
5.  INTEGER I
```

程序的 7~9 行是一个循环,用来根据座号读取每一个同学的成绩到数组 STUDENT 中,而数组 STUDENT 中的第 1 个元素就存放 1 号同学的成绩,第 2 个元素放 2 号同学的成绩……。

```
7.  DO I = 1,STUDENTS
8.    WRITE( * , "('NUMBER',I2)")I
9.    READ * ,STUDENT(I)
10. END DO
```

程序的 12~17 行是另一个循环,循环中的程序代码用来让用户输入一个学生的号码,再根据这个号码来查询成绩。因为事先不会知道用户想查询几位学生的成绩,所以循环的执行次数无法事先判断,这种情况就可以使用不确定性 DO 循环。当用户输入了一个不存在的学生号码,就会跳出循环。

```
12. DO
13.   PRINT * ,"QUERY:"
14.   READ * , I
15.   IF(I<= 0 .OR. I>STUDENTS)EXIT ! 号码不存在,跳出循环
16.   PRINT * , STUDENT(I)
17. END DO
```

来看看这个程序如果不使用数组来保存数据的话,会变成什么样子?

例 6-2

```
1.   PROGRAM EX0602
2.   IMPLICIT NONE
3.   INTEGER :: STUDENT1, SUTDENT2, STUDENT3, STUDENT4, &
     &STUDENT5
4.   INTEGER :: I
5.
6.   PRINT *,"NUMBER 1"
7.   READ *,STUDENT1
8.   PRINT *,"NUMBER 2"
9.   READ *,STUDENT2
10.  PRINT *,"NUMBER 3"
11.  READ *,STUDENT3
12.  PRINT *,"NUMBER 4"
13.  READ *, STUDENT4
14.  PRINT *,"NUMBER 5"
15.  READ *, STUDENT5
16.
17.  DO
18.    PRINT *,"QUERY:"
19.    READ *,I
20.    SELECT CASE(I)
21.    CASE(1)
22.      PRINT *, STUDENT1
23.    CASE(2)
24.      PRINT *, STUDENT2
25.    CASE(3)
26.      PRINT *, STUDENT3
27.    CASE(4)
28.      PRINT *, STUDENT4
29.    CASE(5)
30.      PRINT *, STUDENT5
31.    CASE DEFAULT
32.      EXIT
33.    END SELECT
34.  END DO
35.
36.  END
```

程序执行的结果仍然不变,但在写法上差很多,这是很笨的写法。现在变成要声明 5 个整型变量来记录 5 位同学的成绩,另外也要写 5 个 PRINT,READ 来读取成绩。最麻烦的是查询的部分,需要使用 SELECT CASE。整个程序代码比原来的版本足足增加了几乎一倍的大小。

如果学生人数不是 5 人,而是 50 人,甚至是 500 个人时,程序就要声明出 50、500 个整数,要写 50、500 个 READ/PRINT,SELECT CASE 中要写 50、500 个 CASE。这对程序员来说,几乎是不可能的任务,而且程序写出来会上千、上万行。如果使用数组来保存每位同学的成绩,就如同例 6-1 的写法,在学生人数改变时,只要改变常数 STUDENTS 的数值就完成程序了,其他部分完全不需要更动。由此可以看见数组的功能:"用来记录相同类型、性质的长串数据。"

再来回顾一下声明数组的语法,Fortran 中有很多不同语法可以用来声明数组,下面几种方法会得到同样的结果:

```
INTEGER A(10)   ! 最简单的方法
INTEGER , DIMENSION(10) :: A  ! 另一种方法
INTEGER A          ! 这是 Fortran 77 的做法,先声明 A 是整型
DIMENSION A(10)    ! 再声明 A 是大小为 10 的数组
```

最后再强调一点,数组除了可以使用基本的 4 种类型之外,还可以使用自定义类型,这部分在第 7 章会有比较多的实用实例。

```
TYPE :: PERSON
    REAL :: HEIGHT , WEIGHT
END TYPE
TYPE(PERSON) :: A(10)  ! 用 PERSON 这个新类型来声明数组
......
......
! 同样在变量后面加上"%"来使用 PERSON 类型中的元素
A(2)%HEIGHT = 180.0
A(2)%WEIGHT = 70
```

这一节所介绍的是一维数组,因为一维数组在声明大小和使用数组时,都只需要使用一个索引值。数组还可以是多维的,下一节会介绍多维数组部分。

2. 二维数组

声明数组大小时,如果使用两个数字,它会变成二维数组。使用二维数组时,要给两个坐标索引值。

```
INTEGER A(3,3)    ! 数组 A 是 3×3 的二维数组
A(1,1) = 3        ! 使用二维数组时要给两个索引值
```

用一个实例来示范二维数组的使用。例 6-1 可以保存一个班级的数学成绩,现在来试试看保存整个年级 5 个班级,每班 5 位同学的数学考试成绩的程序要怎么写。

例 6-3

```
1.   PROGRAM EX0603
2.     IMPLICIT NONE
3.     INTEGER, PARAMETER :: CLASSES = 5
4.     INTEGER, PARAMETER :: STUDENTS = 5
5.     INTEGER STUDENT(STUDENTS , CLASSES)
6.     INTEGER S ! 用来赋值学生号码
7.     INTEGER C ! 用来赋值班级号码
8.
9.     DO C = 1,CLASSES
10.      DO S = 1,STUDENTS
11.        WRITE( * ,"('NUMBER',I2,'OF CLASS',I2)")S , C
12.        READ * , STUDENT(S , C)! 第 C 班的第 S 位学生
13.      END DO
14.    END DO
15.
16.    DO
17.      PRINT * ,"CLASS:"
18.      READ * ,C
19.      IF(C<= 0 .OR. C>CLASSES)EXIT
20.      PRINT * ,"STUDENT:"
21.      READ * ,S
22.      IF(S<= 0 .OR. S>STUDENTS)EXIT
23.      WRITE( * ,"('SCORE:',I3)")STUDENT(S , C)! 第 C 班的第 S 位学生
24.    END DO
25.
26. END
```

这个程序与例 6-1 很类似,差别在例 6-1 只用来记录一个班的学生成绩,这个程序可以记录好几个班的学生成绩。这个程序需要输入 25 位学生的成绩,查询成绩时要先输入班级号码,再输入学生号码。

在这里使用了一个二维数组来保存所有学生的成绩。声明二维数组时要使用两个常数,一个二维数组的元素个数等于这两个常数的乘积。所以 STUDENT 数组中总共有 STUDENTS * CLASSES=5 * 5=25 个元素可以使用。

使用二维数组时要给两个索引值,也可以想象成坐标值。这个程序对数组数据安排方法为:

STUDENT(1,1),STUDENT(2,1),STUDENT(3,1),STUDENT(4,1),STUDENT(5,1)

存放第 1 个班级的 5 位学生成绩。

STUDENT(1,2),STUDENT(2,2),STUDENT(3,2),STUDENT(4,2),STUDENT(5,2)

存放第 2 个班级的 5 位学生成绩。

STUDENT(1~5,3)存放第 3 个班级的学生成绩。
STUDENT(1~5,4)存放第 4 个班级的学生成绩。
STUDENT(1~5,5)存放第 5 个班级的学生成绩。

也就是说,STUDENT(S,C)代表第 C 班的第 S 位同学。同样的 S 跟 C 的数值不能超过声明时的数值大小,不然程序执行会发生错误。

Fortran 中有很多语法可以用来声明二维数组,下面的不同语法都会得到相同的结果:

INTEGER A(10,10)! 最简单的方法
INTEGER , DIMENSION(10,10)::A ! 另一种方法
INTEGER A ! 这是 Fortran 77 的做法,先声明 A 是整型
DIMENSION A(10,10)! 再声明 A 是长度为 10 的数组

再来看一个二维数组的例子,二维数组经常被拿来当成矩阵使用,下面的实例程序可以让用户输入两个 2×2 矩阵的值,再把两个矩阵相加。

例 6 - 4

```
1.      PROGRAM EX0604
2.      IMPLICIT NONE
3.      INTEGER , PARAMETER :: ROW = 2
4.      INTEGER , PARAMETER :: COL = 2
5.      INTEGER MATRIXA(ROW,COL)
6.      INTEGER MATRIXB(ROW,COL)
7.      INTEGER MATRIXC(ROW,COL)
8.      INTEGER R ! 用来赋值 ROW
9.      INTEGER C ! 用来赋值 COLUMN
10.
11.     ! 读入矩阵 A 的内容
12.     PRINT * ,"MATRIX A"
13.     DO R = 1 , ROW
14.       DO C = 1 , COL
15.         WRITE( * ,"('A(',I1,',',I1,') = ')")R , C
16.         READ * ,MATRIXA(R , C)
17.       END DO
18.     END DO
19
20.     ! 读入矩阵 B 的内容
21.     PRINT * ,"MATRIX B"
22.     DO R = 1 , ROW
```

```
23.      DO C = 1 , COL
24.         WRITE( * ,"('B(',I1,',',I1,') = ')")R , C
25.         READ * , MATRIXB(R , C)
26.      END DO
27.   END DO
28
29.   ! 把矩阵 A,B 相加并输出结果
30.   PRINT * , "MATRIX A + B = "
31.   DO R = 1 , ROW
32.      DO C = 1 , COL
33.         MATRIXC(R, C) = MATRIXA(R, C) + MATRIXB(R, C)! 矩阵相加
34.         WRITE( * ,"('(',I1,',',I1,') = ',I3)")R , C , MATRIXC(R , C)
35.      END DO
36.   END DO
38. END
```

程序长了一点,因为要用一些语句来定义输出的部分,并没有复杂的部分。简单地说,这个程序使用了 3 个两层的嵌套循环。前面两个循环用来读入矩阵 A、B 的内容,最后一个循环用来做矩阵相加,同时还输出相加的结果。

```
MATRIX A
A(1,1) =
1         (输入数值)
A(1,2) =
1
A(2,1) =
1
A(2,2) =
1
MATRIX B
B(1,1) =
2
B(1,2) =
2
B(2,1) =
2
B(2,2) =
2
MATRIX A + B =
(1,1) = 3
```

        (1,2) = 3
        (2,1) = 3
        (2,2) = 3

事实上还有更快的方法可以用来做矩阵相加,下面的章节将另外进行示范。

3. 多维数组

除了二维数组外,还可以声明出更高维的数组,只要声明与使用时多给几个数字就行了。使用多维数组时,头脑一定要很清楚,因为使用多维数组时很容易把坐标位置搞混,Fortran 最多可以声明高达七维的数组。

```
INTEGER A(D1,D2,…,DN) ! N 维数组
A(I1,I2,…,IN)         ! 使用 N 维数组时,要给 N 个坐标值
```

来看看一个三维数组的使用实例。把上一节矩阵相加的程序使用三维数组来改写。

例 6 – 5

```
1.    PROGRAM EX0605
2.    IMPLICIT NONE
3.    INTEGER , PARAMETER :: ROW = 2
4.    INTEGER , PARAMETER :: COL = 2
5.    INTEGER MATRIX(ROW , COL , 3)
6.    INTEGER M ! 用来赋值第几个矩阵
7.    INTEGER R ! 用来赋值 ROW
8.    INTEGER C ! 用来赋值 COLUMN
9.
10.   ! 读入矩阵的内容
11.   DO M = 1,2
12.     WRITE( * ,"('MATRIX ',I1)")M
13.     DO R = 1,ROW
14.       DO C = 1,COL
15.         WRITE( * ,"('(',I1,',',I1,') = ')")R ,C
16.         READ * ,MATRIX(R ,C ,M)
17.       END DO
18.     END DO
19.   END DO
20.
21.   ! 把第 1、2 个矩阵相加
22.   PRINT * ,"MATRIX 1 + MATRIX 2 = "
23.   DO R = 1,ROW
24.     DO C = 1,COL
25.       MATRIX(R,C,3) = MATRIX(R,C,1) + MATRIX(R,C,2)! 矩阵相加
```

```
26.        WRITE( * ,"('(',I1,',',I1,') = ',I3)")R ,C ,MATRIX(R,C,3)
27.       END DO
28.      END DO
29.
30. END
```

程序执行起来和例 6-4 差不多，都是输入两个矩阵再把它们相加。这个实例程序用一个三维数组来取代例 6-4 中的 3 个二维数组。输入部分的程序代码减少了一些，因为现在可以用循环来读取两个矩阵。

```
11.   DO M = 1,2
12.     WRITE( * ,"('MATRIX ',I1)")M
13.     DO R = 1,ROW
14.       DO C = 1,COL
15.         WRITE( * ,"('(',I1,',',I1,') =')")R , C
16.         READ * ,MATRIX(R , C , M)
17.       END DO
18.     END DO
19.   END DO
```

最外层的循环执行两次，刚好用来读取两个矩阵。这个程序中，对数组数据的使用方法为：

MATRIX(R , C , M)代表第 M 个矩阵的(R ,C)
MATRIX(* , * , 1)代表第 1 个矩阵
MATRIX(* , * , 2)代表第 2 个矩阵
MATRIX(* , * , 3)代表第 3 个矩阵

这里使用三维数组的方法，可以想象成是一次声明了 3 个二维数组来存放 3 个矩阵。其中 MATRIX(* , * , 1)就是第 1 个矩阵，MATRIX(* , * , 2)就是第 2 个矩阵。程序代码声明出来的三维数组，总共有 ROW * COL * 3＝2 * 2 * 3＝12 个元素可以使用。保存 3 个 2×2 矩阵正好就需要 12 个变量。

实例程序目前先示范到三维数组的使用，至于其他高维数组的使用，读者可以依此类推。要注意，一般说来，使用的数组维数越高，程序执行时读取数据的速度会越慢。

4. 另类的数组声明

在没有特别赋值的情况，数组的索引值都是由 1 开始，例如：

INTEGER A(5)
! 这个数组能使用的是 A(1),A(2),A(3),A(4),A(5)这 5 个元素

可以经过特别声明的方法来改变这个默认的规则，在声明时，可以特别赋值数组的坐标值使用范围，例如：

INTEGER A(0:5)

```
! 这个数组能使用的是 A(0),A(1),A(2),A(3),A(4),A(5)这 6 个元素
```

上面的例子把数组索引坐标的起始值由原本的 1 改为 0。事实上,这个值要改成多少都可以。

```
INTEGER A(-3:3)
! 总共有 A(-3),A(-2),A(-1),A(0),A(1),A(2),A(3)这 7 个元素可用
```

除了一维数组之外,二维数组及其他多维数组同样也可以使用这种方式来声明。

```
INTEGER A(5 ,0:5)!   A(1~5,0~5)是可以使用的元素
INTEGER B(2:3 ,-1:3)!   B(2~3,-1~3)是可以使用的元素
```

6.2 数组内容的设置

数组中每个元素的内容,可以在程序执行中一个一个进行设置,也可以在声明时就给定初值。另外 Fortran 90 及 95 还提供直接对整个数组来操作的功能。

1. 赋初值

数组也可以像一般变量一样使用 DATA 来设置数组的初值。看一看以下的范例:

```
INTEGER A(5)
DATA A /1,2,3,4,5/
! 如此会把数组 A 的初值设置成
! A(1) = 1、A(2) = 2、A(3) = 3、A(4) = 4、A(5) = 5
```

DATA 的数据区中还可以使用星号"*"来表示数据重复。

```
INTEGER A(5)
DATA A /5*3/  ! 5*3 在此指有 5 个 3,不是要计算 5*3 = 15
! 如此会把数组 A 的初值设置成
! A(1) = 3、A(2) = 3、A(3) = 3、A(4) = 3、A(5) = 3
```

另外有一种"隐含式"循环的功能可以用来设置数组的初值。

```
INTEGER A(5)
INTEGER I
DATA(A(I),I=2 ,4)/2,3,4/
```

这就是一个"隐含式"循环,I 会从 2 增加到 4,依照顺序到后面取数字。

初值设定结果为 A(2)=2、A(3)=3、A(4)=4,A(1)和 A(5)没有设定

"隐含"的循环省略了 DO 的描述,除了应用在声明的初值设置,还可以应用在其他的程序代码中,像用来输出数组的内容。

```
PRINT *,(A(I),I=2 ,4)
```

```
! 显示 A(2)、A(3)、A(4)的值
```

"隐含"循环,只要在最后再多加一个数字,同样可以改变计数器的累加数值,默认值为 1。

```
(A(I),I=2,10,2)
! 循环执行 5 次,I 分别为 2、4、6、8、10
```

"隐含式"循环也可以是多层嵌套的,所以也可以应用在多维数组上;

```
INTEGER A(2,2)
INTEGER I,J
DATA((A(I,J),I=1 ,2),J=1,2)/1,2,3,4/
! 里面括号的循环会先执行,设置结果为
! A(1,1)=1、A(2,1)=2、A(1,2)=3、A(2,2)=4
```

Fortran 90 中,可以省略掉 DATA 描述,直接设置初值。

```
INTEGER :: A(5)=(/1,2,3,4,5/)! 注意括号跟除号间不能有空格
! 这里会把数组 A 初值设置成
! A(1)=1、A(2)=2、A(3)=3、A(4)=4、A(5)=5
```

省略 DATA 直接把初值写在声明后面时,不能像使用 DATA 时一样,可以用隐含式循环来对数组中的部分元素设置初值,每个元素都必须给定初值。而且与直接把初值写在声明后面的隐含式循环有点不同。

```
INTEGER :: I
INTEGER :: A(5)=(/(2,I=2,4)/)
! 直接把初值写在声明后面时,每个元素都要给定初值
! 这里少给了 A(1)及 A(5),会发生错误
```

上面的写法必须把 A(1)及 A(5)的初值补齐才行,下面是补齐后的结果。

```
INTEGER :: I
INTEGER :: A(5)=(/1,(2,I=2,4),5/)
! A(1)=1
! (2,I=2,4)是一个隐含式循环,会得到下面的结果
! A(2)=2,A(3)=2,A(4)=2,隐含式循环把 A(2~4)的值都设置为 2
! A(5)=5
```

Fortran 90 隐含式循环的功能可以更强大,像下面的初值设置方法是 Fortran 77 及其他程序语言所做不到的。其他程序语言一定要在程序代码中使用循环才能做到同样的效果。

```
INTEGER :: I
INTEGER :: A(5)=(/(I,I=1,5)/)
! (I,I=1,5)是一个隐含式循环,设置结果为
! A(1)=1、A(2)=2、A(3)=3、A(4)=4、A(5)=5
```

现在就来看一个完整的程序并示范设置数组初值的方法。把前面查询学生的程序例 6-1 改写,学生成绩改成直接记录在程序代码中。

例 6-7

```
1.    PROGAM EX0606
2.    IMPLICIT NONE
3.    INTEGER , PARAMETER :: STUDENTS = 5
4.    INTEGER :: STUDENT(STUDENTS) = (/80,90,85,75,95/)
5.    INTEGER I
6.
7.    DO
8.      PRINT *,"QUERY:"
9.      READ(*,*)I
10.     IF(I<=0 .OR. I>STUDENTS)EXIT
11.     PRINT *, STUDENT(I)
12.   END DO
13.
14. END
```

这个版本的查询程序,学生成绩直接写在程序代码中,不再由用户输入,所以少了输入部分的程序代码。其他部分都跟例 6-1 一样。

再来看一个实例来示范隐含式循环的功能。这个实例会设置二维数组的矩阵内容,再把它输出到屏幕上。

例 6-7

```
1.    PROGRAM EX0607
2.    IMPLICIT NONE
3.    INTEGER , PARAMETER :: ROW = 2
4.    INTEGER , PARAMETER :: COL = 2
5.    INTEGER M(ROW ,COL)
6.    INTEGER R ! 用来赋值 ROW
7.    INTEGER C ! 用来赋值 COLUMN
8.    DATA((M(R ,C),R=1,2),C=1,2)/1,2,3,4/
9.
10.   ! 按顺序输出 M(1,1)、M(2,1)、M(1,2)、M(2,2)这 4 个数字
11.   WRITE(*,"(I3,I3,/,I3,I3)")((M(R ,C),C=1,2),R=1,2)
12.
13. END
```

程序执行后会显示二维数组 MATRIX 的内容。

```
1   3
2   4
```

这个程序输出 2×2 矩阵只用了一行命令。程序的第 11 行使用了两层的隐含式循环来输

出这个二维数组的内容。

11. WRITE(*,"(I3,I3,/,I3,I3)")((M(R,C),C=1,2),R=1,2)

Fortran 90 中,除了可以一个一个元素慢慢来给定初值之外,还可以一次直接把整个数组内容设置为同一个数值,这也是其他语言所做不到的。

```
INTEGER :: A(5) = 5
!   A(1)= A(2)= A(3)= A(4)= A(5)=5
```

2. 对整个数组的操作

上一节介绍的是在声明时设置数组初值的办法。Fortran 90 语法添加了许多设置数组内容的方法,可以使用一个简单的命令来操作整个数组,大量简化了其他语言需要使用循环才能做到的效果。这部分也成为 Fortran 90 的主要特色之一。下面直接举几个实例来说明。

【A = 5】

其中 A 是一个任意维数和大小的数组。这个命令把数组 A 的每个元素的值都设置为 5。以一维的情况来说,这个命令相当于下面的程序代码:

```
DO I = 1,N
   A(I) = 5
END DO
```

【A = (/1,2,3/)】

A(1)=1,A(2)=2,A(3)=3。等号右边所提供的数字数目,必须跟数组 A 的大小一样。

【A = B】

A 跟 B 是同样维数及大小的数组。这个命令会把数组 A 同样位置元素的内容设置成和数组 B 一样。以一维的情况来说,这个命令相当于下面的程序代码:

```
DO I = 1,N ! N 为数组大小
   A(I) = B(I)
END DO
```

【A = B + C】

A,B,C 是三个同样维数及大小的数组,这个命令会把数组 B 及 C 中同样位置的数值相加,得到的数值再放回数组 A 同样的位置中。举例来说,如果它们是二维数组的话,执行结果为 A(I,J)=B(I,J)+C(I,J),其中 I,J 为在数组范围中的任意值。这个语法可以拿来做矩阵相加。

```
DO I = 1,N
   DO J = 1,M
      A(I,J) = B(I,J) + C(I,J)
   END DO
END DO
```

【A = B - C】

A,B,C 是三个同样维数及大小的数组,这个命令会把数组 B 及 C 中同样位置的数值相减,得到的数值再放回数组 A 同样的位置中。举例来说如果它们是二维数组的话,执行结果为 A(I,J)=B(I,J)-C(I,J),其中 I,J 为在数组范围中的任意值。这个语法可以拿来做矩阵相减。

```
DO I = 1,N
  DO J = 1,M
    A(I,J) = B(I,J) - C(I,J)
  END DO
END DO
```

【A = B * C】

A,B,C 是三个同样维数及大小的数组,执行后数组 A 的每一个元素值为相同位置的数组 B 元素乘以数组 C 元素。以二维的情况来说,即 A(I,J)=B(I,J)*C(I,J),其中 I,J 为在数组范围中的任意值。请注意这并不等于矩阵相乘的规则。

```
DO I = 1,N
  DO J = 1,M
    A(I,J) = B(I,J) * C(I,J)
  END DO
END DO
```

【A = B/C】

A,B,C 是三个同样维数及大小的数组,执行后数组 A 的每一个元素值为相同位置的数组 B 元素除以数组 C 元素。以二维的情况来说,即 A(I,J)=B(I,J)/C(I,J),其中 I,J 为在数组范围中的任意值。

```
DO I = 1,N
  DO J = 1,M
    A(I,J) = B(I,J)/C(I,J)
  END DO
END DO
```

【A = SIN(B)】

矩阵 A 的每一个元素为矩阵 B 元素的 SIN 值,数组 B 必须是浮点数类型,才能使用 SIN 函数。以一维的情况来说,这个命令得到的结果为 A(I)=SIN(B(I)),I 为数组范围中的任意数,这个命令相当于下面的程序代码:

```
DO I = 1,N ! 任意在数组范围中的值
  A(I) = SIN(B(I))
END DO
```

前面这几个都还是比较单纯的用法,基本上就是把原来要使用循环才能做到的设置功能

改成使用一行命令来完成。来看一个实例程序，它使用了本节介绍的新功能来改写例6-4矩阵相加的程序。

例6-8

```
1.   PROGRAM EX0608
2.     IMPLICIT NONE
3.     INTEGER , PARAMETER :: ROW = 2
4.     INTEGER , PARAMETER :: COL = 2
5.     INTEGER :: MA(ROW ,COL) = 1
6.     INTEGER :: MB(ROW ,COL) = 4
7.     INTEGER MC(ROW ,COL)
8.     INTEGER I,J
9.
10.    MC = MA + MB ! 一行程序代码就可以做矩阵相加
11.    WRITE( * ,"(I3,I3,/,I3,I3)")((MC(I ,J),J = 1,2),I = 1,2)
12.
13. END
```

这个程序很简单，声明占去了较大部分。声明中先把矩阵MA全部的内容设置成1，矩阵MB全部内容设置成4。

```
5.   INTEGER :: MA(ROW ,COL) = 1
6.   INTEGER :: MB(ROW ,COL) = 4
```

程序运算的部分只有一行，靠这行命令就可以完成矩阵相加的工作。

MC = MA + MB ! 一行程序代码就可以做矩阵相加

下面再介绍一个特别的用法，这个用法可以和后面所要介绍的WHERE命令配合使用。

【A = B＞C】

A,B,C是三个同样维数大小的数组，不过数组A为逻辑型数组，数组B、C则为同类型的数值变量。以一维的情况来说，这个命令相当于使用了下面的程序代码：

```
DO I = 1,N
   IF(B(I)＞C(I))THEN
      A(I) = .TRUE.
   ELSE
      A(I) = .FALSE.
   END DO
```

3. 对部分数组的操作

除了一次对整个数组进行操作之外，Fortran 90还有提供一次只挑出部分数组来操作的功能。取出部分数组的语法看起来有点类似隐含式循环，下面直接举几个实例来做说明。

【A(3:5) = 5】

把 A(3),A(4),A(5) 的内容设置成 5,其他值不变。

【A(3:) = 5】

把 A(3) 之后的元素的内容设置成 5,A(1),A(2) 则不变。

【A(3:5) = (/3,4,5/)】

执行 A(3)=3,A(4)=4,A(5)=5 的设置,其他值不变。等号左边所赋值的数组元素数目必须跟等号右边所提供的数字数量一样多。

【A(1:3) = B(4:6)】

设置 A(1)=B(4),A(2)=B(5),A(3)=B(6)。这个命令有点类似隐含式循环,用来特别对数组中某几个元素操作。等号两边的数组元素数量必须一样多。

【A(1:5:2) = 3】

设置 A(1)=3,A(3)=3,A(5)=3。这也有点类似隐含式循环,A(1:5:2) 的最后一个数字同样用来赋值增值。

【A(1:10) = A(10:1:-1)】

使用类似隐含式循环的方法把 A(1~10) 的内容翻转。

【A(:) = B(:,2)】

假设 A 声明为 INTEGER A(5),B 声明为 INTEGER A(5,5)。等号右边 B(:,2) 的意思是取出 B(1~5,2) 这五个元素来使用。而因为 A 是一维数组,所以 A(:) 和直接写 A 的意思一样,都是取出 A(1~5) 这 5 个元素来使用。只要等号两边的元素数目一样多就是合理的描述。这道命令的执行结果为 A(I)=B(I,2),其中 I 为数组范围中的任意数。

【A(:,:) = B(:,:,1)】

假设 A 声明为 INTEGER A(5,5),B 声明为 INTEGER A(5,5,5)。等号右边 B(:,:,1) 的意思是取出 B(1~5,1~5,1) 这 25 个元素。A 是二维数组,所以 A(:,:) 和直接写 A 的意思一样,都是指 A(1~5,1~5) 这 25 个元素。这条命令的结果为 A(I,J)=B(I,J,1),其中 I,J 为数组范围中的任意数。

要拿数组中一部分内容来使用时,只要把握两个原则就可以:

(1)等号两边所使用的数组元素数目要一样多。

(2)同时使用多个隐含式循环时,较低维的循环可以想象成是内层的循环。用一个实例来说明这个原则:

```
INTEGER :: A(2,2),B(2,2)
B = A(2:1:-1,2:1:-1)
! B 没有特别赋值时,等于 B(1:2:1,1:2:1)
! 低维的是内层循环,会先执行,所以这个命令结果为
! B(1,1) = A(2,2)
! B(2,1) = A(1,2)
```

! B(1,2) = A(2,1)

! B(2,2) = A(1,1)

下面用一个实例来简单示范一下本节所介绍的功能。

例 6-9

1.   PROGRAM EX0609
2.   IMPLICIT NONE
3.   INTEGER , PARAMETER :: ROW = 2
4.   INTEGER , PARAMETER :: COL = 2
5.   INTEGER :: A(2,2) = (/1,2,3,4/)
6.   ! A(1,1) = 1, A(2,1) = 2, A(1,2) = 3, A(2,2) = 4
7.   INTEGER :: B(4) = (/5,6,7,8/)
8.   INTEGER C(2)
9.
10.   PRINT *, A ! 显示 A(1,1), A(2,1), A(1,2), A(2,2)
11.   PRINT *, A(:,1) ! 显示 A(1,1), A(2,1)
12.
13.   C = A(:,1) ! C(1) = A(1,1), C(2) = A(2,1)
14.   PRINT *, C ! 显示 C(1), C(2)
15.
16.   C = A(2,:) ! C(1) = A(2,1), C(2) = A(2,2)
17.   PRINT *, C ! 显示 C(1), C(2)
18.   PRINT *, C(2:1:-1) ! 显示 C(2), C(1)
19.
20.   C = B(1:4:2) ! C(1) = B(1), C(2) = B(3)
21.   PRINT *, C ! 显示 C(1), C(2)
22.
23. END

程序输出结果为：

```
1 2 3 4
1 2
1 2
2 4
4 2
5 7
```

声明二维数组 A 时已给定初值。至于为什么程序会使用下面的顺序来设置初值，下一节会详细说明，这里只要知道就跟上面的第 2 个原则一样，低维的是内层循环，所以 A(1,1) 会拿走第 1 个数字，A(2,1) 会拿走第 2 个数字，A(1,2) 会拿走第 3 个数字，A(2,2) 会拿走第 4 个数字。

```
5.    INTEGER :: A(2,2) = (/1,2,3,4/)
6.    ! A(1,1) = 1, A(2,1) = 2, A(1,2) = 3, A(2,2) = 4
```

慢慢地来看这 6 行输出是如何生成的。第 1 行输出来自程序第 10 行,前面提过,只写 A 等于 A(1:2,1:2,1),而低维的是内层循环,所以这个地方也是一个隐含式循环,会显示 4 个数字,也就是 1 2 3 4。

```
10.   PRINT *, A ! 显示 A(1,1), A(2,1), A(1,2), A(2,2)
```

第 2 行输出来自第 11 行,A(:,1)等于 A(1:2,1,1),所以会显示 A(1,1)跟 A(2,1)这两个数字来。也就是 1 2。

```
11.   PRINT *, A(:,1) ! 显示 A(1,1), A(2,1)
```

第 3 行输出来自第 13、14 这两行,会输出 1 2

```
13.   C = A(:,1) ! C(1) = A(1,1) = 1, C(2) = A(2,1) = 2
14.   PRINT *, C ! 显示 C(1), C(2)
```

第 4 行输出来自第 16、17 这两行程序,会输出 2 4

```
16.   C = A(2,:) ! C(1) = A(2,1) = 2, C(2) = A(2,2) = 4
17.   PRINT *, C ! 显示 C(1), C(2)
```

第 5 行输出来自第 18 行程序,会输出 4 2

```
18.   WRITE(*,*)C(2:1:-1) ! 显示 C(2), C(1)
```

第 6 行输出来自第 20、21 这两行程序,会输出 5 7

```
20.   C = B(1:4:2) ! C(1) = B(1) = 5, C(2) = B(3) = 7
21.   WRITE(*,*)C ! 显示 C(1), C(2)
```

Fortran 90 在数组方面的功能非常强大,这些一次操作数组中多个元素的使用方法,在其他语言中都不存在。

4. WHERE

WHERE 是 Fortran 95 添加的功能,它也是用来取出部分数组内容进行设置,不过跟上一个小节介绍的方法不太一样。上一节是有数组坐标值很规则地使用一部分元素,WHERE 命令则可以经过逻辑判断来使用数组的一部分元素。下面来看一个实例。

例 6 - 10

```
1.   PROGRAM EX0610
2.   IMPLICIT NONE
3.   INTEGER :: I
4.   INTEGER :: A(5) = (/(I, I = 1,5)/)
5.   ! A(1) = 1、A(2) = 2、A(3) = 3、A(4) = 4、A(5) = 5
6.   INTEGER :: B(5) = 0
```

```
7.
8.       ! 把 A(1～5)中小于 3 的元素值设置给 B
9.       WHERE(A<3)
10.      B = A
11.      END WHERE
12.
13.      WRITE(*,"(5(I3,1X))")B
14. END
```

这里的 WHERE 描述会把数组 A 中数值小于 3 的元素找出来,并把这些元素的值设置给数组 B 同样位置的元素。也就是说,因为 A(1)及 A(2)的值小于 3,它们的值会分别设置给 B(1)、B(2),其他值则不变。程序最后输出数组 B 时会得到下面的结果:

```
1  2  0  0  0
```

这个程序 9～12 行的 WHERE 描述所做的工作,相当于使用下面的循环所得到的效果:

```
DO I = 1,5
    IF(A(I)<3)B(I) = A(I)
END DO
```

虽然执行结果相同,但是使用 WHERE 命令的程序代码比较精简,执行起来也会比较快。尤其是如果计算机有多个 CPU,而编译器又支持多 CPU 的并行处理能力时。用 DO 循环写的程序不能拿来做并行处理。

WHERE 描述与 IF 有点类似,如果程序模块只有一行命令时,同样可以把这一行命令写在 WHERE 后面,并且省略 END WHERE。这个程序的 9～11 行可以写成以下这行:

```
WHERE(A<3)B = A
```

WHERE 是用来设置数组的,所以它的程序模块中只能出现与设置数组相关的命令。而且在它的整个程序模块中所使用的数组元素,都必须是同样维数及大小的数据。

```
INTEGER :: A(5) = 1
INTEGER :: C(3) = 2
WHERE(A/ = 0)C = A
```

! 上一行错误,C 跟 A 的大小不同,不能把它们一起放在 WHERE 程序模块中

```
WHERE(A(1:3)/ = 0)C = A
```

! 正确,因为 WHERE 命令只对 A(1:3)操作,A(1:3)跟 C 都是 3 个元素,大小相同

WHERE 除了可以处理逻辑成立的情况之外,还可以配合 ELSE WHERE 来处理逻辑不成立的情况。来看下面的例子。

例 6-11

```
1.  PROGRAM EX0611
2.      IMPLICIT NONE
```

```
3.      INTEGER :: I
4.      INTEGER :: A(5) = (/(I,I=1,5)/)
5.      INTEGER :: B(5) = 0
6.
7.      WHERE(A<3)
8.        B = 1
9.      ELSEWHERE
10.       B = 2
11.     END WHERE
12.
13.     WRITE(*,"(5(I3,1X))")B
14.   END
```

最后数组 B 会得到的值为 B(1)=1,B(2)=1,B(3)=2,B(4)=2,B(5)=2。程序 7~11 行的 WHERE 描述相当于下面的循环所得到的效果：

```
DO I = 1, 5
   IF(A(I)<3)THEN
     B(I) = 1
   ELSE
     B(I) = 2
   END IF
END DO
```

WHERE 描述还可以做多重判断,只要在 ELSEWHERE 后面接上逻辑判断就行了。

```
WHERE(A<2)
  B = 1
ELSEWHERE(A>5)
  B = 2
ELSEWHERE ! 剩下 2<=A(I)<=5 的部分
  B = 3
END WHERE
```

上面的程序片段相当于使用下面的循环所做出来的效果。

```
DO I = 1,N
   IF(A(I)<2)THEN
     B(I) = 1
   ELSE IF(A(I)>5)THEN
     B(I) = 2
   ELSE
     B(I) = 3
```

```
        END IF
    END DO
```

WHERE 也可以是嵌套的,它也跟循环一样可以取名字,不过取名的 WHERE 描述在结束时 END WHERE 后面一定要接上它的名字,用来明确赋值所要结束的是哪一个 WHERE 模块。

```
NAME: WHERE(A<3) ! WHERE 模块可以取名字
    B = A
END WHERE NAME ! 有取名字的 WHERE 结束时也要赋值名字
WHERE(A<5) ! WHERE 也可以是嵌套的
    WHERE(A/=2)
        B = 3
    ELSEWHERE
        B = 1
    END WHERE
ELSEWHERE
    B = 0
END WHERE
```

最后再来看一个实例,假设年所得 3 万以下所得税率为 10%,3 万到 5 万之间为 12%,5 万以上为 15%。使用 WHERE 命令来计算,并记录 10 个人的所得税金额。

例 6-12

```
1.  PROGRAM EX0612
2.      IMPLICIT NONE
3.      INTEGER :: I
4.      REAL :: INCOME(10) = (/25000,30000,50000,40000,35000,&
5.                      &60000,27000,45000,20000,70000/)
6.      REAL :: TAX(10)
7.
8.      WHERE(INCOME<30000.0)
9.          TAX = INCOME * 0.10
10.     ELSEWHERE(INCOME<50000.0)
11.         TAX = INCOME * 0.12
12.     ELSEWHERE
13.         TAX = INCOME * 0.15
14.     END WHERE
15.
16.     WRITE(*,"(10(F8,1,1X))")TAX
17.
18. END
```

这个程序使用 WHERE 描述,很快根据年所得来把每个人分级,并且使用不同的税率来计算所得税金额,计算结果会保存在数组 TAX 中。

5. FORALL

FORALL 是 Fortran 95 添加的功能。简单来说,它也可以看成是一种使用隐含式循环来使用数组的方法,不过它的功能可以做得更强大。先用一个实例来简单介绍它的功能。

例 6 - 13

```
1.      PROGRAM EX0613
2.        IMPLICIT NONE
3.        INTEGER :: I
4.        INTEGER :: A(5)
5.
6.        FORALL(I = 1:5)
7.          A(I) = 5
8.        END FORALL
9.        ! A(1) = A(2) = A(3) = A(4) = A(5) = 5
10.       PRINT *, A
11.
12.       FORALL(I = 1:5)
13.         A(I) = I
14.       END FORALL
15.       ! A(1) = 1, A(2) = 2, A(3) = 3, A(4) = 4, A(5) = 5
16.       PRINT *, A
17.
18. END
```

程序使用了两段 FORALL 描述。FORALL 描述也有点类似在使用隐含式循环。第 6~8 行的 FORALL 描述相当于使用下面的命令:

```
DO I = 1, 5
  A(I) = 5
END DO
```

也等于下面的这一行命令:

```
A(1:5) = 5
```

程序的第 12~14 行的执行结果等于下面这一段代码:

```
DO I = 1, 5
  A(I) = I
END DO
```

也相当于下面这一行命令:

```
A = (/(I,I = 1,5)/)
```

FORALL 的详细语法为

```
FORALL(TRIPLET1[,TRIPLET2[,TRIPLET3…]],MASK)
……
END FORALL
```

TRIPLEN 是用来赋值数组坐标范围的值。上一个实例例 6-13 中第 6 行的 FORALL (I=1:5)其中的 I=1:5 就是一个 TRIPLE,跟隐含式循环一样,省略第 3 个数字时默认的增值就是 1。FORALL 中可以赋值好几个 TRIPLE,数组最多有几维就可以赋值多少个。

```
INTEGER :: A(10,5)
FORALL(I = 2:10:2,J = 1:5)! 二维数组可以用两个数字
    A(I,J) = I + J ! 可以使用算式
END FORALL
```

MASK 是用来做条件判断,跟 WHERE 命令中使用的条件判断类似,它可以用来限定 FORALL 程序模块中,只作用于数组中符合条件的元素。还可以做其他的条件限制,直接来看几个例子:

```
INTEGER :: A(5,5)
INTEGER :: I, J
……
……
FORALL(I = 1:5,J = 1:5,A(I,J)<10)! 只处理数组 A 中小于 10 的元素
    A(I,J) = 1
END FORALL
FORALL(I = 1:5,J = 1:5,I = = J)
! 只做 I = = J 的情况,也就是只处理
! A(1,1), A(2,2), A(3,3), A(4,4), A(5,5)这 5 个元素
    A(I,J) = 1
END FORALL
FORALL(I = 1:5,J = 1:5,((I>J).AND. A(I,J)>10))
! 还可以赋值好几个条件
! 这个条件可以想象成只处理 A(5,5)这个二维矩阵的上半部三角形部分
! 而且 A(I,J)大于 0 的元素
    A(I,J) = 1/A(I,J)
END FORALL
```

FORALL 描述中的程序模块如果只有一行程序代码时,也可以省略 END FORALL,把程序模块跟 FORALL 写在同一行,就跟 IF 及 WHERE 的情况相同。

```
FORALL(I = 1:5, J = 1:5, A(I,J)/ = 0)   A(I,J) = 1/A(I,J)
```

! 模块中只有一行时可以省略 END FORALL

再来看一个实例,这个程序声明了一个二维数组作为二维矩阵使用。它使用 FORALL 命令把矩阵的上半部设置为 1,对角线部分设置成 2,下半部设置成 3。

例 6-14

```
1.   PROGRAM EX0614
2.     IMPLICIT NONE
3.     INTEGER I,J
4.     INTEGER , PARAMETER :: SIZE = 5
5.     INTEGER :: A(SIZE,SIZE)
6.
7.     FORALL(I=1:SIZE,J=1:SIZE,I>J)A(I,J)=1 ! 上半部
8.     FORALL(I=1:SIZE,J=1:SIZE,I==J)A(I,J)=2 ! 对角线部分
9.     FORALL(I=1:SIZE,J=1:SIZE,I<J)A(I,J)=3 ! 下半部
10.
11.    WRITE(*,"(5(5I5,/))")A
12.
13. END
```

输出结果为:

```
2 1 1 1 1
3 2 1 1 1
3 3 2 1 1
3 3 3 2 1
3 3 3 3 2
```

FORALL 可以写成多层的嵌套结构,它里面也只能出现跟设置数组数值有关的程序命令,还可以在 FORALL 中使用 WHERE。不过 WHERE 当中不能使用 FORALL。

```
FORALL(I=1:5)! 嵌套的 FORALL
  FORALL(J=1:5)
    A(I,J)=2
  END FORALL
  FORALL(J=6:10)
    A(I,J)=3
  END FORALL
END FORALL
FORALL(I=1:5)
  WHERE(A(:,I)/=0)! FORALL 中可以使用 WHERE
    A(:,I)=1.0/A(:,I)
  END WHERE
```

END FORALL

6.3 数组的保存规则

还有一些关于数组的概念应该了解,才能在写程序时使用一些特别的技巧。这些概念可以应用在下一章中要介绍的传递数组数据到子程序中,还可以应用在程序的优化上,编写出效率比较高的程序。

一个数组不管是声明成什么"形状"(指维数跟大小),它的所有元素都是分布在计算机内存的同一个连续模块当中。一维数组是最单纯的情况。它的元素在内存中的排列位置刚好就按照元素的顺序:

INTEGER A(5)

元素在内存连续模块中的排列情况为

A(1)=>A(2)=>A(3)=>A(4)=>A(5)

如果声明成以下类型时:

INTEGER A(-1:3)

元素内存连续模块中的排列情况为

A(-1)=>A(0)=>A(1)=>A(2)=>A(3)

多维数组的元素,在内存的连续模块中排列是以一种称为"COLUMN MAJOR"的方法来排列。先使二维数组来解释 COLUMN MAJOR 的意义,假设有一个二维数组声明成:"INTEGER A(3,3)"。把这个二维数组当成二维矩阵来看时,这个数组中的第一维称为 ROW,第 2 维就称为 COLUMN。

```
A(I,J)
  ↑ ↑
  │ └── 第 2 维为 COLUMN
  └──── 第 1 维为 ROW
```

COLUMN MAJOR 的意义对二维数组来说就是:数组存放在内存中,会先放入 COLUMN 中每个 ROW 的元素,第 1 个 COLUMN 放完了再放第 2 个 COLUMN。所以,数组 A 会依照下面的顺序在内存中放置 9 个元素。

```
A(1,1)=>A(2,1)=>A(3,1)      (先放第 1 个 COLUMN 中的元素)
=>A(1,2)=>A(2,2)=>A(3,2)    (再放第 2 个 COLUMN 中的元素)
=>A(1,3)=>A(2,3)=>A(3,3)    (最后放第 3 个 COLUMN 中的元素)
```

COLUMN MAJOR 的意义引申到多维数组时,会先放入较低维的元素,再放入较高维的元素。来看一个三维数组的实例:

```
INTEGER  A(2,2,2)
            ↑ ↑
            │ └── 最高维
            └──── 最低维
```

它在内存中的排列情况为：

A(1,1,1)=＞A(2,1,1)　　　（先放入第 1 维）
=＞A(1,2,1)=＞A(2,2,1)　（再放入第 2 维）
=＞A(1,1,2)=＞A(2,1,2)
=＞A(1,2,2)=＞A(2,2,2)　（再放入第 3 维）

用循环依照内存顺序读出这个数组的方法为：

```
DO I = 1,2
  DO J = 1,2
    DO K = 1,2
      ! 维数小的使用越内层的循环
      WRITE( * , * )A(K,J,I)
    END DO
  END DO
END DO
```

其他更高维的数组也是用这个原则在内存中来排列，数组元素的排列方法可以归纳出下列的公式：

假设声明了一个 n 维数组 A(D1,D2,…,Dn)

设 $S_n = D1 * D2 * \cdots * Dn$

则 A(D1,D2,D3,…,Dn)在第 $1 + (D1-1) + (D2-1) * S1 + \cdots + (Dn-1) * Sn-1$ 个位置

如果声明的 n 维数组有设置每一维的起始值 A(S1:E1,S2:E2,…,Sn:En)

设 $Mn = (E1 - S1 + 1) * (E2 - S2 + 1) * \cdots * (En - Sn + 1)$

则 A(D1,D2,D3,…,Dn)在第 $1 + (D1-S1) + (D2-S2) * M1 + \cdots + (Dn-Sn) * Mn-1$ 个位置

数组对计算机来说只是一块内存。实际使用数组时，会先根据它的索引值计算出现在所要使用的是内存中的第几个数字，计算方法所使用的就是上面的公式。越高维的数组，所需要计算的式子会越长，所以高维数组的数组的读取会比较慢。

顺便提一点，C 语言的数组排列方法刚好相反，C 语言中最右边的元素会最先被填入内存，而且它的索引值固定从 0 开始计算。如果读者想链接这两种语言的程序时要小心这两点。

现在的计算机硬件结构，读取大笔数据时，如果每一笔数据都位于邻近的内存位置中，执行起来会比较快。这主要原因是使用高速缓存 CACHE 的缘故，高速缓存的访问速度比主存储器快上好几倍，CPU 需要数据时，会先检查这个数据有没有放在 CACHE 里，没有在 CACHE 中才会到比较慢的主存储器拿数据。而向主存储器拿数据时，除了会拿回所需要的数据外，通常还会顺便把这笔数据的邻近几笔数据也拿回来放在 CACHE 里，所以下一笔数据如果距离不是很远，通常就会顺便被拿到 CACHE 中，这样可以加快下一个命令的执行速度。

在写程序时要好好利用这个原则来安排数据。比如在程序代码中使用一个四维数组时，

下面这一段程序就不是很好的写法：

```
DO B = 1,5
    SUM = SUM + A(1,1,1,B)
END DO
```

因为在四维数组 A(1,1,1,1), A(1,1,1,2), A(1,1,1,3),…在内存中的位置可能会间隔很远。这段程序在执行时，CPU要不断地在内存中跳跃式地来读取数据，这就无法使用到高速缓存 CACHE 的便利。下面是比较好的写法：

```
DO B = 1,5
    SUM = SUM + A(B,1,1,1)
END DO
```

A(1,1,1,1), A(2,1,1,1), A(3,1,1,1),…这几个数值在内存中都是紧紧相邻的，CPU 不需要跳跃式地读取数据，程序执行效率会比较好。在安排数组时（尤其是多维数组），最好能把同一组比较常一起使用的数据，放在内存的邻近模块中。

再举一个例子，假如现在要处理一个二维数组，下面是一个比较不好的写法：

```
DO I = 1,N
    DO J = 1,M
        A(I,J) = ……
    END DO
END DO
```

因为 A(I,J) 跟 A(I,J+1) 在内存中的位置并不是连续的。下面的写法会比较好一点：

```
DO I = 1,N
    DO J = 1,M
        A(J,I) = ……
    END DO
END DO
```

只要很简单地把 I、J 的使用位置交换，就可以得到比较好的效率。因为 A(I,J) 跟 A(J+1,I) 在内存中的位置是连续的。

解释过数组在数组中的排列方法后，在回忆设置初值的部分，现在读者应该就可以知道下面程序代码为什么会有那样子的结果：

```
INTEGER :: A(2,2) = (/ 1,2,3,4 /)
! A(1,1) = 1, A(2,1) = 2, A(1,2) = 3, A(2,2) = 4
! 正好是根据内存的排列顺序来设置数值
```

6.4 可变大小的数组

某些情况下，要等到程序运行之后，才会知道所需要使用的数组大小。例如，要记录一个班级的学生成绩,但是每个班级的学生人数不一定相同,这个数值最好可以让用户来输入,而不是固定写死在程序代码当中。用户输入学生人数之后,程序代码再去声明一个刚好大小合适的数组来使用。

先看一下,如果数组的大小是不能改变的,那么要做到上一段要求的程序怎样编写。

例 6-15

```
1.   PROGRAM EX0615
2.     IMPLICIT NONE
3.     INTEGER, PARAMETER :: MAX = 1000
4.     INTEGER :: A(MAX) ! 先声明一个超大的数组
5.     INTEGER STUDENTS
6.     INTEGER I
7.
8.     PRINT *, "HOW MANY STUDENTS:"
9.     READ *, STUDENTS ! 输入的值不能超过 MAX
10.
11.    ! 输入成绩
12.    DO I = 1, STUDENTS
13.      WRITE(*, "('NUMBER', I3)") I
14.      READ *, A(I)
15.    END DO
16.    PRINT *, A
17.  END
```

这个是无可奈何的写法,程序代码中事先声明一个超大的数组,然后再来使用数组的一小部分。Fortran 77 还没有支持可变大小的数组,就只能使用这种写法。而 Fortran 90 的数组则可以等到程序执行后,根据需求来实时决定它的大小。来看看下面的写法。

例 6-16

```
1.   PROGRAM EX0616
2.     IMPLICIT NONE
3.     INTEGER STUDENTS
4.     INTEGER, ALLOCATABLE :: A(:) ! 声明一个可变大小的一维数组
5.     INTEGER I
6.
7.     PRINT *, "HOW MANY STUDENTS:"
8.     READ *, STUDENTS
9.     ALLOCATE(A(STUDENTS)) ! 配置内存空间
10.
11.    ! 输入成绩
12.    DO I = 1, STUDENTS
```

```
13.     WRITE(*,"('NUMBER',I3)")I
14.     READ *, A(I)
15.   END DO
16.   PRINT *,A
17.   DEALLOCATE(A)
18. END
```

使用可变大小数组要经过两个步骤,第一步当然就是声明,这里的声明方法有些不同,声明时要加上 ALLOCATABLE,数组的大小也不用赋值,使用一个冒号":"来表示它是一维数组就行了。

声明完成后,这个数组还不能使用,因为还没有设置它的大小。要经过 ALLOCATE 这个命令到内存中配置了足够的空间后才能使用数组,就如程序中第 9 行所做的一般:

```
9.  ALLOCATE(A(STUDENTS))! 配置内存空间
```

这里的 STUDENTS 值是由用户输入的。在这里设置数组大小的值可以使用变量,不像在声明一般数组时要使用常数。配置完内存空间后,这个数组使用起来就和一般的数组没有什么不同了。

讲到 ALLOCATE,就要顺便提到 DEALLOCATE。ALLOCATE 是去要求内存使用空间,而 DEALLOCATE 则是逆向运行,它是用来把 ALLOCATE 命令所得到的空间释放掉,使用这两个命令可以用来重新设置数组大小。

计算机的内存是有限的,当然也就不能无限制地去要求空间来使用。所以 ALLOCATE 命令在内存满载时,有可能会要求不到使用空间。ALLOCATE 命令中可以加上 STAT 的文本框来得知内存配置是否成功。

```
ALLOCATE(A(100), STAT = ERROR)
```

ERROR 是事先声明好的整型变量,做 ALLOCATE 这个动作时会经由 STAT 这个叙述传给 ERROR 一个数值,如果 ERROR 等于 0 则表示 ALLOCATE 数组成功,而如果 ERROR 不等于 0 则表示 ALLOCATE 数组失败

写一个程序来测试大家的计算机能承受多大的数组。

例 6 - 17

```
1.  PROGRAM EX0617
2.    IMPLICIT NONE
3.    INTEGER :: SIZE,ERROR = 0
4.    INTEGER , PARAMETER :: ONE_MB = 1024 * 1024 ! 1MB
5.    CHARACTER , ALLOCATABLE :: A(:)
6.
7.    DO
8.      SIZE = SIZE + ONE_MB
        ! 一次增加 1MB 个字符,也就是 1MB 的内存空间
9.      ALLOCATE(A(SIZE), STAT = ERROR)
```

```
10.        IF(ERROR/=0)EXIT
11.        WRITE(*,"('ALLOCATE',I10,'BYTES')")SIZE
12.        WRITE(*,"(F10.2,'MB USED')")REAL(SIZE)/REAL(ONE_MB)
13.        DEALLOCATE(A)
14.     END DO
15.
16. END
```

程序最后一行所显示的结果,就是一次所能配置到的最大数组大小。请注意这里使用的数组类型是字符类型,因为一个字符刚好占用1BYTE,要换算成MB比较容易。每台计算机最后出现的数值多少会有差异,这个数值也可能会超过计算机本身安装的内存大小,这是因为现在的操作系统有提供虚拟内存的功能。

最后回到ALLOCATE这个命令。除了一维数组之外,其他维度的数组当然也可以使用。其他维度的声明方法如下:

```
INTEGER , ALLOCATABLE :: A2(:,:) ! 用2个冒号,代表二维数组
INTEGER , ALLOCATABLE :: A3(:,:,:) ! 用3个冒号,代表二维数组
ALLOCATE(A2(5,5)) ! 给定两维的大小
ALLOCATE(A3(5,5,5)) ! 给定三维的大小
```

在ALLOCATE中也可以特别赋值数组索引坐标的起始及终止范围。

```
INTEGER , ALLOCATABLE :: A1(:)
INTEGER , ALLOCATABLE :: A2(:,:)
ALLOCATE(A1(-5:5))
ALLOCATE(A2(-3:3,-3:3))
```

跟ALLOCATE相关的函数还有ALLOCATED,它用来检查一个可变大小的矩阵是否已经配置内存来使用,它会返回一个逻辑值。使用方法举例如下:

```
IF( .NOT. ALLOCATED(A))THEN
   ALLOCATE(A(5))
END IF
```

! 检查数组A是否有配置内存,若还没配置就去要求5个元素的内存空间

6.5 数组的应用

在介绍过选择结构、循环结构及数组的使用后,现在已有足够的工具来实际操作比较具备难度的程序了。首先来看一个很实用的问题,如何把一堆数字按照它们的大小来排序?排序有很多种算法可以使用,这里先示范一个最简单的排序方法,叫做选择排序法。

例6-18

```
1.  PROGRAM EX0618
2.     IMPLICIT NONE
```

```
3.      INTEGER, PARAMETER :: SIZE = 10
4.      INTEGER :: A(SIZE) = ( / 5,3,6,4,8,7,1,9,2,10 /)
5.      INTEGER I,J
6.      INTEGER T
7.
8.      DO I = 1, SIZE - 1
9.        DO J = I + 1, SIZE
10.        IF( A(I) > A(J))THEN ! A(I)跟 A(J)交换
11.          T = A(I)
12.          A(I) = A(J)
13.          A(J) = T
14.        END IF
15.       END DO
16.     END DO
17.
18.     WRITE( * ,"(10I4)")A
19.
20. END
```

程序会把数组 A 中的所有数值从小排到大。这个程序的核心部分就在第 8～16 这几行程序代码。这个排序方法很简单,先说明它的步骤:

(1)把全部 10 个数字中,最小的那个找出来,跟 A(1)交换位置。

(2)把 A(2～10)中,最小的那个找出来,跟 A(2)交换位置。

(3)把 A(3～10)中,最小的那个找出来,跟 A(3)交换位置。

(4)……

(5)把 A(9、10)这两个数字中,最小的那个找出来,跟 A(9)交换位置,排序完成。

第 1 个步骤完成后,A(1)中存放的会是最小的数值。第 2 个步骤完成后,A(2)中存放的会是全部数字当中第 2 小的数值,因为最小的数值是 A(1),而第 2 个步骤是去寻找 A(2～10)中最小的数值,找到的一定是全部当中第 2 小的数值。依此类推,第 N 个步骤会找出第 N 小的数值,把它放在 A(N)当中。

现在来看程序如何实现,先介绍交换两个变量内容的方法。程序的第 11～13 行是用来交换 A(I)及 A(J)这两个变量的内容。

```
11. T = A(I) ! 先把 A(I)存起来
12. A(I) = A(J) ! 把 A(I)设置为 A(J)的值,原本 A(I)的内容留在 T 中
13. A(J) = T ! 把 A(J)设置成原本 A(I)的值
```

这里要注意,总共需要用到 3 个变量才能完成交换两个变量的工作。这 3 个变量包括这两个需要交换的变量及一个额外的暂存变量,如果只使用两个变量,会得到错误的结果:

```
A(I) = A(J)
! A(I)设置为 A(J)的值,原本 A(I)的值被覆盖了
```

```
       A(J) = A(I)
       ！A(J)设置为 A(I)的值，不过 A(I)的值已经在上一行被改成 A(J)的值了
       ！所以这一行相当于做白工。
```

讲解完交换变量内容的方法后，现在假设有一个命令叫做 SWAP 可以用来交换两个变量的内容。用 SWAP 命令来取代 11~13 行的程序代码后，重新来看一下循环的部分。

```
    DO I = 1, SIZE - 1 ！只需要做 SIZE - 1 次
      DO J = I + 1, SIZE ！把第 I 小的数值放到 A(I)中
        IF(A(J) > A(I))SWAP(A(I), A(J))！A(I)跟 A(J)交换
      END DO
    END DO
```

SWAP 命令是为了方便阅读程序代码假设出来的，它实际上并不存在。内层循环的功能是用来在 A(I:SIZE)中，找出第 I 小的数字。外层循环用来赋值，现在要找出第 I 小的数字，并把它放到 A(I)当中。这两层循环就可以完成排序工作。

再来看一个实例，是做一个矩阵相乘的程序。矩阵相乘有它的特别规则，假设现在有两个二维矩阵 A、B，其中 A 的大小是 $L*M$，B 的大小是 $M*N$。现在要计算 $C=A*B$，C 矩阵的大小一定是 $L*N$。矩阵乘法的规则为：

$$C_{i,j} = \sum_{k=1}^{M} A_{i,k} * B_{k,j}$$

例 6-19

```
1.    PROGRAM EX0619
2.    IMPLICIT NONE
3.    INTEGER, PARAMETER :: L = 3, M = 4, N = 2
4.    REAL :: A(L,M) = (/ 1,2,3,4,5,6,7,8,9,10,11,12 /)
5.    REAL :: B(M,N) = (/ 1,2,3,4,5,6,7,8 /)
6.    REAL C(L,N)
7.    INTEGER I,J,K
8.
9.    DO I = 1, L
10.     DO J = 1, N
11.       C(I,J) = 0.0
12.       DO K = 1, M
13.         C(I,J) = C(I,J) + A(I,K) * B(K,J)
14.       END DO
15.     END DO
16.   END DO
17.
18.   DO I = 1, L
19.     PRINT *, C(I,:)
```

20.　　END DO
21.
22. END

程序会输出下面的结果：

　　70.00000　　158.0000
　　80.00000　　184.0000
　　90.00000　　210.0000

矩阵乘法部分在第 9~16 行的地方，这里使用了一个三层的嵌套循环。前面两层用来赋值 C(I,J) 的 I 及 J 的值，第 3 层用来计算结果。进入第 3 层循环计算累加之前，程序第 11 行先把 C(I,J) 的初值设置为 0 才能开始计算累加。

事实上，Fortran 90 库存函数就有提供 MATMUL 这个函数来做矩阵乘法。不过还是有必要学会作矩阵乘法的程序方法。这个实例程序的第 9~16 行部分如果改用 MATMUL 来做，只需要一行就完成了。

　　　　C = MATMUL(A,B)

本章要点

(1) 数组（ARRAY）是一种使用数据的方法，数组可以一次声明出一长串具有同样数据类型的变量，并使用"下标"（或者称为"索引"）对数据进行编号管理。如果数组只有一个下标，就是一维数组，有 n 个下标就是 n 维数组。

(2) 数组也是一种变量，使用前同样要先声明，数组的声明方法如下：DATATYPE　NAME(SIZE)。

(3) 数组中每个元素的内容，可以在程序执行中一个一个进行设置，也可以 在声明时就给定初值。

(4) Fortran 90 中，可以使用一个简单的命令来操作整个数组，也可以对数组的一部分进行批量操作（或称为"段操作"）。

(5) WHERE 命令可以经过逻辑判断来使用数组的一部分元素。WHERE 描述与 IF 有点类似，使用 ELSEWHERE 来进行多重判断，使用 END WHERE 来封装模块。

(6) FORALL 可以看成是一种使用隐含式循环来使用数组的方法。例如 FORALL(I=1:5,J=1:5,A(I,J)<10) 就只处理二维数组 A 中下标 I=1 到 5，J=1 到 5，并且小于 10 的元素。FORALL 使用 END FORALL 来封装模块。

(7) 一个数组不管是声明成什么"形状"（指维数跟大小），它的所有元素都是分布在计算机内存的同一个连续模块当中。其中，第一个下标所指向的数组元素按顺序先存放在内存中，第二个下标次之，依此类推。这就是数组的"列主存储"方式。

(8) 使用可变大小数组要经过两个步骤，第一步是声明，声明时要加上 ALLOCATABLE 属性，数组的大小也不用赋值，使用一个冒号"："来表示它是一维数组就行了。第二步要经过 ALLOCATE 这个命令到内存中配置了足够的空间后才能使用数组。最后，还应使用

DEALLOCATE命令来释放不再使用的可变大小数组的内存。

习 题

1. 请声明一个大小为 10 的一维数组,它们的初值为 A(1)=2,A(2)=4,A(3)=6,…,A(I)=2×I,并计算数组中这 10 个数字的平均值。

2. 请问在下面声明中,每个数组分别有几个元素可以使用:

INTEGER   A(5,5)
INTEGER   B(2,3,4)
INTEGER   C(3,4,5,6)
INTEGER   D(−5:5)
INTEGER   E(−3:3,−3:3)

3. 编写一个程序来计算前 10 个费氏数列,并把它们按顺序保存在一个一个一维数组当中。费氏数列(Fibonacci Sequence)的数列规则如下:

F(0)=0;F(1)=1

当 n>1 时

F(n)=f(n−1)+f(n−2)

4. 把排序程序例 6-18 由从小排到大,改成从大排到小。

5. 声明为 INTEGER A(5,5)的二维数组,请问 A(2,2)跟 A(3,3)在所配置的内存中是排在第几个位置?

6. 从 A、B 两个数列中,把同时出现在两个数列中的数据删去,并替换为 0,然后把非 0 的元素从屏幕上输出。例如:

A:2 5 5 8 9 12 18

B:5 8 12 12 14

操作完成后:

A:2 9 18

B:14

7. 输入任意 N 个数存放在数组中(如 5 个数 1、2、8、2、10),请在屏幕上打印如下方阵

1	2	8	2	10
10	1	2	8	2
2	10	1	1	8
8	2	10	1	2
2	8	2	10	1

第 7 章 派生类型

本章主要介绍派生类型。Fortran 语言中的固有数据类型只是描述了问题当中出现的基本数据形式,但在实际的计算当中,计算对象往往并不只是限于那些固有数据类型,而是一些数据结构。为了便于组织数据,Fortran 90 以上的版本增加了派生类型的新内容。派生类型是指用户利用 Fortran 系统内部类型,如整型、实型、复数型、逻辑型、字符型等的组合自行创建出一个新的数据类型,它们实际上是由内部数据类型形成的某种结构。任何复杂的数据结构,经过分析后都可分解为比较简单的结构成员,可以用自定义的派生类型来表示。派生类型使 Fortran 语言的功能得到加强,用户使用会更加便利。本章的主要目的是学会定义一种派生类型,创建和使用派生数据类型变量,以满足解决某些特殊数据结构问题的需要。

7.1 派生数据类型简介

在 Fortran 90 以前的版本中,没有用户自定义的数据类型。这样给用户带来了许多不便,例如,一个企业要比较完整地表达多个工人的信息,假设工人包含的信息有:工人所在部门、姓名、工号、性别、年龄、家庭住址、工资收入等,同时要对这些数据进行相应的处理,如查找、插入、排序、删除等等。以前 Fortran 所用的方法是:将工人的每一项信息放在一个数组中,例如:所有工人的姓名可以放在一个字符型数组中,工号可以存放在一个整型数组中,工资收入可以存放在一个实型数组中等等。要解决这个问题,需要对多个不同数组进行处理。那么用户在编写程序的过程中就需要定义多个不同类型的数组,这样程序看起来很冗杂,而且使用起来容易出错。

为了解决类似的问题,Fortran 90 在这方面有较大的改进,主要是允许自定义派生类数据类型(简称派生类型),有了它,就能较容易地描述上述问题。从某种意义上看,派生类型的功能类似于数组,他们都可以存储很多元素,只是一个数组只能有一种数据类型,然而单个的派生类型却可以有多种数据类型,当然,这些数据类型都是 Fortran 的内置数据类型或者已定义的用户自定义类型。

派生类型是由一系列的类型声明语句构成的,其定义的一般格式为:

```
TYPE[,访问属性说明::]派生类型名
成员 1 类型说明
……
成员 n 类型说明
END TYPE [派生类型名]
```

说明:

(1)TYPE 为关键字,定义一个派生类型的起点;END TYPE 为派生类型定义结束的标志,其后面的派生类型名可以不写,当定义多个 TYPE 块时最好写上。TYPE 块中只有类型

说明语句,不允许有可执行的动作语句。

(2)访问属性说明关键字是 PUBLIC 或 PRIVATE,默认值是 PUBLIC,即访问方式是公用的。只有当一个类型定义是放置于一个模块的规则说明部分时,才能使用访问控制符 PUBLIC 或 PRIVATE。PRIVATE 表示该类型是专用的,这个关键字只有当 TYPE 块写在模块说明部分中时,才允许使用。如果不是在模块内定义的派生类型,不可使用 PRTVATE。例如:INTEGER,PRIVATE::X1,X2 该语句定义了两个整型的私有派生类型变量 X1,X2。"::"为作用域符。在一个派生类型的定义当中,PRIVATE 语句只能出现一次。

(3)派生类型名为一个标识符,用户可以用任意标识符命名。一旦定义完成,该类型名就成为一个新的类型,就像整型、实型、逻辑型等一样,按一种类型使用。派生类型的成员可以是各种类型的数据,并且可以是多项,每项前面必须加上类型说明。一个作用域内,一个派生类型的名称只能定义一次。

下面看一个具体实例:

```
TYPE WORKER
    CHARACTER(20)NAME
    REAL SALARY
    INTEGER AGE
    LOGICALGENDER
    CHARACTER(30)ADDRESS
END TYPE
```

其中 WORKER 为派生类型名。该派生类型包含一个最多可存放 20 个字符的字符型变量 NAME、一个实型的变量 SALARY、一个整型的变量 AGE、一个逻辑类型变量 GENDER、一个最多可存放 30 个字符的字符型变量 ADDRESS。这些变量称为派生类型 WORKER 的成员。由于该派生类型访问方式已经省略,因此,按照默认访问方式:公共访问方式对其进行访问。

7.2 派生类型的构造与引用

1. 派生类型的构造

在上一节中我们已经定义了一个派生类型 WORKER。

```
TYPE WORKER
    CHARACTER(20)NAME
    REAL SALARY
    INTEGER AGE
    LOGICALGENDER
    CHARACTER(30)ADDRESS
END TYPE
```

一旦我们定义了派生数据类型 WORKER,我们就可以声明该类型的变量了,声明变量的形式为：

  TYPE(派生类型名)::变量名。

例如第一节中定义工人派生类后,就可以用它来定义派生类型变量：

  TYPE(WORKER)::W1,W2

该语句定义了两个派生类型变量 W1 和 W2,它们都包含 WORKER 的所有成员：NAME、SALARY、AGE、GENDER、ADDRESS 等 5 项。

派生类型既可以在程序中定义,也可以和其他内部数据类型一样放在另一个派生类型的定义中定义,即所谓嵌套定义。例如

```
    TYPE WORKERRECORD
        CHARACTER(20)NAME
        REAL SALARY
        INTEGER AGE
        LOGICALGENDER
        CHARACTER(30)ADDRESS
    END TYPE
    TYPE WORKERTOGETHER
        TYPE(WORKERRECORD)::WORKER
        CHARACTER(40)DEPARTMENT
        REAL WELFARE
        REAL BONUS
    END TYPE
```

其中,先定义 WORKERRECORD 派生类型,再把 TYPE(WORKERRECORD)::WORKER 语句放在派生类型定义语句 TYPE WORKERTOGETHER 之内,这样构成嵌套定义,即用一个派生类型作为另外一个派生类型的成员。

这时,如果定义如下派生类型变量：

  TYPE(WORKERTOGETHER)::W

这样,派生类型变量 W 包含：一个字符型变量 DEPARTMENT、两个实型变量 WELFARE、BONUS 和一个派生类型变量 WORKER,而 WORKER 又包含 NAME、SALARY、AGE、GENDER、ADDRESS 五个成员。

2. 派生类型成员的引用

派生类型成员的引用有两种方式：
(1)派生类型名 % 成员表；
(2)派生类型名 . 成员表。

  W1. NAME、W1. SALARY、W1. AGE、W1. GENDER、W1. ADDRESS

  W2 % NAME、W2 % SALARY、W2 % AGE、W2 % GENDER、W2 % ADDRESS。

注意:
(1) 两种引用方式可以交叉使用,但为了清晰起见,在一个程序中最好使用一种。
(2) 在含嵌套定义的派生类型中,成员引用应当嵌套使用"%"或"."，例如,对上面派生数据类型 W 中成员 SALARY 的引用方式为 W%WORKER%SALARY。

7.3 派生类型的初始化

1. 缺省初始化

Fortran 90 以上版本,允许定义派生数据类型成员时给予初始值,这时就有了缺省初始化,如果成员进行缺省初始化,那么必须使用双分号间隔符。例如:

```
TYPE WORKER
    CHARACTER(20)NAME
    REAL SALARY
    INTEGER::AGE = 35
    LOGICAL GENDER
    CHARACTER(30)ADDRESS
END TYPE
```

在这个派生类型的定义当中给出了其整型成员 AGE 的初始值。

但没有必要为每一个成员指定初始值,它的显式初始化会覆盖缺省初始化。而下面语句中,显式的初始化覆盖了 WORKER 中的 AGE 成员。

```
TYPE(WORKER),PARAMETER :: W1 = WORKER("LIUBEI",8888,25,"F","SHENZHEN")
```

2. 显式初始化

显式初始化包括利用赋值语句给派生数据类型成员赋值;利用结构构造函数在定义派生数据类型变量的同时,给定派生数据类型各成员的值;用 DATA 语句进行显式初始化。

(1) 利用赋值语句给派生数据类型成员赋值。首先看一个完整的例子。

例 7-1 某单位工人工资表包含的记录有:姓名、性别、工资收入、家庭住址等项,现计算三个职工工资的平均值。程序如下:

```
1.    PROGRAM MAIN
2.      TYPE WORKER
3.        CHARACTER(15)NAME
4.        LOGICAL GENDER
5.        REAL SALARY
6.        CHARACTER(30)ADDRESS
7.      END TYPE
8.      TYPE(WORKER)::W1,W2,W3
9.        W1.SALARY = 2700
```

10.   W2 % SALARY = 3000
11.   W3. SALARY = 1700
12.   AVER = (W1 % SALARY + W2. SALARY + W3. SALARY)/3
13.   PRINT *,"三个职工的平均工资为:",AVER
14. END PROGRAM

其中派生类型变量成员赋值的三个语句为:W1. SALARY = 2700、W2%SALARY = 3000、W3. SALARY = 1700,这与普通变量赋值本质上是一样的,也就是说可以把某派生类型变量成员的引用一起当作一个变量来使用,因此也可以用输入语句来赋值。

(2)利用结构构造函数在定义派生数据类型变量的同时,给定派生数据类型各成员的值。其格式为:

TYPE(派生数据类名)::派生类型变量名=派生类型名(成员初值表)

其中,"="后面的派生类名即为 TYPE 后面的派生类型名;成员之间的值用","隔开。例如派生类型 WORKER 定义如下:

```
TYPE WORKER
    CHARACTER(20)NAME
    REAL SALARY
    INTEGER AGE
    LOGICALGENDER
    CHARACTER(30)ADDRESS
END TYPE
```

这样我们可以用如下方式给对应的派生数据类型变量赋值:

TYPE(WORKER)::W1 = WORKER("ZHANGLI",8050,35,.F. ,"CHANGSHA"),S2,S3

这样,派生数据类型变量 W1 的值全部被给定。

这种赋值方式应当注意:

赋值时,所给的值类型和个数应与派生数据类型变量定义中各成员的类型与个数保持一致。可以将一个派生数据类型变量的值直接赋给另外一个派生数据类型变量。

```
TYPE WORKER
    CHARACTER(20)NAME
    REAL SALARY
    INTEGER AGE
    LOGICALGENDER
    CHARACTER(30)ADDRESS
END TYPE
TYPE(WORKER)::W1,W2
W1 = WORKER("ZHANGLI",8050,35,.F. ,"CHANGSHA")
W2 = W1
```

这里，通过 W2=W1 语句，使 W1 和 W2 两个派生数据类型变量得到相同的值。当派生数据类型中包含成员较多时，可以用嵌套定义的方式，使派生数据类型变得简洁，如例 7-1 中，当工人的工资收入包括多项时，可以将它们单独定义在一个派生数据类型中，然后将该派生数据类型包含到主派生数据类型中。

例：

```
TYPE WORKER
    CHARACTER(15)NAME
    LOGICAL GENDER
    TYPE(WORKERSALARY)::SALARY
    CHARACTER(30)ADDRESS
END TYPE
TYPE WORKERSALARY
    REAL BASE_SALARY
    REAL WELFARE
    REAL BONUS
END TYPE
TYPE(WORKER)::W1
W1 = WORKER("ZHANGLI",.F.,8050,1000,1000,"CHANGSHA")
```

这里先定义了 WORKER 派生类型，再把 TYPE(WORKERSALARY)::SALARY 语句放在派生类型定义语句 TYPE WORKER 之内，这样构成嵌套定义。给 W1 赋值时就包括了六项。

(3)用 DATA 语句进行显式初始化：

```
TYPE WORKER
    CHARACTER(20)NAME
    REAL SALARY
END TYPE
TYPE(WORKER)W1,W2
DATA W1/WORKER("GUANYU",6666)/
DATA W2 % NAME, W2 % SALARY /"ZHANGFEI",5555/
```

Fortran 语言在数值计算领域应用是非常广泛的，下面我们用一个实例来了解 Fortran 语言中的派生类型在数值计算上的应用。

例 7-2 用复化 Simpson(辛普森)求积公式积分

$$\int_0^1 \frac{\sin(x)}{1+x} dx$$

Simpson 数值积分法的原理就是使用很多段的二次曲线来近似原来的曲线，再计算这些二次曲线所形成的面积。使用 Simpson 积分法有一个限制，一定要有奇数个数据点才能计算，因为每一条二次曲线都要从数据中取 3 个点。Simpson 数值积分法的积分公式如下(推导省略)：

$$\int_a^b F(x)\mathrm{d}x = \frac{h}{3}\{F(a)+F(b)+4[F(a+h)+\cdots+F(a+(2n-1)h)]$$
$$+2[F(a+2h)+\cdots+F(a+(2n-2)h)]\}$$

其中,$h=\dfrac{b-a}{n-1}$,n 为数据点的个数。

程序如下：

```
1.  MODULE INTEGRAL
2.    IMPLICIT NONE
3.    INTEGER,PARAMETER::MAX = 100
4.    TYPE SIMPSON
5.      REAL A,B            ! A,B 为积分区间的左右边界
6.      INTEGER N           ! N 表示区间[A,B]划分成 N 个小区间进行积分
7.      REAL H,SUM          ! H 表示步长,SUM 表示积分结果值
8.      REAL,DIMENSION(MAX)::DATAS
9.    END TYPE
10.   CONTAINS
11.   REAL FUNCTION SIMPSON_INTEGRAL(S2)
12.     TYPE(SIMPSON),INTENT(INOUT)::S2    ! 如此定义可以输出结果
13.     TYPE(SIMPSON),INTENT(OUT)::S2      ! 如此定义可以输出结果
14.     TYPE(SIMPSON),INTENT(IN)::S2       ! 如此定义不可以输出结果
15.     TYPE(SIMPSON)::S2 ! 如此定义可以输出结果
16.     INTEGER I
17.     IF(MOD(S2. N,2) = = 0)THEN
18.       PRINT * ,"SIMPSON 积分法需要奇数个数据点才能计算"
19.       STOP
20.     END IF
21.     S2. SUM = S2. DATAS(1) + S2. DATAS(S2. N)   ! 先算出 F(0)和 F(N)的和
22.     DO I = 2,S2. N - 1
23.       IF(MOD(I,2) = = 0)THEN
24.         S2. SUM = S2. SUM + 4 * S2. DATAS(I)    ! 把 4 * F(X)的部分加起来
25.       ELSE
26.         S2. SUM = S2. SUM + 2 * S2. DATAS(I)    ! 把 2 * F(X)的部分加起来
27.       END IF
28.     END DO
29.     SIMPSON_INTEGRAL = S2. SUM * S2. H/3.0
30.     RETURN
31.   END FUNCTION
32. END MODULE
33. PROGRAM MAIN
```

```
34.     USE INTEGRAL
35.     IMPLICIT NONE
36.     TYPE(SIMPSON)::S1,S2
37.     REAL H,X
38.     INTEGER I
39.     WRITE(*,"(A)",ADVANCE='NO')"请输入积分的上下限:"
40.     READ*,S1.A,S1.B
41.     WRITE(*,"(A)",ADVANCE='NO')"请输入数据点的个数:"
42.     READ*,S1.N
43.     S1.H=(S1.B-S1.A)/(S1.N-1)           !生成数据
44.     X=S1.A
45.     DO I=1,S1.N
46.        S1.DATAS(I)=SIN(X)/(1+X)
47.        X=X+S1.H
48.     END DO
49.     WRITE(*,"(2(A,F7.2,1x),A,I4)")"A=",S1.A,"B=",S1.B,"N=",S1.N
50.     WRITE(*,"(A)",ADVANCE='NO')"积分的结果为:"
51.     WRITE(*,"(F16.7)")SIMPSON_INTEGRAL(S1)
52. END PROGRAM
```

程序的一个执行结果例为:

请输入积分的上下限:0.0 1.0

请输入数据点的个数:15

A= 0.00 B= 1.00 N= 15

积分的结果为:0.2842263

7.4 操作符重载

派生数据类型不能使用Fortran自带的操作符来操作,除了赋值符外,加减乘除等运算对于派生类型是不可以直接使用的。例如有派生类型变量M和N,要执行乘法运算,我们自然希望使用"*"运算符,写出表达式"M*N",但是编译时会出现错误,因为Fortran 90的预定义运算符的运算对象只能是固有数据类型。由于派生数据类型本质上是一种数据结构,因此对派生类型对象的运算的定义,需要使用具有OPERATOR界面的函数,而赋值则使用具有ASSIGNMENT界面的子例行程序。

1. 赋值操作符重载

上面提到赋值操作符重载使用具有ASSIGNMENT界面的子例行程序。下面我们来举例说明。

我们需要重新定义一个派生类型,使之可以进行简单的赋值操作:

(1)从派生类型变量中提取地址,即将派生类型变量直接赋给地址字符变量。

WADDRESS = W1！WADDRESS 为字符型变量

(2) 将地址字符常量直接赋给派生类型变量。

W1 = "SHENZHEN"！W1 为 WORKER 派生类型变量

具体看下面的例子。

例 7-3

```
1.  MODULE WORKERMOD
2.    IMPLICIT NONE
3.
4.    TYPE WORKER_TYPE
5.      CHARACTER(5)NAME
6.      REALSALARY
7.      CHARACTER(10)ADDRESS
8.    END TYPE
9.
10.   INTERFACE ASSIGNMENT( = )！接口块需以 ASSIGNMENT 命名
11.     MODULE PROCEDURE ARR_TO_WORKER,WORKER_TO_ARR
12.   END INTERFACE
13.
14.   CONTAINS
15.   SUBROUTINE ARR_TO_WORKER(WORKER,STRING)
16.     CHARACTER( * ),INTENT(IN)::STRING
17.     TYPE(WORKER_TYPE),INTENT(OUT)::WORKER
18.     WORKER % ADDRESS = STRING
19.   END SUBROUTINE
20
21.   SUBROUTINE WORKER_TO_ARR(STRING,WORKER)
22.     CHARACTER( * ),INTENT(OUT)::STRING
23.     TYPE(WORKER_TYPE),INTENT(IN)::WORKER
24.     STRING = WORKER % ADDRESS
25.   END SUBROUTINE
26. END MODULE
27.
28. PROGRAM MAIN
29.   USE WORKERMOD
30.   IMPLICIT NONE
31.   TYPE(WORKER_TYPE)::W1 = WORKER_TYPE("ZHANG",8888,& "SHENZHEN")
32.   CHARACTER(20)WADDRESS
33.   W1 = "WUHAN"
```

```
34.    WADDRESS = W1
35.    PRINT * ,W1
36.    PRINT * ,WADDRESS
37.    END PROGRAM
```

输出结果：

```
ZHANG 8888.000WUHAN
WUHAN
```

2. 运算操作符重载

由于派生数据类型本质上是一种数据结构，因此对派生类型对象运算的定义，需要使用具有 OPERATOR 界面的函数。下面我们来举例说明。

在模块 UNION_OF_SETS 中定义一个派生类型 SET，定义一个集合关系操作符，如果整数 I 是集合 S1 中的元素，那么表达式 I. IN. S1 返回逻辑值真，定义一个操作符 . U.，执行并集运算。

具体看下面的例子。

例 7 - 4

```
1.    MODULE UNION_OF_SETS
2.      IMPLICIT NONE
3.      INTEGER,PARAMETER::MAX = 50
4
5.      TYPE::SET
6.        INTEGER NUMBER
7.        INTEGER,DIMENSION(MAX)::ELEMENTS
8.      END TYPE
9.      INTERFACE OPERATOR(. IN. )
10.     ！接口块以 OPERATOR 命名，新定义操作符
11.       MODULE PROCEDURE ELEMENTOF
12.     END INTERFACE
13.     INTERFACE OPERATOR(. U. )
14.     ！接口块以 OPERATOR 命名，新定义操作符
15.       MODULE PROCEDURE UNION_OF_SET
16.     END INTERFACE
17.
18.     CONTAINS
19.     FUNCTION NUM(S)              ！返回集合中元素的个数
20.       INTEGER NUM
21.       TYPE(SET)S
22.       NUM = S. NUMBER
```

```
23.     END FUNCTION NUM
24.
25.     FUNCTION UNION_OF_SET(S1,S2)  ! 返回集合并集结果
26.       TYPE(SET),INTENT(IN)::S1,S2
27.       TYPE(SET)UNION_OF_SET
28.       INTEGER I,J
29.       UNION_OF_SET % NUMBER = 0
30.       DO I = 1,S1 % NUMBER
31.         UNION_OF_SET % NUMBER = UNION_OF_SET % NUMBER + 1
32. UNION_OF_SET % ELEMENTS(UNION_OF_SET % NUMBER) = S1. EL&&EMENTS(I)
33.       END DO
34.       DO J = 1,S2 % NUMBER
35.         IF(.NOT.(S2. ELEMENTS(J). IN. UNION_OF_SET))THEN
36.         UNION_OF_SET % NUMBER = UNION_OF_SET % NUMBER + 1
37. UNION_OF_SET % ELEMENTS(UNION_OF_SET % NUMBER) = S2. EL&&EMENTS(J)
38.         END IF
39.       END DO
40.     END FUNCTION UNION_OF_SET
41.     FUNCTION ELEMENTOF(X,S)         ! 函数返回逻辑类型
42.       INTEGER,INTENT(IN)::X
43.       TYPE(SET),INTENT(IN)::S
44.       LOGICAL ELEMENTOF
45.       ELEMENTOF = ANY(S. ELEMENTS(1:S. NUMBER) = = X)
46.     END FUNCTION ELEMENTOF
47.     SUBROUTINE PRINTSET(S)          ! 输出例程
48.       TYPE(SET)S
49.       INTEGER I
50.       PRINT'(20I4)',(S. ELEMENTS(I),I = 1,S. NUMBER)
51.     END SUBROUTINE PRINTSET
52. END MODULE
53. PROGRAM MAIN
54.   USE UNION_OF_SETS
55.   IMPLICIT NONE
56.   TYPE(SET)::S1,S2,S3
57.   INTEGER I,J
58.   PRINT * ,"PLEASE INPUT THE NUMBER OF S1:"
59.   READ * ,S1. NUMBER
60.   DO I = 1,S1. NUMBER
61.     PRINT 10,"PLEASE INPUT THE",I,"ELEMENT OF S1:"
```

62.   READ * ,S1. ELEMENTS(I)
63.   10   FORMAT(A,I2,A)
64.   END DO
65.
66.   PRINT * ,"PLEASE INPUT THE NUMBER OF S2:"
67.   READ * ,S2. NUMBER
68.   DO J = 1,S2. NUMBER
69.   PRINT 10,"PLEASE INPUT THE",J,"ELEMENT OF S2:"
70.   READ * ,S2. ELEMENTS(J)
71.   END DO
72.
73.   S3 = S1. U. S2
74.
75.   WRITE(* ,"('S1',I3,' ELEMENTS:')",ADVANCE = 'NO')NUM(S1)
76.   CALL PRINTSET(S1)
77.   WRITE(* ,"('S2',I3,' ELEMENTS:')",ADVANCE = 'NO')NUM(S2)
78.   CALL PRINTSET(S2)
79.   WRITE(* ,"('S1. U. S2',I3,' ELEMENTS:')",ADVANCE = 'NO')NUM(S3)
80.   CALL PRINTSET(S3)
81. END PROGRAM

输出结果：

PLEASE INPUT THE NUMBER OF S1:
3
PLEASE INPUT THE 1 ELEMENT OF S1:
2
PLEASE INPUT THE 2 ELEMENT OF S1:
4
PLEASE INPUT THE 3 ELEMENT OF S1:
6
PLEASE INPUT THE NUMBER OF S2:
4
PLEASE INPUT THE 1 ELEMENT OF S2:
1
PLEASE INPUT THE 2 ELEMENT OF S2:
4
PLEASE INPUT THE 3 ELEMENT OF S2:
6
PLEASE INPUT THE 4 ELEMENT OF S2:

```
7
S1 3 ELEMENTS：2 4 6
S2 4 ELEMENTS：1 4 6 7
S1. U. S2 5 ELEMENTS：2 4 6 1 7
```

7.5 数据管理应用

在本节中,我们将结合日常数据处理中的一些常见操作,如数据的排序、插入、查找、删除等,介绍派生数据类型的应用实例。同样我们以工人信息为例,且假设工人信息仅仅包含姓名、工资收入和工号,现在考虑如何完成上述的操作。

首先定义工人派生数据类型如下:

```
TYPE WORKERRECORD
    CHARACTER(15)NAME
    REAL SALARY
    INTEGER NUM
END TYPE WORKERRECORD
```

其中:NAME 代表工人姓名,SALARY 代表工资收入,NUM 代表工号。其次必须考虑的是如何存储工人信息的问题。

为此,定义如下派生数据类型数组:

```
TYPE(WORKERRECORD), DIMENSION(MAXNUM)::WRECORD
```

其中,MAXNUM 为符号常量,代表工人人数,可以在使用之前通过 INTEGER, PARAMETER ::MAXNUM＝ 10 来定义,该语句的含义为定义一个整型的符号常量 MAXNUM,其值为 10,可以根据工人人数修改其值,下面将一一介绍上述的操作。

1. 排序记录

排序是数据处理领域中最常用的一种运算,排序方法较多,常见的有简单交换排序、选择排序、堆排序、快速排序、归并排序、计数排序、二叉树排序等,不同的排序方法,有各自的优势和劣势,这里仅介绍使用简单交换法排序。

排序的主要目的之一是为了查找方便,一般会牵涉到排序字或关键字(KEY)的问题。这里用每个工人的工号 NUM 作为关键字进行排序,如果要对工人的工资收入排序,只须将 NUM 改为 SALARY 即可。

简单交换法思想介绍如下:先将除第一个数据项以外的所有数据与第一个数据项比较,如果前者小就将它的记录与后者的记录交换,显然,第一轮排序进行完毕,排序项最小者将被交换到最前面。然后从第二个排序项开始重复前述操作,直到排序完成止。

我们定义 SORT 函数来完成排序操作,程序如下:

```
SUBROUTINE SORT(WRECORD,N)
TYPE WORKERRECORD
    CHARACTER(15)NAME
```

```
        REAL SALARY
        INTEGER NUM
    END TYPE WORKERRECORD
    INTEGER,PARAMETER ::MAXNUM = 10
    TYPE(WORKERRECORD),DIMENSION(MAXNUM)::WRECORD
    TYPE(WORKERRECORD)::TEMP
    INTEGER I,J,N
    DO I = 1,N - 1
        DO J = I + 1,N
            IF(WRECORD(I) % NUM>WRECORD(J) % NUM)THEN
                TEMP = WRECORD(I)
                WRECORD(I) = WRECORD(J)
                WRECORD(J) = TEMP
            ENDIF
        END DO
    END DO
    END SUBROUTINE
```

2. 查找记录

查找功能在我们的日常工作和生活中是经常使用的,也是数据处理的常见操作之一。同排序一样,查找的方法非常多,如顺序查找、二分查找、分块查找、索引查找等等,这里介绍无序情况下的顺序查找。

顺序查找的基本思想是:先输入待查找的关键字 KEY,从第一个开始,将它与已经存放好的工人记录中相应的项(在这里用 NUM)比较,如果 KEY 与 NUM 相同,说明已找到,这时可以输出相关信息,如果 KEY 与 NUM 不同,则拿下一个记录中的 NUM 与 KEY 比较,直到找到或者到最后一个记录为止,并输出相关的信息。

程序如下:

```
    SUBROUTINE SORT_SEARCH(WRECORD,N,KEY)
    TYPE WORKERRECORD
        CHARACTER(15)NAME
        REAL SALARY
        INTEGER NUM
    END TYPE WORKERRECORD
    INTEGER,PARAMETER ::MAXNUM = 10
    TYPE(WORKERRECORD),DIMENSION(MAXNUM)::WRECORD
    INTEGER I,N,KEY
    I = 1
    DO WHILE((WRECORD(I) % NUM. NE. KEY).AND.(I. LE. N))
        I = I + 1
```

```
    ENDDO
    IF(I<= N)THEN
      PRINT *,"工人找到,他的相关信息为:"
      PRINT *,"工人姓名:",WRECORD(I)%NAME
      PRINT *,"工资收入:",WRECORD(I)%SALARY
    ELSE
      PRINT *,"查无此人"
    ENDIF
END SUBROUTINE
```

3. 插入记录

插入是在原有信息的基础上加入一个新的记录,一般而言,分为表头插入,表尾插入和有序插入,这里主要介绍有序插入。

所谓有序插入是指在根据关键字排好序的有序表中,插入一个新的记录,方法如下:先查找位置,将新记录的关键字与有序表中关键字比较,如果新记录的关键字小于当前比较的关键字,则拿下一个记录的关键字与新记录比较,直到表中记录的关键字大于新记录为止,这时说明新记录应当插入该记录的前面。然后是表中记录的移动,这时,先应从当前表中最后一个记录开始到关键字刚好大于新记录的所有项依次后移。最后将新记录置于查找到的位置即完成插入操作。

程序如下:

```
SUBROUTINE SORT_INSERT(WRECORD,NEW,N)
TYPE WORKERRECORD
  CHARACTER(15)NAME
  REALSALARY
  INTEGERNUM
END TYPE WORKERRECORD
INTEGER, PARAMETER :: MAXNUM = 10
TYPE(WORKERRECORD), DIMENSION(MAXNUM + 1)::WRECORD
TYPE(WORKERRECORD)::NEW
INTEGER I,N,J
I = 1
DOWHILE((WRECORD(I)%NUM. LT. NEW%NUM).AND.(I. LE. N))
  I = I + 1
ENDDO
DO J = N,I,-1
  WRECORD(J + 1) = WRECORD(J)
ENDDO
WRECORD(I) = NEW
END SUBROUTINE
```

4. 删除记录

删除操作也是数据处理中常见的操作之一，要完成删除操作，第一步根据给定的信息（一般为关键字）查找相关的记录，然后删除。删除有两种方式，第一种是将待删除的记录所在的存储单元置空；第二种是将后面内容覆盖前面内容，下面要介绍的是第二种。

设待删项为 DEKEY，删除函数名为 DEL，程序如下：

```
SUBROUTINEDEL(WRECORD,DEKEY,N)
    TYPE WORKERRECORD
    CHARACTER(15)NAME
    REALSALARY
    INTEGERNUM
END TYPE WORKERRECORD
INTEGER, PARAMETER :: MAXNUM = 10
TYPE(WORKERRECORD), DIMENSION(MAXNUM + 1)::WRECORD
TYPE(WORKERRECORD)::TEMP
INTEGER I,N,J,DEKEY
N = MAXNUM
I = 1
DO WHILE((WRECORD(I)%NUM.NE.DEKEY).AND.(I.LE.N))
    I = I + 1
ENDDO
  IF(I.GT.N)THEN
      PRINT *,"工人记录没找到,无法删除!"
  ELSE
    TEMP = WRECORD(I)
    DO J = I,N
        WRECORD(J) = WRECORD(J + 1)
    ENDDO
    PRINT *,"删除的记录为:",TEMP
  ENDIF
END SUBROUTINE
```

其中，TEMP 为一个临时记录，用于存放待删记录。

5. 主程序

前面给出了处理工人记录的一些基本操作函数，下面将其与主程序结合给出示例。

例 7 – 5

```
1.    MODULE SHUJUGUANLI
2.      IMPLICIT NONE
3.        INTEGER, PARAMETER :: MAXNUM = 5
```

```
4.      TYPE WORKERRECORD
5.        CHARACTER(15)NAME
6.        REAL SALARY
7.        INTEGER NUM
8.      END TYPE WORKERRECORD
9.   CONTAINS
10.   SUBROUTINE SORT(WRECORD,N)
11.    TYPE(WORKERRECORD), DIMENSION(MAXNUM)::WRECORD
12.    TYPE(WORKERRECORD)::TEMP
13.    INTEGER I,J,N
14.    DO  I=1,N-1
15.      DO J=I+1,N
16.      IF(WRECORD(I) % NUM>WRECORD(J) % NUM)THEN
17.        TEMP=WRECORD(I)
18.        WRECORD(I)=WRECORD(J)
19.        WRECORD(J)=TEMP
20.      ENDIF
21.     END DO
22.    END DO
23. END SUBROUTINE
24.
25. SUBROUTINE SORT_SEARCH(WRECORD,N,KEY)
26. TYPE(WORKERRECORD), DIMENSION(MAXNUM)::WRECORD
27.   INTEGER I,N,KEY
28.   I=1
29.   DO  WHILE((WRECORD(I)% NUM. NE. KEY).AND.(I. LE. N))
30.     I=I+1
31.   ENDDO
32.   IF(I<=N)THEN
33.     PRINT *,"工人找到,他的相关信息为:"
34.     PRINT *,"工人姓名:",WRECORD(I) % NAME
35.     PRINT *,"工资收入:",WRECORD(I) % SALARY
36.   ELSE
37.     PRINT *,"查无此人"
38.   ENDIF
39. END SUBROUTINE
40.
41. SUBROUTINE SORT_INSERT(WRECORD,NEW,N)
42. TYPE(WORKERRECORD), DIMENSION(MAXNUM+1)::WRECORD
```

```
43.    TYPE(WORKERRECORD)::NEW
44.    INTEGER I,N,J
45.    I = 1
46.    DOWHILE((WRECORD(I) % NUM. LT. NEW % NUM).AND.(I. LE. N))
47.       I = I + 1
48.    ENDDO
49.    DO J = N,I,-1
50.       WRECORD(J + 1) = WRECORD(J)
51.    ENDDO
52.    WRECORD(I) = NEW
53. END SUBROUTINE
54.
55. SUBROUTINEDEL(WRECORD,DEKEY,N)
56. TYPE(WORKERRECORD),DIMENSION(MAXNUM + 2)::WRECORD
57. TYPE(WORKERRECORD)::TEMP
58.    INTEGER I,J,N,DEKEY
59.    N = N + 1
60.    I = 1
61.    DO WHILE((WRECORD(I) % NUM. NE. DEKEY).AND.(I. LE. N))
62.       I = I + 1
63.    END DO
64.    IF(I. GT. N)THEN
65.       PRINT*,"工人记录没找到,无法删除!"
66.    ELSE
67.       TEMP = WRECORD(I)
68.       DO J = I,N
69.          WRECORD(J) = WRECORD(J + 1)
70.       ENDDO
71.       PRINT*,"删除的记录为:",TEMP % NAME,TEMP % SALARY,TE&MP % NUM
72.    ENDIF
73. END SUBROUTINE
74. END MODULE
75.
76. PROGRAM WORKER_RECORDS
77.    USE SHUJUGUANLI
78.    IMPLICIT NONE
79.    TYPE(WORKERRECORD),DIMENSION(MAXNUM + 2)::WRECORD
80.    TYPE(WORKERRECORD)::NEW1,NEW2,NEW3
81.    INTEGER I,N,KEY,DEKEY
```

```
 82.    N = MAXNUM
 83.    PRINT *,"请输入工人有关的信息"
 84.    DO I = 1,MAXNUM
 85.    READ *,WRECORD(I) % NAME,WRECORD(I) % SALARY,WRECO&RD(I) % NUM
 86.    END DO
 87.
 88.    CALL SORT(WRECORD,N)
 89.    PRINT *,"排序后工人所有信息如下:"
 90.    DO I = 1,MAXNUM
 91.    PRINT *,WRECORD(I) % NAME,WRECORD(I) % SALARY,WRECO&RD(I) % NUM
 92.    END DO
 93.
 94.    PRINT *,"请输入待查找工人的相关信息"
 95.    READ *, NEW1 % NUM
 96.    KEY = NEW1 % NUM
 97.    CALL SORT_SEARCH(WRECORD,N,KEY)
 98.
 99.    PRINT *,"请输入待插入工人的相关信息"
100.    READ *,NEW2 % NAME, NEW2 % SALARY,NEW2 % NUM
101.    CALL SORT_INSERT(WRECORD,NEW2,N)
102.    PRINT *,"插入后工人所有信息如下:"
103.    DO I = 1,MAXNUM + 1
104.    PRINT *,WRECORD(I) % NAME,WRECORD(I) % SALARY,WRECO&RD(I) % NUM
105.    END DO
106.
107.    PRINT *,"请输入待删除工人的相关信息"
108.    READ *, NEW3 % NUM
109.    DEKEY = NEW3 % NUM
110.    CALLDEL(WRECORD,DEKEY,N)
111.    PRINT *,"删除后工人所有信息如下:"
112.    DO I = 1,MAXNUM
113.    PRINT *,WRECORD(I) % NAME,WRECORD(I) % SALARY,WRECO& &RD(I) % NUM
114.    END DO
115.    END PROGRAM
```

以下为程序的一个执行结果例子:
请输入工人有关的信息:

    zhugeliang   8888 1002
    huangzhong   4444 1006

```
    zhaoyun       5555 1005
    zhangfei      6666 1004
    liubei        9999 1001
排序后工人所有信息如下：
    liubei          9999.000        1001
    zhugeliang      8888.000        1002
    zhangfei        6666.000        1004
    zhaoyun         5555.000        1005
    huangzhong      4444.000        1006
请输入待查找工人的相关信息：
1002
工人找到，他的相关信息为：
工人姓名：zhugeliang
工资收入：8888.000
请输入待插入工人的相关信息：
guanyu 7777 1003
插入后工人所有信息如下：
    liubei          9999.000        1001
    zhugeliang      8888.000        1002
    guanyu          7777.000        1003
    zhangfei        6666.000        1004
    zhaoyun         5555.000        1005
    huangzhong      4444.000        1006
请输入待删除工人的相关信息：
1004
删除的记录为：zhangfei      6666.000        1004
删除后工人所有信息如下：
    liubei          9999.000        1001
    zhugeliang      8888.000        1002
    guanyu          7777.000        1003
    zhaoyun         5555.000        1005
    huangzhong      4444.000        1006
```

主函数说明如下：

　　首先定义工人信息派生数据类型，其成员为工人姓名（NAME）、工资收入（SALARY）和工号（NUM），大家可以根据自己需要增加其他项。然后输入记录信息及待处理的内容，如待查工人的关键字、待查工人的记录等，它们就是后面各处理函数的实际参数，再根据处理的需要调用不同的函数，最后输出相关的信息。

本章要点

(1)派生数据类型是程序员为了解决特定的问题而定义的。可以包括许多成员,每个成员既可以是原始数据类型,也可以是已经定义的派生数据类型。使用 TYPE…END TYPE 结构定义派生数据类型,使用 TYPE 语句声明派生数据类型的变量。

(2)派生类型变量实质上与其他变量一样,只是在使用的过程中我们需要使用"％"或"."来引用其成员,比如(WORKER％NAME 或 WORKER.NAME),同一类型的派生类型可以相互赋值。

(3)Fortran 95 中允许在定义派生类形时直接给出成员的默认值,但在初始化时,成员的默认值将被结构构造器的值覆盖掉。在模块中定义派生类型时,只有访问属性为缺省(PUBLIC)时,外部程序才能使用结构构造器。一般情况下,将派生类型定义于模块中,以方便外部程序的使用。

(4)若在模块中规定派生类型的成员为 PRIVATE 型,则派生类型在外部程序中可以访问,但是其成员不能被访问,如果派生类型整个被规定为 PRIVATE 型,则此派生类型只能在定义的模块内访问,不能被外部程序访问。

(5)派生数据类型不能使用 Fortran 自带的操作符来操作,除了赋值符外。加减乘除等运算对于派生类型是不可以使用的,但是派生类型可以出现在输入输出语句中。

(6)派生类型可以对数据处理进行一些常见的操作,如数据的排序、插入、查找、删除等等。

习 题

一、读程序,写出输出结果

```
PROGRAM EXAMPLE
TYPE ABC
INTEGER::I,J,K
END TYPE ABC
TYPE(ABC),DIMENSION(3)::A
A=(/ABC(4,5,6), ABC(1,2,3), ABC(7,8,9)/)
PRINT *,A％K
END
```
执行后的输出结果为_____。

二、填空题

有四位同学,每个人有学号、姓名、三门课成绩,现在编程输出这四位同学的学号、姓名和每个同学的总分;

```
PROGRAM EXAMPLE
IMPLICIT NONE
```

```
TYPE STUDENT
    CHARACTER(10)NAME
    INTEGER XUEHAO
    REAL,DIMENSION(3)::MARK
END TYPE
TYPE(STUDENT),DIMENSION(4)::A
REAL SUM
INTEGER I,J
DO I=1,4
    READ*,A(I)%XUEHAO, A(I)%NAME
    _____
    DO J=1,3
        _____
        SUM=_____
    END DO
    PRINT*, A(I)%XUEHAO, A(I)%NAME,SUM
END DO
END PROGRAM
```

三、编程题

1. 库存清单中每一零件由零件号、零件名、现有数量和价格组成，试对此定义一个派生类型。

2. 用三种不同的方法为上题中的派生类型变量赋值。

3. 某班级有 30 名学生，期末考试结束后，要评定每个学生的等级。等级有 A、B、C 三等。等级评定标准是：高于平均成绩 10 分（包括 10 分）以上为 A 等，与平均成绩相差 10 分以内的为 B 等，其余为 C 等。输入学生的学号、成绩，评定等级，按等级高低顺序排定，最后按等级高低输出学生的学号、成绩、等级。

4. 利用派生类型编一数据结构程序，描述本班同学个人拥有的微机的硬件指标，包括：（购买者、购买价、购买日期）、(CPU 时钟频率、CPU 芯片厂家)、(硬盘容量、内存大小)、(显示器尺寸、显示器类型)、是否 DVD 光驱、微机品牌。按时钟频率及购买价排序并打印。

第 8 章 指 针

指针是现代程序设计语言中一个非常重要的概念,它使得语言的功能大大加强。Fortran 90/95 以前的版本中没有指针这种数据类型,Fortran 90/95 对其作了重大改进,引入了指针的概念,使得 Fortran 语言也加入了像 Pascal 和 C 一样的语言联盟。在 Fortran 语言中,一个指针变量可以动态地指向某个数据对象,或者说,对此数据对象起了一个别名。因此,在 Fortran 语言中理解指针如何工作的一个较好的方法,就是把它看作是变量的别名。这一点就使得 Fortran 中的指针与 C 语言中的指针并不相同,因为它并不代表一个变量在内部存储单元中的地址,而是代表这个变量的别名,实质上它相当于 C 语言中的引用。本章主要介绍指针的概念及其应用。掌握指针的用法,可以使程序更简洁、紧凑和高效。

8.1 指针的基本概念

在没有引入指针概念之前,在 Fortran 中对变量的使用都是通过变量的名字直接进行的,程序中每个变量的名字都必须是唯一的。那么同一个变量是否可以取不同的名字呢? Fortran 90/95 中的指针,正是用来给变量起别名的。通过指针,同一个变量存储单元可以通过多个变量名来进行访问。下面通过一个例子来看一下指针的基本用法。

例 8-1

```
1.   PROGRAM MAIN
2.     IMPLICIT NONE
3.     INTEGER, POINTER :: P   !声明一个可以指向整数的指针
4.     INTEGER, TARGET :: A = 1   !声明一个可以当成目标的变量
5.     P=>A !把指针 P 指向目标变量 A
6.     PRINT *, P
7.     A = 2
8.     PRINT *, P
9.     P = 3   !改变指针 P 所指向的目标变量的内容
10.    PRINT *, A
11.  END PROGRAM MAIN
```

程序的执行结果如下:

1(第一次显示指针 P 所指向的目标变量的内容)

2(第二次显示指针 P 所指向的目标变量的内容)

3(显示这个时候变量 A 的值)

程序的第 3 行声明了一个指针变量,指针变量的声明方法为:

类型说明，Pointer [::] 指针变量名列表

也可以将数据类型的声明和指针的声明分开：

类型说明 [::] 指针变量名列表
Pointer 指针变量名列表

其中，类型说明可以是任何数据类型，如 Integer，Real 或是用户自定义的派生类型等，它表示该指针所指向的目标变量的数据类型。Pointer 为说明变量是指针属性的关键词。指针变量名列表由若干个指针变量名组成时，变量名之间要用","隔开。

程序的第 4 行出现了新的声明方法，在声明中使用了一个新的形容词 Target。为了便于编译器的优化，在 Fortran 90 中有规定：能被指针指向的变量必须具有目标(Target)属性，并且它应与指针具有相同的类型、种别和维数。

在声明了指针之后，程序的第 5 行会把指针 P 指向目标变量 A。在这里使用了类似箭头"=>"的指针赋值操作符，它将指针 P 与目标变量 A 相关联(称 P 指向 A)，这里 P 作为 A 的别名引用的是同一存储单元的内容。

指针设置好指向后，就可以把它当成一般变量来使用了。这时候，使用指针 P 就等于使用目标变量 A。因此第 6 行输出指针 P 时，内容为 1，实际上就是输出 A 的值。程序第 7 行把变量 A 的值重新设置为 2，第 8 行再输出指针 P 时，理所当然地发现这时候的输出值为 2。程序第 9 行会把指针 P 所指向的目标变量的值设置为 3，也就等于把变量 A 设置为 3，第 10 行的输出可以证明这个结果。

这个程序很简单地示例了指针的使用方法，只要把指针赋值到一个目标变量上，使用指针就相当于使用这个目标变量，这是指针的第一种使用方法。下面通过一个例子再来看看指针的第二种使用方法，动态配置内存。

例 8-2

```
1.    PROGRAM MAIN
2.    IMPLICIT NONE
3.    INTEGER,POINTER :: P, Q    !声明两个可以指向整数的指针
4.    INTEGER,TARGET :: N = 5    !声明一个可以当成目标的整型变量
5.    INTEGER :: M
6.    P = >N   !把指针 P 指向目标变量 N
7.    Q = >P   !把指针 Q 间接地指向目标变量 N
8.    Q = P + 1  !相当于 N = N + 1
9.    M = P + Q + N
10.   PRINT *, "P = ", P, ",Q = ", Q, ",N = ", N, ",M = ", M
11.   ALLOCATE(P)! 为一整型目标分配空间
12.   P = 4
13.   Q = 3
14.   M = P + Q + N
15.   PRINT *, "P = ", P, ",Q = ", Q, ",N = ", N, ",M = ", M
16.   DEALLOCATE(P)! 释放内存
```

17.　END PROGRAM MAIN

程序的执行结果如下：

P = 6, Q = 6, N = 6, M = 18
P = 4, Q = 3, N = 3, M = 10

程序的第 7 行 Q=>P，同样是指针赋值，但赋值号两边均为指针变量，在这种情况下，指针 Q 间接地与指针 P 的目标变量 N 相关联，相当于 Q=>N。因此，多个指针可以指向同一目标变量，但是一个指针只能指向一个目标变量，不能同时指向多个目标变量。

程序的第 8 行由于指针 P 和 Q 都指向同一目标变量 N，使用 P 和 Q 就等于使用 N，因此 Q=P+1 这句话就相当于 N=N+1，执行完这句话后，由程序的执行结果可以看到，P，Q 和 N 的值都加一变为 6，M 的值为 18。

程序第 11 行的 ALLOCATE 语句用来为目标动态分配存储单元，并将指针与动态分配的存储单元目标相关联。在这里，ALLOCATE(P) 为一整型目标分配空间，并与指针 P 相关联。这个分配的空间除了用指针 P 标识外并没有其他的名字。请注意当程序执行到这条语句的时候，指针 P 与目标变量 N 已经没有任何关系了，但这并不影响指针 Q 的指向，指针 Q 仍然与目标变量 N 相关联。

程序的第 12 行是将指针 P 所指向的新的目标变量的内容设置为整型数 4，第 13 行语句相当于把目标变量的值 N 设置为 3，因为使用 Q 就相当于使用 N。因此，最终的输出结果如上所示。

程序的第 16 行 DEALLOCATE 语句用来撤销指针关联，并释放由 ALLOCATE 语句动态分配的存储单元。

使用指针之前，一定要先设置好指针的方向，通过上述的两个例子，我们就能很清楚地知道 Fortran 中设置指针方向的两种方式：第一种是将指针指向具有 TARGET 属性的目标变量；第二种是用 ALLOCATE 语句分配一块内存空间，让指针指向这块无名的空间。Fortran 中提供了 ASSOCIATED 函数，用来查询指针当前的状态。语句的使用形式为：

ASSOCIATED(POINTER[, TARGET])

该函数用于检查指针是否已经设置了目标，其返回值为逻辑型变量。如果函数只含有一个指针参数，则检查这个指针是否已经赋值好了"方向"；如果函数含有两个参数，则检查第一个指针参数是否指向第二个目标参数。

除了查询函数，Fortran 语言中还提供了 NULL 空置函数来确保指针指向一个不能使用的内存地址，从而确保 ASSOCIATED 函数可以正确判断出这个指针还没有给定指向。语句的使用形式为：

NULL()

该函数是 Fortran 95 中新添加的函数，用于返回一个不能使用的内存地址。除了 NULL 函数外，还可以使用 NULLIFY 命令来使指针指向不能使用的内存地址。语句的使用形式为：

NULLIFY(POINTER1[,POINTER2,……])

8.2 指针数组

指针除了能够声明成单一变量的形式外，还可以声明成数组的形式，称为指针数组。声明成数组的指针和指针变量一样，也有两种基本的使用方法：第一种是将指针指向一个数组、数组片段或数组元素；第二种是动态分配一定的内存空间来使用。

利用指针来指向一个数组，能动态地分配数组空间，给编程带来极大的方便。由于Fortran语言在使用数组时必须在可执行语句之前先定义，而一般定义数组的方法是在声明阶段就必须指定出数组的维数，确定出数组存储空间的大小。但在实际编写程序时，通常很难事先确定所需数组的大小。如果定义的数组空间较小就很可能无法满足运行中的需要，一种解决办法就是将数组定义得足够大，但这样做通常会浪费计算机的存储空间。通过动态地分配数组空间，就可以根据实际所需存储空间的大小来申请内存，既避免了存储空间的浪费，又能够满足程序运行的需要。

指针数组的声明方法为：

类型说明，DIMENSION(:[, : , …])，POINTER :: 指针变量名

在声明指针数组时特别需要注意的是只需指出数组的维数就可以了，不能指出它的大小，也就是说必须将数组声明成延迟形状的形式。如：

REAL, DIMENSION(100), POINTER :: X   ！错误
REAL, DIMENSION(:), POINTER :: X   ！正确

下面来看一个例子，它演示了指针数组是如何指向一个数组、数组片段或数组元素的。

例 8-3

```
1.   PROGRAM MAIN
2.     IMPLICIT NONE
3.     INTEGER,DIMENSION(:),POINTER :: A ！声明一维的指针数组
4.     INTEGER,TARGET :: P(5) = (/1,2,3,4,5/)！声明目标数组给指针使用
5.     A =>P   ！A(1) =>P(1), A(2) =>P(2), A(3) =>P(3), A(4) =>P(4), A(5) =>P(5)
6.     PRINT *, A
7.     A =>P(1:3)   ！A(1) =>P(1), A(2) =>P(2), A(3) =>P(3)
8.     PRINT *, A
9.     A =>P(1:5:2)   ！A(1) =>P(1), A(2) =>P(3), A(3) =>P(5)
10.    PRINT *, A
11.    A =>P(5:1:-2)   ！A(1) =>P(5), A(2) =>P(3), A(3) =>P(1)
12.    PRINT *, A
13.    A =>P(1:1)！A(1) =>P(1)
14.    PRINT *, A
15.  END PROGRAM MAIN
```

程序的执行结果如下：

```
1     2     3     4     5
1     2     3
1     3     5
5     3     1
1
```

在上面的程序中，声明了一个一维整型指针数组，在使用指针数组指向一个数组时，这个数组同变量一样都必须具有 TARGET 属性。当指针需要指向整个数组时，在程序书写上只需将指针数组名与目标数组名通过指针赋值符连起来就可以了，如上述程序中的 A=>P。在程序中通常还需要使用数组中的某个片段或某个元素，这时使用指针数组会比较方便，但在程序书写上必须注意，作为目标数组的元素必须清晰地写明元素的起始和终止下标。例如上述程序的最后把指针数组 A 指向目标数组中的第 1 个元素，必须写明元素的起始和终止下标：A=>P(1:1)。如果写成 A=>P(1)是不允许的。

以上是指针数组的第一种使用方法，除了上述方法之外，指针数组还可以通过 ALLOCATE 语句动态分配内存空间来进行使用。例如：

```
REAL,DIMENSION(:),POINTER :: X
ALLOCATE(X(5))
```

其中，第一句声明了一个可以指向一维实型数组的指针变量 X，第二句中则通过 ALLOCATE 语句为其分配了 5 个单元的存储空间。在这里还需注意的一点是，由 ALLOCATE 语句分配得到的内存，在使用完毕后，要记得用 DEALLOCATE 语句释放回去。

为了进一步说明指针数组，下面以下三角矩阵的计算为例，下三角矩阵的每一行都可以用从小到大逐渐递增的动态数组来表示。

例 8-4

```
1.    PROGRAM MAIN
2.      IMPLICIT NONE
3.      TYPE ROW    !创建含有指针成员的派生类型
4.        REAL,DIMENSION(:),POINTER :: R
5.      END TYPE ROW
6.      INTEGER,PARAMETER :: N = 5
7.      TYPE(ROW),DIMENSION(N):: T,S    !声明派生类型的矩阵 T 和 S
8.      INTEGER I
9.      DO I = 1,N
10.       ALLOCATE(T(I)%R(1:I))    !为矩阵 T 的每行分配不同的存储单元
11.     END DO
12.     DO I = 1,N
13.       T(I)%R(1:I) = I    !为矩阵 T 的每行赋值
14.     END DO
```

```
15.     S = T    ！相当于指针赋值语句 S(I)％R＝＞T(I)％R
16.     WRITE(＊,"(A)")"矩阵 S 为："
17.     DO I = 1,N
18.       PRINT ＊,S(I)％R(1:I)！输出下三角矩阵 S
19.     END DO
20.     DO I = 1,N
21.       S(I)％R(1:I) = 2＊I    ！为矩阵 S 的每行赋值
22.     END DO
23.     WRITE(＊,"(A)")"矩阵 T 为："
24.     DO I = 1,N
25.       PRINT ＊,T(I)％R(1:I)    ！输出下三角矩阵 T
26.     END DO
27.     DO I = 1,N
28.       DEALLOCATE(T(I)％R)    ！释放分配给矩阵 T 每行的内存
29.     END DO
30. END PROGRAM MAIN
```

程序的执行结果如下：

矩阵 S 为：
1.000000
2.000000   2.000000
3.000000   3.000000   3.000000
4.000000   4.000000   4.000000   4.000000
5.000000   5.000000   5.000000   5.000000   5.000000

矩阵 T 为：
2.000000
4.000000   4.000000
6.000000   6.000000   6.000000
8.000000   8.000000   8.000000   8.000000
10.00000   10.00000   10.00000   10.00000   10.00000

程序的第 15 行 S＝T 这个赋值语句实际上就相当于指针赋值语句 S(I)％R＝＞T(I)％R，执行完该赋值语句后，指针 S(I)％R 和 T(I)％R 就指向了同一个目标变量，二者都成为该目标变量的别名，使用起来就没有差别了。因此，在程序的第 21 行，为矩阵 S 的每行重新赋值，这时矩阵 T 中的元素也相应发生改变，所以最终输出矩阵 T 即为矩阵 S 的结果。因此可以总结为含有指针成员的派生类型变量相互赋值时，对于其对应的指针成员来说是一种指针赋值的关系，不是指针成员所指向的目标变量之间的相互赋值。

如果在该例中，并不希望当矩阵 S 中的值发生变化时矩阵 T 也发生相应的变化，也就是说并不希望 S(I)％R＝＞T(I)％R，只希望把矩阵 T 中的值赋给矩阵 S。可以用如下的程序解决这个问题：

```
1.    DO I = 1,N
2.       ALLOCATE(T(I)%R(1:I))
3.       ALLOCATE(S(I)%R(1:I))   !为矩阵S的每行分配不同的存储单元
4.    END DO
5.    DO I = 1,N
6.       T(I)%R(1:I) = I
7.    END DO
8.    DO I = 1,N
9.       S(I)%R = T(I)%R   !把矩阵T中的值赋给矩阵S
10.   END DO
```

程序的第 9 行这种赋值方法仅仅是把矩阵 T 中的值赋给矩阵 S,是指针成员所指向的目标变量之间的相互赋值。指针 S(I)%R 和 T(I)%R 还是分别指向各自的目标变量,因此,在后面的程序中改变矩阵 S 的值时,矩阵 T 与 S 没有任何关系,矩阵 T 的值就不会随着矩阵 S 的变化而变化了。在这里值得注意的一点是在赋值之前必须先给矩阵 S 分配内存空间。

在这个例子中,首先创建了一个含有指针成员的派生类型,其次创建了该类型的两个数组,然后为数组的指针成员所指向的目标动态分配内存,这样做的好处是节省了一半的存储单元。

8.3 指针与函数

指针变量可以作为参数在例程之间传递,也可以作为函数的返回值。由于在 Fortran 中不允许函数返回值有 ALLOCATABLE 属性,但它却允许有 POINTER 属性。因此,可以用指针数组来代替动态数组作为函数的返回值。不管指针变量是作为例程的参数还是函数的返回值,使用时有以下几点需要注意:

(1)当指针作为外部例程的参数时,要调用这个例程需使用接口 INTERFACE。
(2)在声明指针参数时,不需要使用 INTENT 这个形容词。
(3)当指针作为外部函数的返回值时,要声明这个函数的使用接口 INTERFACE。

下面来看一个例子,它演示了指针作为参数传递给函数,以及从函数中返回指针的方法。

例 8 - 5

```
1.    PROGRAM MAIN
2.    IMPLICIT NONE
3.    INTERFACE   !建立接口块
4.       FUNCTION GETMIN(P)
5.          INTEGER, POINTER :: P(:)
6.          INTEGER, POINTER :: GETMIN
7.       END FUNCTION GETMIN
8.    END INTERFACE
9.    INTEGER,TARGET :: A(6) = (/10,15,8,25,9,20/)!声明一个目标数组
```

```
10.    INTEGER,POINTER :: P(:)    ！声明一维的指针数组
11.    P = >A   ！指针数组指向目标数组
12.    WRITE(*,"(A)")"原来的数组为："
13.    PRINT *, P
14.    WRITE(*,"(A)")"其中最小值为："
15.    PRINT *, GETMIN(P)    ！把指针P作为参数传递给函数GETMIN
16. END PROGRAM MAIN
17. FUNCTION GETMIN(P)
18.    IMPLICIT NONE
19.    INTEGER, POINTER :: P(:)    ！声明函数的虚参为指针数组
20.    INTEGER,POINTER :: GETMIN    ！声明函数的返回值为指针
21.    INTEGER I,J,TEMP
22.    ！ 把指针数组P指向的目标数组按升序进行排列
23.    DO I = 1,SIZE(P) - 1
24.       DO J = I + 1,SIZE(P)
25.          IF(P(I)>P(J))THEN
26.             TEMP = P(I)
27.             P(I) = P(J)
28.             P(J) = TEMP
29.          END IF
30.       END DO
31.    END DO
32.    GETMIN = >P(1)！函数的返回值指向指针数组中的最小数
33. END FUNCTION GETMIN
```

程序的执行结果如下：

原来的数组为：

10   15   8   25   9   20

其中最小值为：

8

在这个程序中，函数 GETMIN 会把输入的数组中最小的数找出来。函数 GETMIN 的参数和返回值都是指针，并且函数 GETMIN 是外部例程，所以在调用前要声明它的使用接口 INTERFACE。如果不编写 INTERFACE，在编译过程中并不一定会出现错误信息，但是在程序执行时会出现错误，参数不会被正确地传递到例程中去。

找出数组中最小数的方法是通过嵌套循环来实现的。首先，从第一个数开始，用后面的数依次和它进行比较，如果比它小，就与它进行交换，直到比较到最后一个数，这样就找出了数组中的最小数。接着再用第二个数依次和它后面的所有数进行比较，最终找出数组中第二小的数。依此类推，这样数组中的数就按照升序来进行排列了。这种比大小的方法也被人们称之为"冒泡法"。

8.4 指针的基本应用

在前三节中已经介绍了指针的相关知识,本节主要通过两个例子来让大家更好地掌握指针的使用方法。

例 8-6 Simpson 数值积分法

Simpson 数值积分法的原理就是使用很多段的二次曲线来近似原来的曲线,再计算这些二次曲线所形成的面积。使用 Simpson 积分法有一个限制,一定要有奇数个数据点才能计算,因为每一条二次曲线都要从数据中取 3 个点。Simpson 数值积分法的积分公式如下(推导省略):

$$\int_a^b F(x)\mathrm{d}x = \frac{h}{3}\{F(a) + F(b) + 4[F(a+h) + \cdots + F(a+(2n-1)h)] + 2[F(a+2h) + \cdots + F(a+(2n-2)h)]\}$$

其中, $h = \frac{b-a}{n-1}$, n 为数据点的个数。下面用 Simpson 数值积分法来计算积分 $\int_0^1 \frac{\sin(x)}{1+x}\mathrm{d}x$ 的值。

```
1.   MODULE INTEGRAL
2.     IMPLICIT NONE
3.     CONTAINS
4.       FUNCTION SIMPSON_INTEGRAL(DATAS,H)
5.   !   定义变量
6.         REAL,DIMENSION(:),TARGET :: DATAS ! 虚参声明为延迟形
7.         !   状的目标数组
8.         REAL H
9.         REAL SIMPSON_INTEGRAL
10.        REAL SUM
11.        INTEGER I,N
12.  !   输入参数信息
13.        N = SIZE(DATAS)
14.        IF(MOD(N,2) == 0)THEN
15.          WRITE(*,"(A)")"SIMPSON积分法需要奇数个数据点才
16.          能计算!"
17.          STOP
18.        END IF
19.  !   数值计算
20.        SUM = DATAS(1) + DATAS(N)
21.        DO I = 2,N-1
22.          IF(MOD(I,2) == 0)THEN
23.            SUM = SUM + 4.0 * DATAS(I)
24.          ELSE
```

```
25.          SUM = SUM + 2.0 * DATAS(I)
26.        END IF
27.      END DO
28.      SIMPSON_INTEGRAL = SUM * H/3.0
29.      RETURN
30.    END FUNCTION SIMPSON_INTEGRAL
31. END MODULE INTEGRAL
32. PROGRAM MAIN
33.   USE INTEGRAL
34.   IMPLICIT NONE
35.   !  定义变量
36.   REAL,DIMENSION(:),POINTER :: P    !实参为指针数组
37.   REAL A,B,H,X,S
38.   INTEGER N,I
39.   !  屏幕提示
40.   WRITE(*,"(A)",ADVANCE='NO')"请输入积分的上下限:"
41.   READ*,A,B
42.   WRITE(*,"(A)",ADVANCE='NO')"请输入数据点的个数:"
43.   READ*,N
44.   ALLOCATE(P(N))    !配置N个实数的内存空间给指针数组P
45.   !  生成数据
46.   H=(B-A)/(N-1)
47.   X=A
48.   DO I=1,N
49.     P(I)=SIN(X)/(1.0+X)
50.     X=X+H
51.   END DO
52.   !  调用模块例程计算积分的值
53.   S=SIMPSON_INTEGRAL(P,H)
54.   !  打印结果
55.   WRITE(*,"(2(A,F7.2,1X),A,I4)")"A=",A,"B=",B,"N=",N
56.   WRITE(*,"(A)",ADVANCE='NO')"积分的结果为:"
57.   WRITE(*,"(F16.7)")S
58.   DEALLOCATE(P)    !释放配置的内存空间
59. END PROGRAM MAIN
```

程序的执行结果如下:

请输入积分的上下限:0.0 1.0

请输入数据点的个数:15

A = 0.00 B = 1.00 N = 15
积分的结果为：0.2842263

指针作参数可以分为两种情况：一种是当虚参具有目标属性时，实参可以是指针也可以是普通变量；另一种是当虚参具有指针属性时，实参必须是指针。在该例中，虚参声明为延迟形状的目标数组，具有目标属性，实参声明为指针数组。该例子还可以把虚参也声明为指针数组，大家可以尝试练习一下。

例 8-7 使用指针对派生数据类型排序。

在一些实际应用中，使用指针能够快速地完成数据交换。对于一些需要移动大量存储单元的应用来说，指针是非常理想的工具。例如对派生数据类型的交换，使用指针可以避免移动大量的存储单元，从而提高程序的执行速度。下面的例子中记录了学生的姓名、数学成绩和语文成绩，并计算了两门课的平均成绩，然后按照平均成绩的高低来重新排序。

```
1.    MODULE FUNC
2.      IMPLICIT NONE
3.      TYPE MARK
4.        CHARACTER(LEN = 8) :: NAME
5.        REAL :: MATH,CHINESE,AVERAGE
6.      END TYPE
7.    CONTAINS
8.      SUBROUTINE SORT(P)
9.        TYPE(MARK),TARGET :: P(:)
10.       TYPE(MARK):: TEMP
11.       INTEGER I,J
12.       DO I = 1,SIZE(P) - 1
13.         DO J = I + 1,SIZE(P)
14.           IF(P(I) % AVERAGE>P(J) % AVERAGE)THEN
15.             TEMP = P(I)
16.             P(I) = P(J)
17.             P(J) = TEMP
18.           END IF
19.         END DO
20.       END DO
21.     END SUBROUTINE SORT
22.   END MODULE FUNC
23.   PROGRAM MAIN
24.     USE FUNC
25.     IMPLICIT NONE
26.     INTEGER,PARAMETER :: N = 5
27.     TYPE(MARK),TARGET :: A(N)
```

```
28.     TYPE(MARK),POINTER :: P(:)
29.     INTEGER I
30.     DO I = 1,N
31.       WRITE(*,"(A,I2,A)",ADVANCE = 'NO')"请输入第",I,"位同学的
32.       姓名、数学成绩和语文成绩:"
33.       READ *, A(I) % NAME,A(I) % MATH,A(I) % CHINESE
34.       A(I) % AVERAGE = (A(I) % MATH + A(I) % CHINESE)/2.0
35.     END DO
36.     ! 把派生类型的指针数组P指向派生类型的目标数组A
37.     P = >A
38.     ! 按照平均成绩的高低来排序
39.     CALL SORT(P)
40.     ! 输出排序后的结果
41.     WRITE(*,"(A8,F7.2,F7.2,F7.2)")(P(I),I = 1,N)
42.   END PROGRAM MAIN
```

程序的一个执行结果示例如下:

请输入第 1 位同学的姓名、数学成绩和语文成绩:A 同学 85.5 90.0
请输入第 2 位同学的姓名、数学成绩和语文成绩:B 同学 76.0 82.5
请输入第 3 位同学的姓名、数学成绩和语文成绩:C 同学 95.5 87.5
请输入第 4 位同学的姓名、数学成绩和语文成绩:D 同学 60.0 72.5
请输入第 5 位同学的姓名、数学成绩和语文成绩:E 同学 80.5 75.5
D 同学   60.00 72.50 66.25
E 同学   80.50 75.50 78.00
B 同学   76.00 82.50 79.25
A 同学   85.50 90.00 87.75
C 同学   95.50 87.50 91.50

在该程序中使用了派生数据类型 MARK。MARK 类型用来记录学生的姓名、数学成绩、语文成绩和平均成绩。数组 A 是 TYPE(MARK)类型的目标数组,利用循环语句——读入它的值,数组 P 是 TYPE(MARK)类型的指针数组,用来指向目标数组 A 并作为例程的虚参传递到例程中去。

8.5 单链表的应用

指针还有一个非常重要的用途,能够使得数据在计算机中按照链式方式存储。计算机最基本的两种存储结构是顺序存储和链式存储。在顺序存储中,每个存储结点只保存与存储元素本身相关的信息,元素之间的逻辑关系是通过数组的下标值来确定的。例如在一个顺序表中,如果某一个元素存储在对应的数组中的下标值为 N,则它的前一个元素在对应的数组中的下标是 N−1,它的后一个元素是数组中下标为 N+1 的元素。顺序存储最大的缺点是不利于

数据的动态处理,如果要向顺序表中插入或删除一个元素,通常需要移动大量的数据,处理效率很低。而采用链式存储,可以根据实际情况动态分配存储空间,在插入和删除操作时,也无需移动元素,因此链式存储可以有效地节省内存单元,执行插入、删除等操作时又有较高的执行效率。本节主要介绍单链表的使用方法。

1. 结点的定义

在链表中,结点是用于存放数据的基本单元,它通常是一个派生数据类型。在单链表中,结点包含两个数据部分:一个部分称为数据域,用于存储要保存的数据;另一个部分称为指针域,单链表的指针域有一个指针,用来指向其后继结点。下图为单链表的存储结构示意图:

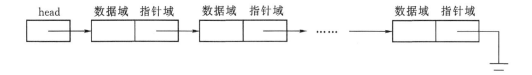

图 8-1 单链表的存储结构示意图

单链表的第一个结点称为表头,最后一个结点称为表尾。指向表头的指针称为头指针。一个单链表初定义时还没有任何数据结点,此单链表称为空链表,空链表的头指针为空。对于单链表的表尾,由于它没有后继结点,因此要把该结点的指针域设置为空状态,可以用函数 ASSOCIATED 判别出来。

利用派生数据类型和指针工具,可以定义单链表中的结点,例如要定义一个整型单链表中的结点,可以用如下的方法:

```
TYPE NODE
    INTEGER VALUE
    TYPE(NODE),POINTER :: NEXT
END TYPE NODE
```

在上面的定义中,关于指针域的定义方式比较难理解,因为它直接引用了还在定义的结点派生数据类型。这种声明方式也仅仅只有指针可以使用。我们只要记住一点,指针 NEXT 是指向其后继结点,由于后继结点的数据类型同样是 TYPE(NODE)这种派生类型,只有 TYPE(NODE)型的指针才能指向 TYPE(NODE)型的结点,因此指针 NEXT 的类型必然应该声明为 TYPE(NODE)型。

2. 单链表的基本操作

单链表的基本操作包括链表的创建、链表结点的插入、删除、释放及链表的输出,以下将一一进行介绍。

1)单链表的创建

单链表的创建步骤为:

(1)配置首结点 p1,并将头指针 head 指向首结点 p1,如图 8-2 所示。

实现程序为:

```
ALLOCATE(P1)   !为首结点分配内存空间
```

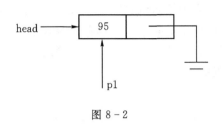

图 8-3

```
READ*, P1 % VALUE   ！读入首结点数据域的值
NULLIFY(P1 % NEXT)  ！把首结点的指针域置空
HEAD =>P1           ！头指针指向首结点
```

(2)配置下一个结点 P2,并将该结点连接到前一个结点(即将前一个结点的指针域指向该结点),再移动前一个结点指针 P1,使其指向新结点 P2,如图 8-3 所示。

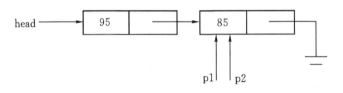

图 8-3

实现程序为:

```
ALLOCATE(P2)        ！为下一个结点分配内存空间
READ*, P2 % VALUE   ！读入结点数据域的值
NULLIFY(P2 % NEXT)  ！把新结点的指针域置空
P1 %(NEXT) =>P2     ！新结点连接到前一个结点
P1 =>P1 % NEXT      ！使 P1 指向最后一个结点
```

(3)重复步骤(2),直到所有的结点连接完毕。

2)单链表结点的插入

插入单链表结点的操作步骤为:

(1)创建待插入结点 Q;实现程序为:

```
ALLOCATE(Q)         ！为插入结点分配内存空间
READ(*,*)Q % VALUE  ！读入插入结点数据域的值
```

(2)插入结点。按照插入位置的不同,分为:单链表为空链表、在表头插入和在表中插入三种情况。

①单链表为空链表。单链表为空链表,即头指针 head 为空指针,将表头指针指向插入结点,并置空其指针域。实现程序为:

```
HEAD =>Q
NULLIFY(Q % NEXT)
```

②单链表为非空链表且在表头前插入。先将插入结点的指针域指向原首结点(或头指

针),再将头指针指向插入结点,如图 8-4 所示。实现程序为:

(1) Q % NEXT = >HEAD
(2) HEAD = >Q

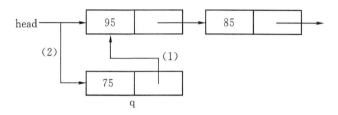

图 8-4

③单链表为非空链表且在表中插入。先找出待插入结点 q 的前趋结点 p,然后将插入结点的指针域指向前趋结点的后继结点,再将前趋结点的指针域指向插入结点,如图8-5所示。实现程序为:

(1) Q % NEXT = >P % NEXT
(2) P % NEXT = >Q

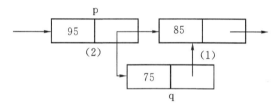

图 8-5

3) 单链表结点的删除

从单链表中删除结点有两种情况,删除表头结点和删除表中结点。

(1) 待删除结点为表头结点。将临时指针 q 指向表头结点,移动头指针 head 使其指向表头结点的后继结点,释放表头结点,如图 8-6 所示。实现程序为:

(1) Q = >HEAD
(2) HEAD = >Q % NEXT
(3) DEALLOCATE(Q)

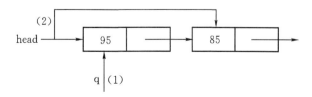

图 8-6

(2)待删除结点为表中结点。找出待删除结点的前趋结点 p,将临时指针 q 指向待删除结点,将前趋结点 p 的指针域指向待删除结点的后继结点,释放待删除结点,如图 8-7 所示。实现程序为：

(1)Q => P % NEXT
(2)P % NEXT => Q % NEXT
(3)DEALLOCATE(Q)

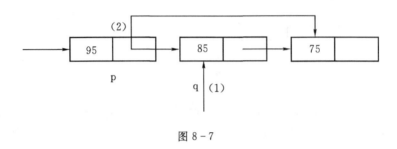

图 8-7

4) 单链表的释放

从头至尾（表尾结点的指针域为空）逐一释放每个结点,在释放过程中不断移动头指针到下一个结点。实现程序为：

```
DO WHILE(ASSOCIATED(HEAD))   ! 非表尾结点
  P => HEAD
  HEAD => HEAD % NEXT        ! 移动指针到下一个结点
  DEALLOCATE(P)              ! 释放结点内存空间
END DO
```

5) 单链表的输出

从头至尾（表尾结点的指针域为空）逐一输出每个结点数据域的值,在输出过程中不断移动指针到下一个结点。实现程序为：

```
P => HEAD                    ! 先把指针 P 指向单链表的首结点
DO WHILE(ASSOCIATED(P))      ! 非表尾结点
  PRINT *, P % VALUE         ! 输出结点数据域的值
  P => P % NEXT              ! 移动指针到下一个结点
END DO
```

3. 单链表的应用

下面是一个单链表的应用实例,要求手动地输入某班学生的成绩,保存在单链表中,为了调整不及格率,对每个不及格学生的成绩增加适当的分数,然后输出调整后的学生成绩,并删除调整后仍然不及格的成绩,统计不及格学生人数,最终输出及格学生的成绩。

例 8-8

```
1.    PROGRAM MAIN
2.      IMPLICIT NONE
```

3.　!　链表的结点定义
4.　TYPE NODE
5.　　INTEGER SCORE
6.　　TYPE(NODE),POINTER :: NEXT
7.　END TYPE NODE
8.　TYPE(NODE),POINTER :: HEAD,P,Q
9.　INTEGER SCORE,DELTA
10.　INTEGER :: NUM = 0
11.　NULLIFY(HEAD)!把头指针置空,即空链表
12.　WRITE(* ,"(A)",ADVANCE = 'NO')"输入学生成绩,以 - 1 结束:"
13.　READ * , SCORE
14.　!　创建单链表
15.　IF(SCORE/ = - 1)THEN
16.　　ALLOCATE(P)
17.　　P % SCORE = SCORE
18.　　NULLIFY(P % NEXT)
19.　　HEAD = >P
20.　ELSE
21.　　STOP
22.　END IF
23.　DO WHILE(SCORE/ = - 1)
24.　　WRITE(* ,"(A)",ADVANCE = 'NO')"输入学生成绩,以 - 1 结束:"
25.　　READ * , SCORE
26.　　IF(SCORE/ = - 1)THEN
27.　　　ALLOCATE(Q)
28.　　　Q % SCORE = SCORE
29.　　　NULLIFY(Q % NEXT)
30.　　　P % NEXT = >Q
31.　　　P = >P % NEXT
32.　　END IF
33.　END DO
34.　WRITE(* ,"(A)",ADVANCE = 'NO')"输入调整分数:"
35.　READ * , DELTA
36.　!　调整分数
37.　P = >HEAD
38.　DO WHILE(ASSOCIATED(P))
39.　　IF(P % SCORE<60)THEN
40.　　　P % SCORE = P % SCORE + DELTA
41.　　END IF

```
42.        P = >P % NEXT
43.     END DO
44.     WRITE(*,"(A)")"经过调整后的学生成绩为:"
45.  !   输出调整后的学生成绩
46.     P = >HEAD
47.     DO WHILE(ASSOCIATED(P))
48.        WRITE(*,"(I5)",ADVANCE='NO')P % SCORE
49.        P = >P % NEXT
50.     END DO
51.  !   删除不及格学生成绩并统计不及格学生人数
52.     P = >HEAD
53.     DO WHILE(ASSOCIATED(P))
54.        IF(P % SCORE<60. AND. ASSOCIATED(P,HEAD))THEN
55.           HEAD = >P % NEXT
56.           NUM = NUM + 1
57.           DEALLOCATE(P)
58.           P = >HEAD
59.        ELSE IF(P % SCORE<60. AND.(.NOT. ASSOCIATED(P,&
60.           HEAD)))THEN
61.           Q. NEXT = >P % NEXT
62.           NUM = NUM + 1
63.           DEALLOCATE(P)
64.           P = >Q. NEXT
65.        ELSE
66.           Q = >P
67.           P = >P % NEXT
68.        END IF
69.     END DO
70.     WRITE(*,"(/,A,I3)")"经过调整后不及格学生人数为:",NUM
71.     WRITE(*,"(A)")"及格学生的成绩有:"
72.  !   输出及格学生的成绩
73.     P = >HEAD
74.     DO WHILE(ASSOCIATED(P))
75.        WRITE(*,"(I5)",ADVANCE='NO')P % SCORE
76.        P = >P % NEXT
77.     END DO
78.  !   释放单链表
79.     DO WHILE(ASSOCIATED(HEAD))
80.        P = >HEAD
```

81.   HEAD => HEAD % NEXT
82.   DEALLOCATE(P)
83.   END DO
84. END PROGRAM MAIN

程序的一个执行结果示例如下：

输入学生成绩,以-1结束：45
输入学生成绩,以-1结束：90
输入学生成绩,以-1结束：55
输入学生成绩,以-1结束：50
输入学生成绩,以-1结束：85
输入学生成绩,以-1结束：60
输入学生成绩,以-1结束：-1
输入调整分数：10
经过调整后的学生成绩为：
55   90   65   60   85   60
经过调整后不及格学生人数为：1
及格学生的成绩有：
90   65   60   85   60

本章要点

(1) Fortran 中的指针变量是具有指针(POINTER)属性的变量,可以指向与它类型相同的目标变量。在使用指针之前一定要先设置好指针的指向,使用指针赋值操作符(=>)来设置指针的指向。设置指针的指向有两种方式：第一种是将指针指向具有 TARGET 属性的目标变量；第二种是用 ALLOCATE 语句分配一块内存空间,让指针指向这块无名的空间。在指针设置好指向之后,对指针的操作实际上就是对它所指向的目标变量的操作。

(2) Fortran 中提供了 ASSOCIATED 函数用来检查指针是否已经设置好了方向,其返回值为逻辑型变量。Fortran 中还提供了 NULLIFY 函数将指针初始化为空指针,NULL 为 Fortran 95 中新添加的函数用来置空指针。

(3) 指针还能声明成数组的形式,称为指针数组。指针数组同指针变量一样也有两种使用方法：第一种是将指针指向一个数组、数组片段或数组元素；第二种是动态分配一定的内存空间来使用。在声明指针数组时必须将数组声明成延迟形状的形式。

(4) 含有指针成员的派生类型变量相互赋值时,对于其对应的指针成员来说是一种指针赋值的关系,不是指针成员所指向的目标变量之间的相互赋值。

(5) 指针变量可以作为参数在例程之间传递,也可以作为函数的返回值。在 Fortran 中不允许函数返回值有 ALLOCATABLE 属性,但它却允许有 POINTER 属性。因此,可以用指针数组来代替动态数组作为函数的返回值。不管指针变量是作为例程的参数还是函数的返回值,若例程是外部例程,在调用前都需要声明其使用接口 INTERFACE。在声明指针参数时,不需要使用 INTENT 这个形容词。

(6)指针作参数可以分为两种情况:一种是当虚参具有目标属性时,实参可以是指针也可以是普通变量;另一种是当虚参具有指针属性时,实参必须是指针。

(7)指针的一个非常重要的用途,是能够使得数据在计算机中按照链式方式存储。采用链式存储,可以根据实际情况动态分配存储空间,在插入和删除操作时,也无需移动元素,具有较高的执行效率。

习 题

一、修改下列程序段中的错误

1. REAL,POINTER :: P
   INTEGER,TARGET :: A
   READ*,A
   P=>A
2. INTEGER,POINTER :: P(:)
   INTEGER :: A(5)
   READ*,A
   P=>A
3. INTEGER,POINTER :: P(:,:)
   INTEGER,TARGET :: A(5)
   READ*,A
   P=>A

二、填空题

1. PROGRAM MAIN
       IMPLICIT NONE
       INTEGER,POINTER :: P,Q
       INTEGER,TARGET :: N=5
       INTEGER :: M
       P=>N
       Q=>P
       P=4
       M=P+Q+N
       PRINT *,"M=",M
   END PROGRAM MAIN
   执行程序,在屏幕上的输出结果为:_____
2. PROGRAM MAIN
       IMPLICIT NONE

```
            INTEGER,POINTER :: P(:,:)
            INTEGER,TARGET :: A(2,3)=(/1,2,3,4,5,6/)
            P=>A
            P(1:2,1:3:2)=9
            PRINT *, A
        END PROGRAM MAIN
```
执行程序,在屏幕上的输出结果为:_____

3.
```
    PROGRAM MAIN
        IMPLICIT NONE
        INTEGER,POINTER :: P(:,:)
        INTEGER,TARGET :: A(5,5)
        INTEGER I,J,B(5)
        DATA A/5*1,5*2,5*3,5*4,5*5/
        DATA B/5*10/
        P=>A
        DO I=1,5
            P(1:I,I:5)=B(I)+A(I,I)
        END DO
        WRITE(*,"(5I5)")((A(I,J),J=1,5),I=1,5)
    END PROGRAM MAIN
```
执行程序,在屏幕上的输出结果为:_____

三、编程题

1. 编写程序,让两个指针分别指向不同的目标变量。交换两个指针所指向的目标变量,输出交换后变量的值。

2. 编写程序用于在屏幕上输出如下图形。

(1)　1　1　1　1　1
　　　2　2　2　2
　　　3　3　3
　　　4　4
　　　5
(2)　1
　　　2　2
　　　3　3　3
　　　4　4　4　4
　　　5　5　5　5　5

3. 创建一个单链表,记录一个班学生的姓名、学号和一门成绩,然后试着从中间添加一个学生的信息,再从中删除一个学生的信息。

第 9 章 格式化输入输出及文件操作

数据的输入输出是程序的重要组成部分。在前面几章中,使用最简单的输入输出语句,即用自由格式(表控格式)进行输入输出。这些输入输出操作语句简单易学、使用方便。但如果想使输入输出的数据更为美观,易读易用,或是想要实现一些特殊的效果,就要采用格式化的输入输出方法。本章第 9.1、9.2、9.3 节将介绍格式化的输入输出语句及格式编辑符。

文件是程序设计中的重要概念,在 Fortran 的输入输出系统里,数据是以文件的形式进行存储和交换的,操作系统以文件为单位对数据进行管理。本章 9.4 将介绍文件的相关概念及文件操作语句。

9.1 输入输出语句与格式语句

本节就输入输出语句(READ,PRINT,WRITE 语句)与格式语句(FORMAT 语句)进行介绍。

1. READ 语句

READ 语句有两种基本形式:
READ fmt[,list]
READ([UNIT =]u,[FMT] = fmt)[,list]

其中:
(1)fmt 指明了输入所用的格式,有以下 3 种形式:
①格式说明符为"*",表示按照表控格式;
②格式说明符为字符串。例如输入语句:

READ´(I2,2I3)´, I,J,K
READ(* ,´(I2,2I3)´)I,J,K

③格式说明符是格式语句 FORMAT 的语句标号。这是最常用的格式输入形式。例如上述输入语句可以改写为:

READ 10,I,J,K
READ(* ,10)I,J,K
10 FORMAT(I2,2I3)

(2)u 是设备描述符,用于指明具体使用的输入设备。u 可以是一个无符号整型常量、整型变量或整型表达式。当设备描述符为" * "时,表示从默认的设备(一般是键盘)输入。

(3)list 是变量列表,指定了输入的具体内容。变量列表不允许是常量或者表达式,但可以是隐含 DO 循环。此外,语句中允许变量列表为空,此时 READ 语句将等待用户输入,指导用户键入回车键。

此外，在进行文件的写入操作时，READ 语句有其更一般的形式，这将在 9.4 中予以介绍。

2. PRINT 语句

PRINT 语句只能向计算机的默认输出设备（即屏幕）上输出数据。因此 PRINT 语句形式与后面要提到的 WRITE 语句形式不同，不含有设备描述符这样的参数。

PRINT 语句的形式为：

```
PRINT fmt[,list]
```

其中：

(1) fmt 指明了输出所用的格式，有以下 3 种形式：

① 格式说明符为"*"，表示按照表控格式；

② 格式说明符为字符串。例如输出语句：

```
PRINT '(I2,2I3)',I,J,K
```

③ 格式说明符是格式语句 FORMAT 的语句标号(1~99999)。这是最常用的格式输出形式。例如上述输出语句可以改写为：

```
PRINT 10,I,J,K
10 FORMAT(I2,2I3)
```

(2) list 是变量列表，指定了输出的具体内容。变量列表可以是变量、常量、函数以及表达式，还可以是隐含 DO 循环。此外，语句中允许变量列表为空，此时 PRINT 语句的作用是输出一个空行。

3. WRITE 语句

WRITE 语句的基本形式为：

```
WRITE([UNIT=]u,[FMT]=fmt)[,list]
```

其中：

(1) u 是设备描述符，用于指明具体使用的输出设备。u 可以是一个无符号整型常量，也可以是一个整型变量或者整型表达式。当设备描述符是"*"时，表示从计算机预先设定的外部设备（一般为显示器）输出。

(2) mt 指明了输出所用的格式，用法与 PRINT 语句相同。

(3) list 是变量列表，指定了输出的具体内容。变量列表可以是变量、常量、函数以及表达式，还可以是隐含 DO 循环。

此外，在进行文件的读取操作时，WRITE 语句有其更一般的形式，这将在 9.4 中予以介绍。

4. FORMAT 语句

FORMAT 语句即为格式语句，在上述对 PRINT, READ, WRITE 语句的介绍中均提到了 FORMAT 语句。FORMAT 语句的形式为：

```
FORMAT(format-list)
```

其中 format-list 表示格式说明列表，它由一个或者多个格式编辑符组成，格式编辑符根据其作用可以分为数据格式编辑符、控制格式编辑符，下面是 FORMAT 语句的例子：

```
FORMAT(1X,F6.2,/,2(1X,I4):E14.7,´FORTRAN´)
```

其中"F6.2"、"I4"、"E14.7"是数据格式编辑符；"1X"、"/"、":"是控制格式编辑符；"2(1X,I4)"中的"2"是重复系数，用于编辑符的重置；而由单引号引用的字符串"FORTRAN"将被直接输出。关于格式编辑符的功能和用法，将在第 9.2、9.3 节予以介绍。

要使用 FORMAT 语句必须为其设置标号，以便在输入输出语句中进行引用。标号的大小与语句出现先后没有关系。FORMAT 语句的位置较为灵活，可以出现在程序单元内部的任何位置。

讲解完输入输出语句和格式语句，下面来看一个输出实例。该程序用于按照总分高低输出 5 名学生的成绩单：

例 9 – 1

```
1.      MODULE STUMOD
2.      TYPE STU
3.        CHARACTER(4):: NO
4.        REAL:: CHINESE,MATH,ENGLISH,TOTAL
5.      END TYPE
6.      END MODULE
7.      PROGRAM MAIN
8.      USE STUMOD
9.      IMPLICIT NONE
10.     TYPE(STU)S(5),TEMP
11.     INTEGER I,J
12.     DO I = 1,5
13.       WRITE( * ,´("请输入第",I1,"位学生学号及语文、数学和英语成绩:")´)I
14.       READ * , S(I) % NO,S(I) % CHINESE,S(I) % MATH,S(I) % ENGLISH
15.       S(I) % TOTAL = S(I) % CHINESE + S(I) % MATH + S(I) % ENGLISH
16.     END DO
17.     ! 按照总分排序
18.     DO I = 1,4
19.       DO J = I + 1,5
20.         IF(S(I) % TOTAL<S(J) % TOTAL)THEN
21.           TEMP = S(I)
22.           S(I) = S(J)
23.           S(J) = TEMP
24.         END IF
25.       END DO
```

```
26.      END DO
27.      PRINT 10
28.   10 FORMAT('学号',T12,'语文',T27,'数学',T42,'英语',T57,'总分'/ &
29.      5('-'),T12,5('-'),T27,5('-'),T42,5('-'),T57,5('-'))
30.      PRINT 20,(S(I),I=1,5)
31.   20 FORMAT(A4,T12,F5.2,T27,F5.2,T42,F5.2,T57,F6.2)
32.      END PROGRAM MAIN
```

按照程序提示分别输入 5 名学生的学号以及语文、数学、英语成绩后，程序将计算出总分并按照下列格式输出成绩单：

学号	语文	数学	英语	总分
0504	87.50	90.50	98.50	276.50
0521	83.50	93.50	87.00	264.00
0512	88.00	89.50	85.00	262.50
0514	89.00	75.50	92.00	256.50
0513	90.50	80.00	70.00	240.50

程序第 17~26 行根据输入的成绩计算总分后排序。

程序第 27、30 行用格式输出的 PRINT n 代替了表控格式输出的 PRINT *。格式标号为 10 的 PRINT 语句用于输出表头，程序第 30 行格式标号为 20 的 PRINT 语句则用于格式化输出表中记录。

值得注意的是，上述程序中 FORMAT 语句规定的格式均可以以字符串的形式包含在输出语句中，这点前文已述及。在输入输出格式比较简单时，这种书写代码的优势很明显：减少了程序代码的行数，同时使得程序阅读起来比较方便。但是在输入格式比较复杂或者有重复使用的输入输出格式时，使用 FORMAT 语句则使得程序结构更加清晰且便于修改。

9.2 数据格式编辑符

数据格式编辑符主要针对程序中的整型、实型、复型、逻辑型和字符型数据的输入输出格式控制。本节就其中最常用的几种编辑符的作用和用法进行介绍。

1. I 编辑符

I(Integer)编辑符用于输入输出整型数据，其一般形式为：

Iw[.m]

w 表示以 w 个字符的宽度来输出整数，负数的负号也包含在字符宽度内。如果输出数据的实际宽度小于 w，则数据前面不足部分用空格填充；如果输出数据实际宽度超过 w，则不输出有效数据，而在该字段范围内用星号"*"填充。

m 表示至少需输出 m 个字符宽度的数字。如果输出数据的实际宽度小于 m，则会在数据前面不足部分用 0 填充。如果输出数据的实际宽度超过 m，则按照输出数据的实际宽度进行输出(但不能超过 w)。

例如输出语句：

WRITE(*,'(I4)')100
WRITE(*,'(I3)')-100
WRITE(*,'(I5.4)')100
WRITE(*,'(I5.2)')100

执行结果为：

□100

***

□0100

□□100

2. F 编辑符

F(Fixed point number)编辑符用于输入输出小数形式的实数，其一般形式为：

Fw.d

w 表示以 w 个字符的宽度来输出实数，小数点和负数的负号也包含在字符宽度内。如果输出数据的实际宽度小于 w，则数据前面不足部分用空格填充；如果输出数据实际宽度超过 w，则不输出有效数据，而在该字段范围内用星号"*"填充。

d 表示要输出数据的小数位数。如果输出的实际数据的小数位数小于 d，则会在小数后不足的部分补充 0；如果输出的实际数据的小数位数大于 d，则会将多余的小数部分四舍五入处理。

例如输出语句：

WRITE(*,'(F5.2)')3.14
WRITE(*,'(F4.2)')-3.14
WRITE(*,'(F8.6)')3.141592653

执行结果为：

□3.14

****

3.141593

3. E 编辑符

E(Exponent)编辑符用于输入输出指数形式的实数，其一般形式为：

Ew.d[Ee]

w 表示以 w 个字符的宽度来输出实数，包含指数部分所占的 4 个字符的宽度和负数的负号，如果输出数据的实际宽度小于 w，则数据前面不足部分用空格填充；如果输出数据实际宽度超过 w，则不输出有效数据，而在该字段范围内用星号"*"填充。

d 表示要输出数据的小数位数，如果实际数据在指数形式下的小数位数小于 d，则会在小数后不足的部分补充 0；如果实际数据在指数形式下的小数位数大于 d，则会将多余的小数部分四舍五入处理。

e 表示要输出数据的指数部分数字的位数，如果指数部分实际数字位数小于 e，则前面不足部分用 0 补充。

例如输出语句：

  WRITE(＊,´(E14.7)´)1234.56
  WRITE(＊,´(E14.5)´)1234.56
  WRITE(＊,´(E14.7E3)´)1234.56

执行结果为：

  □0.1234560E＋04
  □□□0.12346E＋04
  0.1234560E＋004

用 E 编辑符可以有效避免"大数印错，小数印丢"的情况，当数据过大或过小时，都可以保证输出足够的有效数字。有些 Fortran 编译系统已经根据其允许的实数范围，自动将指数部分的位数设置为 3 位或者 4 位。此外，小数点前是否有数字 0 与 Fortran 编译器有关，有的系统不提供 0。

4．A 编辑符

A 编辑符用于字符型数据的输出，其一般形式为：

  A[w]

w 指示以 w 个字符的宽度来输出字符型数据。如果输出字符型数据长度小于 w，则在数据的左端用空格填充；如果待输出字符型数据长度大于 w，则只输出最左端的 w 个字符。省略 w 时，按字符数据的实际长度输出。

例如输出语句：

  CHARACTER(14)::STRING
  STRING＝´I´´M A STUDENT.´
  WRITE(＊,´(A16)´)STRING
  WRITE(＊,´(A8)´)STRING
  WRITE(＊,´(A)´)STRING

执行结果为：

  □□I´M A STUDENT.
  I´M A ST
  I´M A STUDENT.

5．L 编辑符

L(Logical)编辑符用于逻辑型数据的输出，其一般形式为：

Lw

w 表示以 w 个字符宽度输出逻辑型数据。由于逻辑型数据在输出时只显示一个字符，即 .TRUE. 打印为"T"，.FALSE. 打印为"F"。因此 w 大于 1 时，字符左端用空格填充。

例如输出语句：

  LOGICAL::B = .TRUE.
  WRITE(*,'(L1)')B
  WRITE(*,'(L3)').FALSE.

执行结果为：

  T
  □□F

9.3 控制格式编辑符

控制格式编辑符的作用是确定文本的显示方式，例如数据在所在行的什么位置输出，几组数据的输出之间是否需要空行等。本节就几种常见的控制格式编辑符进行介绍。

1. 制表位编辑符

制表位编辑符用于控制输出项的输出位置，其一般形式为：

  Tn

  TLn

  TRn

其中 n 是非零正整数。

Tn 表示将制表位移到第 n 列；TRn 表示将制表位从当前位置向右移动 n 列；TLn 表示将制表位从当前位置向左移动 n 列（最多移动至第一列）。

例如输入语句：

  READ(*,'(I4,TL3,I4)')I,J

当输入数据 12345678 时，执行该语句后 I=1234，J=2345（而不是 5678）。

又如输出语句：

  WRITE(*,'(T10,"POS = ",I1,TL15,"POS = ",I1,TR10,"POS = ",I1)')1,2,3

执行结果为：

  POS = 2□□□□POS = 1□POS = 3

输出时首先从第 10 列开始输出 POS=1，TL15 将制表位移至第 1 列输出 POS=2（实际上只需要左移 14 列就到第 1 列），输出后制表位停留在第 6 列，TR10 将制表位从当前位置右移 10 列，从第 16 列开始输出 POS=3。

值得注意的是，nX 这类的控制字符并不会对制表位编辑符的格式控制产生影响，例如输出语句：

```
WRITE(*,´(T3,I3)´)123
WRITE(*,´(3X,T3,I3)´)123
```

执行结果为：

```
□□123
□□123
```

2. 斜杠编辑符

斜杠编辑符的作用是开始新的输出行,其一般形式为：

[r]/

其中 r 为重复系数,用 r 个连续的斜杠,可以达到输出 r－1 个空行的效果。

例如输出语句：

```
WRITE(*,´("I =",I2,/,"J =",I2,2/,"K =",I2)´)1,2,4
```

执行结果为：

```
I = □1
J = □2

K = □4
```

其中斜杠编辑符之后的逗号可以省略。另外,在没有重复系数的情况下,斜杠编辑符前的逗号也可以省略。

3. 冒号编辑符

冒号编辑符的作用是当输出列表中没有更多的数据项时,使格式控制结束。

例如输出语句：

```
WRITE(*,´("I =",I2,"J =",I2,"K =",I2)´)10,20
WRITE(*,´("I =",I2,:,"J =",I2,:,"K =",I2)´)10,20
```

执行结果为：

```
I = 10□J = 20□K =
I = 10□J = 20□
```

其中冒号编辑符前后的逗号都可以省略。

从结果可见,当没有使用冒号编辑符时,即使输出列表中没有要输出的数据项,字符串"K ="仍然会输出。当使用了冒号编辑符后,这一提示性的输出将不再出现,从而使得输出更加美观简洁。

4. X 编辑符

X 编辑符的作用是产生空格,其一般形式为：

nX

其中 n 为插入的空格数量。n 不能省略，即使 n 为 1，也要写为 1X。

例如输出语句：

　　WRITE(＊,´("I =",I2,1X,"J =",I2,2X,"K =",I2)´)10,20,30

执行结果为：

　　I = 20□J = 20□□K = 30

5. 编辑符重置

在前述的数据格式和控制格式编辑符中，有不少编辑符可以通过设定重复系数以达到简化程序语句的作用，例如"3I3"与"I3,I3,I3"等价，"2/"与"//"等价。这一类编辑符称为可重复编辑符。

重复系数可以应用到括号包围的一组编辑符，还可以嵌套使用。

例如输出语句：

　　WRITE(＊,´(3(1X,I2))´)10,20,30

执行结果为：

　　□10□20□30

如果可重复编辑符的个数少于输入输出项的个数，则按顺序用完最后一个可重复编辑符之后，再重复使用格式说明，但会产生一个新记录。例如输出语句：

　　WRITE(＊,´(I2,1X,I3)´)12,123,34

执行结果为：

　　12□123

　　34

同样，输入时，每当格式规定被重复，就开始读入新的一行。例如输入语句：

　　READ 10,I,J
　　10 FORMAT(I1)

若输入两行数据：

　　12
　　34

I 和 J 分别被读为 1 和 3。

9.4　文件操作

在前面的章节中，大部分的程序在运行时总是从键盘上输入数据，程序的输出则显示在屏幕上。对于一些小程序，输入输出的数据不多，数据结构也不复杂，采用这种方法是可行的。但是，对于一些大型的应用，例如 CFD(Computational Fluid Dynamic，计算流体力学)、CAE

(Computer Aided Engineering,计算机辅助工程)等,都涉及几百兆甚至上 G 的数据输入输出。在这种情况下,如果仍然采用这种输入输出方式就很难想象了。另一方面,程序在运行过程中可以通过屏幕查看输出结果,一旦退出程序,就无法再一次查询结果。使用文件就能避免上述问题。本节将介绍文件的基本功能和主要操作。

1. 文件与逻辑设备

文件(File)一般指由若干个逻辑记录构成的数据集合,在 Fortran 的输入输出系统里,数据是以文件的形式进行存储和交换的,也就是说,如果想寻找保存在外部介质(内存,硬盘等)中的数据,必须先按文件名找到所指定的文件,然后再从该文件中读取数据。同理,要向外部介质上存储数据也必须先建立一个文件(以文件名标识),然后才能向它输出数据。简言之,所有的数据来源和数据发送目标都被认为是文件。

文件是由一个个记录组成的。所谓记录是指数字或者字符的序列,一个记录就是一系列数字或者字符的集合。在进行文件的存取操作时,基本的操作单位是记录。一个记录会被看作一个整体,其中的数字或者字符会被一次性地读出或者写入,而不管具体有几个数字或者几个字符。

逻辑设备是与文件操作密切相关的重要概念。在 Fortran 语言中对文件和外部设备的操作都要通过逻辑设备才能进行。在对文件和外部设备进行操作之前,都要把它们连接到相应的逻辑设备上。逻辑设备通过设备描述符与相应的文件或外部设备相关联。逻辑设备符与所关联的文件是一一对应的,即同一个设备描述符不能同时连接一个以上的文件,反之亦然。

2. 内部文件

在 Fortran 语言中,把保存在内存中的数据称为内部文件。内部文件通过设备描述符与逻辑设备连接并进行输入输出操作。在使用内部文件时,需要注意以下规则:

(1)内部文件只能以字符串或字符数组作为设备描述符。

(2)内部文件只能使用 READ 和 WRITE 语句进行操作。常见的文件连接语句(OPEN、CLOSE)、文件指针位置设置语句(REWIND)和文件属性查询语句(INQUIRE)不能作用于内部文件。

(3)对内部文件只能使用格式化的输入输出操作。如使用格式描述符等限定输入输出的方法来进行输入输出操作。

内部文件与输入/输出语句的格式化功能使得内部文件常用于字符串和其他数据形式间的转换。

利用 WRITE 语句可以将其他类型数据转换为字符串。

例 9-2　假设磁盘上有 80 个文件,文件的主文件名首字符均为"F",后两个字符为文件序号(如 F03.DAT),下面的程序实现了根据输入的序号打开相应文件的功能。

```
1.    PROGRAM MAIN
2.    CHARACTER(7)FILENAME
3.    INTEGER I
4.    PRINT *,´请输入两位数的文件序号´
5.    READ *, I
6.    WRITE(FILENAME,10)I
```

```
7.    10 FORMAT('F',I2,'. DAT')
8.    OPEN(11,FILE = FILENAME)
9.    WRITE(11,*)'FORTRAN 90'
10.   END PROGRAM MAIN
```

程序的 6~7 行通过内部文件操作,将输入的文件序号与文件的首字符及扩展名合并为需要查找的文件名。7~8 行则通过外部文件操作语句将"Fortran 90"写入该文件。关于外部文件及其操作将在下一节述及。

利用 READ 语句则可以将字符串转换为其他类型数据。

例 9-3 下面的程序用于检查通过 READ 语句中输入的整数中是否含有不合理的字符,如果字符串中都是 0~9 的数字字符,就把字符串转换成整数,反之则要求用户重新输入。

```
1.    PROGRAM MAIN
2.    IMPLICIT NONE
3.    INTEGER I
4.    INTEGER,EXTERNAL::GETINTEGER
5.    I = GETINTEGER()
6.    WRITE(*,*)I
7.    END PROGRAM MAIN
8.    INTEGER FUNCTION GETINTEGER()
9.    IMPLICIT NONE
10.   CHARACTER(LEN = 80)::STRING
11.   LOGICAL::INVALID = .TRUE.
12.   INTEGER I,CODE
13.   DO WHILE(INVALID)
14.   PRINT *,'请输入正整数'
15.   READ(*,'(A80)')STRING
16.   INVALID = .FALSE.
17.   DO I = 1, LEN_TRIM(STRING)! LEN_TRIM 函数获取字符串长度
18.   CODE = ICHAR(STRING(I:I))! ICHAR 函数返回字符的 ASCII 码
19.     IF(CODE<ICHAR('0').OR. CODE>ICHAR('9'))THEN
20.         INVALID = .TRUE.
21.         EXIT
22.      END IF
23.    END DO
24.   END DO
25.   READ(STRING,*)GETINTEGER
26.   END FUNCTION
```

程序中的 GETINTEGER 函数用于判断及返回符合要求的整数。该函数首先将用户输入的数据以字符串的形式读入,之后程序第 19 行通过字符的 ASCII 码判断字符串中是否含

有不符合要求的字符，最后程序第 25 行使用 READ 语句将符合要求的字符串转换为整型数据。

3. 外部文件

Fortran 中，将记录到磁盘上或是输入/输出到其他外部设备（如打印机、显示器、键盘）上的数据称为外部文件。

同一个外部文件相关联的设备描述符必须是一个无符号整型常量、整型变量、整型表达式或是星号"*"。例如下面的程序段将磁盘上的文件 EXTERNAL.TXT 与设备描述符 1 连接起来，并往其中输入数据。

```
OPEN(UNIT = 1,FILE = 'EXTERNAL.TXT')
WRITE(1,'(A)')'THIS IS A EXTERNAL FILE.'
```

值得注意的是，星号"*"设备描述符只允许与键盘和屏幕连接，而不能与其他外部文件连接；在程序中也不要尝试关闭星号"*"描述符，否则会导致编译错误。

如果想对打印机等外部设备进行读写操作，只需将 OPEN 语句中的文件名说明符"FILE=name"中的"name"用物理设备名代替，之后就可以像普通文件一样对外部设备进行读写操作。例如下面的程序段：

```
OPEN(UNIT = 1,FILE = 'PRN')
OPEN(UNIT = 2,FILE = 'COM2')
```

程序段第 1 行将打印机与设备号 1 连接起来，第 2 行将 2# 串行通信端口与设备号 2 连接起来。以后只要在输入输出语句中使用设备号 1 和 2，就可以对相应的外部设备进行操作。

1) 外部文件分类

外部文件按照文件中数据的存取方式，可以分为顺序存取文件和直接存取文件。

顺序存取文件中的数据必须一个记录接一个记录地按顺序被访问。或者说，如果程序中需要读写第 N 条记录，则必须已经对前面的 N−1 条记录进行过读写操作。在输入输出操作中，有些操作只能在顺序存取文件中才能使用。例如，内部文件必须是顺序文件；键盘、显示器和打印机等要求顺序访问的外部设备也必须以顺序文件的方式进行连接。值得注意的是，系统为每一个打开的顺序文件设置了指向记录的存取位置指针，指针所指的记录称为当前记录。对一条记录的读（写）操作完成后，指针自动指向下一个记录，对第 N 条记录读（写）完成后，指针自动指向第 (N+1) 条记录。故对一个顺序文件进行写操作后文件的存取位置指针将位于文件尾，如果此时要立即进行读操作，必须使用能够重新设置存取位置指针的语句（比如 REWIND 语句）。

直接存取文件中的记录可以以任何顺序进行读写操作。这种文件中的记录从 1 开始进行连续编号，所有记录的长度都是一致的，如果实际输出的记录长度不等，则要取所有输出记录中的最大长度作为每个记录的长度。在直接存取文件中对记录进行存取是通过指定要访问的记录号实现的，因此直接存取文件通常用于需要对数据进行随机访问的场合，最常见的应用就是数据库。

2) 文件操作语句

OPEN 语句

OPEN 语句用于将设备描述符和外部文件连接起来。OPEN 语句有着丰富的参数选项，能够对文件的各种性质进行指定，是 Fortran 中最为复杂的语句。下文仅就 OPEN 语句的基本形式及常用参数作一介绍：

OPEN([UNIT =]u [, FILE = name] [, IOSTAT = i-var] [, ACCESS = acc] [,RECL = rl] [, STATUS = sta])

其中：

(1)u 是设备描述符，指定了与外部设备进行连接的唯一设备号，它是一个无符号整型常量、整型变量或整型表达式。

(2)name 用于指定与设备号连接的外部文件的名称，它可以是一个字符型常量、字符型变量或字符型表达式。文件名允许是操作系统认可的任意路径名。

(3)i-var 是一个整型变量。当执行 OPEN 语句时，会由系统自动给该变量赋值，不同数值的意义如下：

①i-var＝0：表示没有发生错误，执行到记录结尾；
②i-var＜0：表示没有发生错误，执行到文件结尾；
③i-var＞0：表示存取操作时发生错误，具体的数值由计算机系统决定。

(4)acc 是一个默认的字符表达式。其值只能是如下两种：

①'DIRECT'：表示直接存取；
②'SEQUENTIAL'：表示顺序存取。

如果省略该项，则表示文件的存取方式缺省为顺序存取。

(5)rl 用于指出直接存取文件中每条记录的长度，或是顺序存取文件中一个记录的最大长度，记录的长度单位是字节，对于直接存取文件必须指定记录长度。其中 rl 是无符号整型常量、整型变量或整型表达式。

(6)sta 用于说明要操作的文件所处的状态，是一个默认字符表达式，其值有如下几种：

①'OLD'：表示要操作的文件是已经存在的旧文件。这一状态一般用于读出操作，如果用于写入操作则会对原有文件进行覆盖重写；
②'NEW'：表示文件尚不存在。'NEW'状态一般用于写入操作，如果要操作的文件已经存在，则系统会给出出错信息；
③'SCRATCH'：表示要操作的文件是一临时文件。这个文件在程序正常结束或是与之相连的设备号关闭后，将被系统删除。该状态属性声明后，"FILE = name"的声明不再有效，临时文件名只能由计算机系统指定；
④'REPLACE'：表示用新的文件替换一个有相同名字的旧文件；
⑤'UNKNOWN'：表示文件的状态未知，在这种情况下，系统会直接打开已经存在的同名文件或是在文件不存在时创建一个新文件。

如果省略该项，系统默认值为'UNKNOWN'。

CLOSE 语句

CLOSE 语句可理解为 OPEN 语句的"逆语句"，用于解除设备号与文件间的连接状态。CLOSE 语句的基本形式为：

CLOSE([UNIT =]u [,STATUS = sta])

其中：

(1) u 是设备描述符，指定了要关闭文件的设备号，其规定参见 OPEN 语句中的设备描述符。

(2) sta 用于说明文件关闭后的状态或操作，是一个默认字符表达式，其值有如下几种：

① 'KEEP'：文件在设备号关闭后保留下来，不用删除。

② 'DELETE'：文件在设备号关闭后删除。

如果省略该项，对于临时文件，默认状态是 'DELETE'；对于其他类型文件，默认状态是 'KEEP'。

READ/WRITE 语句

READ 和 WRITE 语句在第一节"输入输出语句与格式语句"中已经有所介绍，但是这两个语句可以通过设定更为丰富的参数来实现文件操作。

READ 和 WRITE 语句用于文件操作的基本形式几乎完全一致，下面是这两个语句的通用形式。

READ/WRITE([UNIT=]u,[FMT=]fmt [,REC=]rec [,ADVANCE=]advance [,IOSTAT=]i-var)[,list]

其中：

(1) u 是设备描述符。对于内部文件，设备描述符只能是字符串或字符数组；对于外部文件，在使用 OPEN 语句将设备描述符和文件连接起来后，通过在 READ/WRITE 语句中使用同一描述符对该文件进行读/写。

(2) fmt 指明了输入输出所用的格式，其规定在"输入输出语句与格式语句"一节中已有所介绍。

(3) rec 用于说明要读取或写入一条记录的位置。它可以是无符号整型常量、整型变量或整型表达式。在进行读取操作时，rec 的值不能大于要读取文件规定的最大记录数。

(4) advance 用于说明在顺序存取文件中，每一次读写操作后，文件指针的位置是否下移一行。advance 是一个字符型数据，其值有如下几种：

① 'YES'：表示每读写一次，位置指针下移一行。

② 'NO'：表示停止自动换行操作。

如果省略该项，系统默认值为 'YES'。

(5) i-var 是一个整型变量。其规定与 OPEN 语句对该参数的规定相同。

(6) list 是变量列表，指定了输入输出的具体内容。

REWIND 语句

REWIND 语句的作用在前文已有述及，它能使与指定设备描述符连接的位置指针指向文件开头，通常用于顺序文件的读出操作。其一般形式为：

REWIND([UNIT =]u)

其中 u 为设备描述符。

例 9-4 讲解完文件操作语句，下面通过一个例子来看看上述几种文件操作语句的用法。该程序用于将原文件中的记录添加行号后写入新文件。

```
1.      PROGRAM MAIN
```

```
2.   IMPLICIT NONE
3.   CHARACTER(LEN = 80)INPUTFILE,OUTPUTFILE
4.   CHARACTER(LEN = 200)BUFFER
5.   INTEGER COUNT
6.   INTEGER IO
7.   LOGICAL EX
8.   ! 输入文件名及添加行号后的新文件名
9.   PRINT * ,´请输入需要添加行号的文件名:´
10.  READ( * ,´(A80)´)INPUTFILE
11.  PRINT * ,´请输入新文件名:´
12.  READ( * ,´(A80)´)OUTPUTFILE
13.  ! 判断文件是否存在
14.  INQUIRE(FILE = INPUTFILE,EXIST = EX)
15.  IF(.NOT.EX)THEN
16.  PRINT * ,TRIM(INPUTFILE),´不存在。´
17.  STOP
18.  END IF
19.  ! 对文件进行添加行号操作
20.  OPEN(UNIT = 10,FILE = INPUTFILE,STATUS = ´OLD´)
21.  OPEN(UNIT = 11,FILE = OUTPUTFILE,STATUS = ´REPLACE´)
22.  COUNT = 1
23.  DO WHILE(IO = = 0)
24.  READ(10,´(A200)´,IOSTAT = IO)BUFFER! 从原文件读入数据
25.  IF(IO = = 0)THEN
26.  WRITE(11,"(I2,´.´,2X,A)")COUNT,TRIM(BUFFER)! 添加行号后写入新文件
27.  COUNT = COUNT + 1
28.  END IF
29.  END DO
30.  CLOSE(10)
31.  CLOSE(11)
32.  STOP
33.  END PROGRAMMAIN
```

  程序第 14~18 行用于确定原文件是否存在,这里使用了文件属性查询语句 INQUIRE,其作用是获得指定文件特定属性的相关信息。要查询的文件可以通过文件名或者与其相连的设备号指定。属性查询符 exist 用于声明待查询的文件是否存在,其返回值只有.TURE. 和.FALSE.,前者表示查询的文件存在并且能够打开,后者表示查询的文件或设备号不存在。程序第 16 行的 TRIM 函数用来删除字符串后面多余的空格。

  程序第 20、21 行分别打开了原文件以及新文件。

  程序第 23~29 行用当型循环逐条读出原文件中的记录,添加行号后写入新文件。

3) 文件操作实例

首先来看一个顺序存取文件的例子。

例 9-5　在一个顺序存取文件中存放着办公用品信息，其格式如下：

品名	数量	单价	金额
磁盘	8	36.00	288.00
钢笔	30	2.80	84.00
复印纸	18	20.90	376.20
文件夹	50	1.58	79.00
……			

其中品名、数量、单价由用户输入，金额由程序计算得出，之后可以通过品名修改其中的记录。

先来看该顺序存取文件是如何创建的：

```
1.    PROGRAM MAIN
2.    IMPLICIT NONE
3.    CHARACTER * 10 NAME
4.    INTEGER NUMBER
5.    REAL PRICE
6.    OPEN(1,FILE = ´GOODS.TXT´)
7.    WRITE(1,20)"品名","数量","单价","金额"
8.    DO
9.      PRINT *,"请输入品名[输入\结束输入]:"
10.     READ *, NAME
11.     IF(NAME = = "\")EXIT
12.     PRINT *,´请输入数量、单价:´
13.     READ *, NUMBER,PRICE
14.     WRITE(1,10)NAME,NUMBER,PRICE,PRICE * NUMBER
15.   END DO
16.   10 FORMAT(A10,I4,F10.2,F10.2)
17.   20 FORMAT(A4,6X,A4,A10,A10)
18.   END PROGRAM MAIN
```

该顺序存取文件的创建比较简单，程序的 8~15 行运用当型循环向文件中逐条写入记录。

例 9-6　下面来看如何通过品名修改其中记录：

```
1.    PROGRAM MAIN
2.    IMPLICIT NONE
3.    CHARACTER * 10 MODINAME,NAME,TITLE * 50
4.    INTEGER:: NUMBER,IO = 0
5.    REAL PRICE
6.    LOGICAL MODI
```

```
7.   MODI = .FALSE.
8.   OPEN(1,FILE = 'GOODS. TXT')
9.   OPEN(2,STATUS = 'SCRATCH',FORM = 'FORMATTED')
10.  PRINT * ,'请输入品名'
11.  READ * , MODINAME
12.  READ(1,*)! 跳过标题行
13.  DO WHILE(IO = = 0)
14.     READ(1,10,IOSTAT = IO)NAME,NUMBER,PRICE
15.     IF(IO/ = 0)EXIT
16.     IF(NAME = = MODINAME)THEN
17.        WRITE(*,*)"请输入新的数量、单价:"
18.        READ(*,*)NUMBER,PRICE
19.        MODI = .TRUE.
20.     END IF
21.     WRITE(2,10)NAME,NUMBER,PRICE
22.  END DO
23.  IF(.NOT. MODI)THEN
24.     PRINT * ,"请输入数量、单价:"
25.     READ * , NUMBER,PRICE
26.     WRITE(1,20)MODINAME,NUMBER,PRICE,PRICE * NUMBER
27.  ELSE
28.     REWIND(2)
29.     REWIND(1)
30.     READ(1,*)
31.     IO = 0
32.     DO WHILE(IO = = 0)
33.        READ(2,10,IOSTAT = IO)NAME,NUMBER,PRICE
34.        IF(IO/ = 0)EXIT
35.        WRITE(1,20)NAME,NUMBER,PRICE,PRICE * NUMBER
36.     END DO
37.  END IF
38.  10 FORMAT(A10,I4,F10.2)
39.  20 FORMAT(A10,I4,F10.2,F10.2)
40.  END PROGRAMMAIN
```

  按照品名修改记录可分为两种情况操作:若输入的品名在原记录中存在,则输入新的数量和单价;若输入的品名在原记录中不存在,则在原记录尾追加一条新记录。

  由于顺序存取文件的特点,当要修改某一条记录时,需要先读取该记录之前的所有记录。程序第 8 行打开了原文件,第 9 行打开一个临时文件用于存储原文件的内容。程序第 13~22 行用当型循环寻找需要修改的记录,并将原记录和修改后的记录均存入临时文件。

当输入的品名在原记录中不存在时,程序第 23～26 行将新记录添加至原记录尾。

最后只需将临时文件中的记录逐条写回原文件。值得注意的是,此时需要将文件位置指针重新置于原文件和临时文件的开头,故程序第 28、29 行使用了 REWIND 语句。

例 9 - 7 来看一个直接存取文件的例子。程序建立了一个班学生成绩的直接存取文件,之后可以通过学号查询学生成绩。

先来看该直接存取文件是如何创建的:

```
1.    PROGRAM MAIN
2.    IMPLICIT NONE
3.    INTEGER NO,SCORE
4.    OPEN(1,FILE="LIST. TXT",FORM='FORMATTED',&
5.    ACCESS='DIRECT',RECL=10)
6.    NO = 0
7.    DO
8.      NO = NO + 1
9.      WRITE(*,'(1X,"请输入学号为",I2,"的学生成绩[输入-1结束输入]")')NO
10.     READ *, SCORE
11.     IF(SCORE = = -1)THEN
12.       EXIT
13.     END IF
14.     WRITE(1,'(I3)',REC=NO)SCORE
15.   END DO
16.   CLOSE(1)
17.   END PROGRAM MAIN
```

程序第 4～5 行的 OPEN 语句规定了文件格式属性(FORM)为"FORMATTED",即规定该文件按有格式方式进行操作。由于在第 14 行向该文件写入记录时使用了"I3"这一数据格式说明符,又由于在默认情况下,直接存取文件均按照"UNFORMATTED"即非格式方式操作,故在此处必须显式地说明"FORM=FORMATTED"。此外,"ACCESS='DIRECT'"和"RECL="这两个参数项在直接存取文件中均不能省略。

程序的 7～15 行用当型循环向文件中逐条写入记录。事实上,由于直接存取文件的特点,可以任意指定学生学号以写入成绩,即在文件长度允许的情况下任意选择输入第几条记录。此时只需要改变第 14 行"WRITE"语句中的记录号说明符"REC"的值即可。

例 9 - 8 下面来看如何对已建立的直接存取文件进行读取操作:

```
1.    PROGRAM MAIN
2.    IMPLICIT NONE
3.    INTEGER NO,SCORE
4.    INTEGER::IO = 0
5.    OPEN(1,FILE="LIST. TXT",FORM='FORMATTED',&
6.    ACCESS='DIRECT',RECL=10)
```

```
7.    WRITE(*,*)"请输入待查询的学生的学号"
8.    DO WHILE(IO = = 0)
9.      READ *, NO
10.     READ(1,'(I3)',REC = NO,IOSTAT = IO)SCORE
11.     IF(IO/ = 0)EXIT
12.     WRITE(*,'("该生成绩为",I3)')SCORE
13.   END DO
14.   CLOSE(1)
15.   END PROGRAMMAIN
```

程序的 8~13 行根据输入的学生学号读取文件中的相应记录。值得注意的是,程序第 10 到 11 行使用"IOSTAT"选项来处理操作中可能出现的错误。如果对文件中不存在的记录号进行了访问,IOSTAT 会返回一个不为零的系统默认值,可以借此对用户的错误输入进行处理。

本章要点

(1)格式可以是带语句标号的 FORMAT 语句,星号"*"表示自由格式(表控格式)和字符串规定格式。

(2)PRINT 语句只能将数据输出到屏幕,WRITE 语句可以将输出定向到屏幕、打印机或文件,READ 语句可以从键盘、文件中读入数据。

(3)格式可以由编辑描述符控制,编辑描述符包括数据格式编辑符和控制格式编辑符。

(4)Fortran 中对文件和外部设备的操作均要通过逻辑设备才能进行。逻辑设备通过设备描述符与相应的文件或外部设备相关联。逻辑设备符与所关联的文件一一对应的。

(5)保存在内存中的数据称为内部文件。内部文件只能以字符串或字符数组作为设备描述符,只能使用 READ 和 WRITE 语句进行操作。内部文件常用于字符串和其他数据形式间的转换。

(6)记录到磁盘上或是输入/输出到其他外部设备(如打印机、显示器、键盘)上的数据称为外部文件。同一个外部文件相关联的设备描述符必须是一个无符号整型常量、整型变量或整型表达式或是星号"*"。

(7)外部文件按照文件中数据的存取方式,可以分为顺序存取文件和直接存取文件,顺序存取文件中的数据必须一个记录接一个记录地按顺序被访问,系统为每一个打开的顺序文件设置了指向记录的存取位置指针。直接存取文件中的记录可以以任何顺序进行读写操作,所有记录的长度都是一致的,在直接存取文件中对记录进行存取是通过指定要访问的记录号实现的

(8)OPEN 语句用于将设备描述符和外部文件连接起来。CLOSE 用于断开连接。REWIND 用于将语句位置指针指向文件开头。

习 题

一、写出下列程序执行结果

1.

```
PROGRAM MAIN
IMPLICIT NONE
INTEGER::A=80,B=200,C=5000
PRINT 10,A,B,C
PRINT 20,A,B,C
PRINT 30,A,B,C
10 FORMAT(I4.3)
20 FORMAT(2I5)
30 FORMAT(2(I5/2X))
END PROGRAMMAIN
```

2.

```
PROGRAM MAIN
IMPLICIT NONE
REAL::A=5.2,B=127.88
WRITE(*,10)A,B
WRITE(*,20)A,B
WRITE(*,30)A,B
10 FORMAT(//2(1X,F6.2))
20 FORMAT('A = ',E10.3,1X,'B = ',E10.3,1X,'C = ',E10.3)
30 FORMAT(T3,F6.2,3X,T13,F6.2)
END PROGRAMMAIN
```

3.

```
PROGRAM MAIN
IMPLICIT NONE
CHARACTER(20)::VALUE,FILENAME
CHARACTER(8)::DATE='20101201'
REAL::A1,A2,A3
VALUE='2.5 1.25 3.1415926'
READ(VALUE,*)A1,A2,A3
WRITE(*,'(3(F5.3,1X))')A1,A2,A3
WRITE(FILENAME,'("DAY",A8,".TXT")')DATE
```

```
    WRITE(*,*)FILENAME
    END PROGRAMMAIN
```

二、编程题

1. 编写程序统计文件中的字符个数。(提示:利用 READ 语句中'ADVANCE'参数实现不换行的读取)

2. 编写程序从一个文件中读取每一条记录,通过用户指定需要保留的记录,将修改后的记录写回原文件。

3. 编写程序把 26 个小写字母和它们的 ASCII 码写入一个直接存取文件,之后可以任意查找各小写字母的 ASCII 码。

4. 假设有下面一张成绩单,记录了全班 10 名同学的考试成绩

座号	语文	数学	英语
1	90	78	85
2	82	98	98
……			
10	72	100	88

编写程序读取该成绩单,计算每位同学的总分及各科的全班平均分数,以下列格式输出:

座号	语文	数学	英语	总分
1				
2				
……				
10				
平均				

第 10 章 C 语言基本知识

10.1 C 语言概述

C 语言是今天应用最为广泛的计算机编程语言之一,它的起源可以一直追溯到 ALGOL 60 语言。1963 年,剑桥大学和伦敦大学联合将 ALGOL 60 语言发展为 CPL(Combined Programming Language)语言,目标是成为包括工业过程控制和商业数据处理在内应用范围更广泛的编程语言而不仅仅是科学计算。CPL 语言的发展目标超越了它的时代,发展非常缓慢。1966 年,剑桥大学的 Martin Richards 访问 MIT 时,在 CPL 语言的基础上设计了简化的 BCPL(Basic Combined Programming Language)语言,用于开发其他编程语言的编译器。

20 世纪 60 年代,MIT、AT&T 贝尔实验室和 GE 公司共同为 GE-645 大型主机开发一套多用户多任务操作系统 Multics(MULTIplexed Information and Computing Service,多路信息计算系统)。Multics 太过复杂且目标庞大,因此进展缓慢,效率低下。1969 年,贝尔实验室研究团队的 Ken Thompson 和 Dennis M. Ritchie 试图在 PDP-7 计算机上用汇编语言开发一个新的多任务操作系统,他们仅用一个月的时间就开发出了 Unics(Uniplexed Information and Computing System),后改名 Unix。在将 Unix 移植到 PDP-11 时,Ken Thompson 感到用汇编语言做移植太过于头痛,他在 BPCL 语言的基础上创建了混合高级语言特性和汇编语言效率的 B 语言。B 语言可以认为是 BCPL 语言的压缩版,仅占 8k 字节的内存。但是 B 语言的功能尚有所欠缺,无法利用 PDP-11 的可寻址能力等功能。1972 年,Dennis M. Ritchie 在 B 语言的基础上设计了 C 语言,既保持了 BCPL 和 B 语言精练而接近硬件的优点,又克服了它们过于简单、数据无类型等缺点。

在 C 语言出现之前,为了实现高效率,所有操作系统都是用汇编语言编写的。Ken Thompson 和 Dennis M. Ritchie 用 C 语言重新书写了绝大多数的 Unix 组件和内核,这也是首个不采用汇编语言书写的操作系统。C 语言的 Unix 代码简洁紧凑、容易移植和维护,为此后 Unix 的发展奠定了坚实基础。为了使 Unix 操作系统推广,1977 年 Dennis M. Ritchie 发表了不依赖于具体机器系统的 C 语言编译文本《可移植的 C 语言编译程序》。1978 年,Brian W. Kernighian 和 Dennis M. Ritchie 出版了名著 *The C Programming Language*,从而使 C 语言成为目前世界上最流行的高级程序设计语言。

1983 年,美国计算机协会将当年的图灵奖破例颁给了作为软件工程师的 Ken Thompson 和 Dennis M. Ritchie,获奖原因是他们"研究发展了通用的操作系统理论,尤其是实现了 Unix 操作系统"。1999 年,Dennis M. Ritchie 和 Ken Thompson 由于发展 C 语言和 Unix 操作系统而一起获得了美国国家技术奖章。

2011 年 10 月 12 日,Dennis M. Ritchie 去世于新泽西他独居的寓所。在众多的国际互动论坛上,计算机爱好者们以特有的方式纪念这位编程语言的重要奠基人。许多网友的发帖中没有片言只字,仅仅留下一个分号";"。在 C 语言中,分号标志着一行指令语句的结束,网友们以此来悼念这位"C语言之父"。

　　C语言的诞生堪称程序设计语言发展史的一个里程碑,C语言简洁的语法和强大的功能受到了广大程序员的青睐,成为一门在整个计算机业普遍应用的语言。C语言绘图能力强,具有很好的可移植性和强大的数据处理能力,在对操作系统、系统程序以及其他需要对硬件进行操作的场合,C语言明显优于其他高级语言,许多著名的系统软件都是由C语言编写的。很多编程语言都深受C语言的影响并在各自领域大获成功,如C++、Java和C♯等面向对象语言均以C语言为根基,新版的Fortran语言也借鉴了许多C语言的思想。今天C语言依旧在系统编程、嵌入式编程等领域占据着统治地位。2014年3月份,C语言在TIOBE编程语言社区排行榜上仍排名榜首。

1. C语言的版本

1)K&R C

1978年,Brian Kernighan和Dennis M. Ritchie出版了C语言的经典著作 *The C Programming Language*(第1版),C程序员通常称之为"K&R"或"白皮书"。现在此书已翻译成多种语言,成为C语言方面最权威的教材之一。当时,K&R一直被广泛作为C语言事实上的规范,该版本的C通常称之为K&R C。K&R C的特征包括:

　　(1)标准I/O库;

　　(2)长整型数据类型(long int);

　　(3)无符号整型(unsigned int);

　　(4)复合赋值操作符的形式由"=op"(例如"=+")改为"op="(如"+=")以减少歧义。

2)ANSI C(ISO C)

　　上世纪70到80年代,C语言蓬勃发展,应用对象涵盖了大型主机和小型微机,衍生了很多不同版本,C语言需要标准化已经成为一个共识。

　　有鉴于此,美国国家标准学会(ANSI)组成了X3J11委员会,于1988年为C语言制定了一套ANSI标准。1989年,该标准被签署为ANSI X3.159-1989 "Programming Language C",该版本通常称之为ANSI C、标准C或者C89。1990年,国际标准化组织(ISO)接受ANSI C作为ISO C的标准(ISO/IEC 9899:1990),有时称为C90。

　　1988年,Brian Kernighan和Dennis M. Ritchie出版了 *The C Programming Language* 第2版,涵盖了ANSI C语言标准,从此成为大学计算机教育有关C语言的经典教材。ANSI C包含了对一些语法和语言内部工作的修订,最主要的改进是过程调用的语法和大多数系统库的标准化。引入的新特征包括:

　　(1)void函数;

　　(2)函数返回struct或union类型;

　　(3)void * 数据类型。

　　目前,几乎所有的开发工具都支持ANSI C标准,它是C语言用得最广泛的一个标准版本。任何C程序如果按照C89的标准编写并且不引入任何硬件相关的假设,它就可以在符合C语言程序实施条件的任何平台上运行。否则,就只能在某个平台或特殊的编译器下运行,如使用了GUI等非标准库,或者使用了依赖于平台或编译器的特殊属性等。

3)C99

　　在ANSI C标准确立之后,C语言的规范在很长一段时间内都没有大的变动。1995年,

ISO 的 C 语言工作组 ISO/IEC JTC1/SC22/WG14 发布了 C90 的《标准修正案一》,修正了一些细节并增加了更多的国际字符集支持,最终成为后来 1999 年发布的 ISO/IEC 9899:1999 标准,通常称之为 C99。C99 被 ANSI 于 2000 年 3 月采用。

C99 引入的新特性包括:

(1) 内联函数(inline function);

(2) 新的数据类型(long long int 和 complex 类型);

(3) 变长数组(variable-length arrays);

(4) 可变参数宏(variabic macro);

(5) 以"//"开头的单行注释。

4) C11(旧称 C1X)

2007 年 4 月,WG14/INCITS J11 在伦敦召开联席会议,决定开始发展取代 C99 的下一代 C 语言标准。最终的工作草案 N1570 于 2011 年 4 月发布,2011 年 12 月 8 日通过 ISO 认证并发布为 ISO/IEC 9899:2011。C11 针对 C99 语言和库规范的变化包括:

(1) 对齐规范;

(2) 多线程支持;

(3) unicode 支持;

(4) 删除 gets 函数;

(5) 越界检查接口;

(6) 可分析性特征。

2. C 语言的特点

1) C 语言兼具高级语言的灵活性和低级语言的高效性

C 语言允许直接访问物理地址,能进行位、字节和地址的运算,可以像汇编语言一样直接对硬件进行操作。与此同时,C 语言语法简洁紧凑,易编写、易读、易查错、易修改。C 语言的这种双重性,使它既是成功的系统描述语言,又是通用的程序设计语言。相比其他高级语言,C 语言生成的代码质量高,程序执行效率高,一般只比汇编程序生成的目标代码效率低 10%~20%。

2) 简洁紧凑、数据结构和运算符丰富

C 语言一共只有 32 个关键字和 9 种控制语句,压缩了一切不必要的成分,相对其他计算机语言而言源程序较短。程序书写自由,区分大小写。C 有多种数据类型,可实现各种复杂数据类型的运算。C 共有 34 种运算符,把括号、赋值、强制类型转换等都作为运算符处理,运算类型极其丰富且表达式类型多样化,灵活使用各种运算符可以实现在其他高级语言中难以实现的运算。C 语言引入了指针概念,使程序效率更高。

3) C 是结构式语言

结构式语言的显著特点是代码及数据的分隔化,即程序的各个部分除了必要的信息交流外彼此独立。这种结构化方式可使程序层次清晰,便于使用、调试以及维护。C 语言以函数为基本结构,具有多种循环、条件语句控制程序流向,从而使程序完全结构化。

4) C 语言适用范围广、可移植性好

C 语言具有强大的图形功能,支持多种显示器和驱动器,而且计算功能、逻辑判断功能也比较强大,适于编写系统软件,绘制图形和动画。可移植性好,具备很强的数据处理能力,适合于多种操作系统(如 Windows、UNIX、IOS 等等)和机型。

5)C 语言法限制不太严格、程序设计自由度大

一般高级语言的设计目标是通过严格的语法定义和检查来保证程序的正确性,语法检查较严,能够检查出几乎所有的语法错误。而 C 则非常强调灵活性,使程序设计人员能有较大的自由度,以适应宽广的应用面。因此 C 语言的语法限制不太严格,如对变量的类型约束不严格、对数组下标越界不作检查等。程序员必须自己仔细检查程序以保证其正确性,而不能过分依赖 C 语言编译程序去查错。程序员使用 C 语言编写程序会感到限制少、灵活性大、功能强,可以编写出任何类型的程序。总之,C 语言对程序员要求较高,比其他高级语言难以掌握。

C 语言的缺点主要是表现在数据的封装性上,这一点使得 C 在数据的安全性上有很大缺陷,这也是 C 和 C++的区别之一。C 语言面向过程的特点,也使其在应用于现代大型软件时出现困难。而面向对象的思想,逐步引出了 C++。指针是 C 语言的一大特色,也是 C 语言优于其他高级语言的一个重要原因。但是 C 的指针操作带来了很多不安全的因素,C++在这方面做了很好的改进,在保留了指针操作的同时又增强了安全性。

总之,C 语言既有高级语言的特点,又具有汇编语言的特点;既是成功的系统设计语言,又是通用的程序设计语言;既能用来编写各种系统程序,又能用来编写不依赖计算机硬件的应用程序;是一种深受欢迎、应用广泛的程序设计语言。

3. C 语言的编译器和集成开发环境

C 语言具有高级语言的特性,便于程序员编写、阅读和维护,但是高级语言需要一种特殊的程序——编译器(Complier)——把其源程序转化为计算机可以运行的机器码。现代编译器的主要工作流程如下:

源程序(Source code)→预处理器(Preprocessor)→编译器(Compiler)→汇编程序(Assembler)→目标程序(Object code)→连接器(Linker)→可执行程序(Executables)

一个完整及功能完善的编译器,最重要的是将源代码编译为程序。此外,最少还要有编辑器、连接器、调试器以及函数库等功能。一个良好的编译器应该具备详尽的帮助文档,最好有在线帮助,以便使用者在编写程序时可以随时查看。

在早期,编译器其实就是一个简单的文本编辑器+库(头)文件+编译程序。后来,为了方便程序的开发,出现了集成开发环境(Integrated development environment,IDE)。IDE 是用于程序开发环境的应用程序,一般包括代码编辑器、编译器、调试器和图形用户界面工具,也就是集成了代码编写、编译功能、debug 功能等一体化的开发软件套,为程序员提供了方便的开发方式、完善的帮助系统、丰富的库等等。Windows 系统下常见的 C/C++集成开发环境有 Borland 的 C++Builder 系列、微软的 Visual Studio 系列等。

1)编译器

(1)Borland C++编译器。Borland 公司以编译器起家,曾经的 Pascal 编译器傲视群雄,在业界享有美誉,其 C/C++编译器也非常强大。Borland 于 2000 年推出了免费的 C++ Compiler 5.5,它包括对最新版本 ANSI/ISO C++语言的支持,包括 RTL、C++的 STL 框架结构支持。

网址:http://edn.embarcadero.com/article/20633

(2)Ch 解释器。Ch 是一个跨平台的 C/C++解释器,利用 Ch,C/C++程序无需编译就可以直接在多平台的 Ch 上运行。Ch 支持脚本、Shell、2D/3D 绘图以及科学计算。Ch 的最新

版本 7.0 于 2012 年 2 月 2 日发布,它实现了一种语言、到处运行的解决方案。

网址:http://www.softintegration.com/products

(3)Watcom C/C++。Watcom C/C++是 DOS 时代著名的编译器,编译产生的程序拥有很高的执行效率。在 Windows 时代,Watcom 被 Sybase 收购,变成了一个开源的编译器,名称改成 Open Watcom C/C++。使用 Open Watcom C/C++可以生成 Win32、OS/2、Linux、DOS 等平台下的执行程序,编译速度和后端优化效果非常突出。当前最新的官方版本是 1.9 版,在 2010 年 6 月发行。

网址:http://www.openwatcom.org/

(4)GCC。GNU 编译器套装涵盖了 C/C++、Objective-C、Fortran、Java 和 Ada 等语言(通常简写为 GCC),最初是为支持开源软件的 GNU 操作系统设计的,当前 Linux/Unix 操作系统上多使用 GNU 编译器。GNU 编译器套装最初仅支持 C 语言,当时被称为 GNU C 编译器,1987 年发布了 GCC 1.0,同年 12 月扩展到 C++。GCC 已成为 GNU 系统的官方编译器(包括 GNU/Linux 家族),它也成为编译与建立其他操作系统的主要编译器,最新的 GCC 4.9.0 版本发布于 2014 年 4 月 11 日,已经提供了对 C11 标准的部分支持。

网址:http://gcc.gnu.org/

(5)Intel C/C++编译器。Intel C/C++编译器兼容 GCC,是 Intel 公司针对 Intel 系列 CPU 进行优化的 ANSI C/C++编译器,它针对采用 C、C++、Fortran 语言编写的应用程序代码进行编译、链接和优化,支持 Intel 所有的 32 位微处理器和 64 位安腾处理器,针对最新的 Intel 处理器的先进优化功能可以帮助产生出众的应用程序性能。Intel C++编译器可以充分发挥 Intel 多核处理器(包括双核移动平台、桌面平台以及企业平台)的潜能,提高应用程序的性能,并同其他广泛使用的编译器保持特性源与二进制方面的兼容性,其所支持的操作系统包括:Windows、Linux、Mac OS 和嵌入式操作系统。最新版本包括 Intel® C++Studio XE 2013、Intel® Fortran Studio XE 2013 等。

网址:http://software.intel.com/en-us/intel-compilers/

(6)AMD x86 Open64 编译器套装。AMD 公司的 x86 Open64 编译系统是一套高性能的代码编译工具,特别适合并行计算,可以在 32 位和 64 位 Linux 平台上对 C、C++和 Fortran77/90/95 应用程序进行优化。x86 Open64 编译系统简化并加速了开发过程,适合 x86、AMD64(AMD® x86-64 Architecture)和 Intel 64 位应用(Intel® x86-64 Architecture),通过 MPI、OpenMP®实现高性能并行化。AMD 公司的 C/C++编译器最大程度地支持 C99 和 ISO C++98 标准,最新的版本 4.5.1.1 发布于 2013 年 5 月 26 日。

网址:http://developer.amd.com/cpu/open64

(7)Tiny C。Tiny C 编译器(TCC)是一款支持 x86 和 x86-64 的 C 语言编译器,它主要用于具有较小磁盘空间(例如救援盘)的低速计算机。它的可执行文件大小仅为 100KB,可以存放在 1.44M 的软盘上。TCC 支持 ANSI C(C89/C90)的所有特性、ISO C99 标准的大部分特性和 GNU C 的多数扩展。TCC 具有可选的内存和越界检查功能,有助于提高代码的稳定性。但是,TCC 不支持内联汇编。由于追求较小的磁盘存储,TCC 也不提供多种代码优化方式。TCC 的 0.9.25 版本发布于 2009 年 5 月 20 日,是首个支持 x86-64 的版本。最新版本 0.9.26 发布于 2013 年 2 月 15 日。

网址:http://bellard.org/tcc/

表 10-1　几种常见的 C 语言编译器

编译器	类型	IDE	操作系统	网址
Apple Xcode	C/C++	Y	Mac OS X iOS	http://developer.apple.com/technologies/xcode.html
AMD x86 Open64 Compiler Suite	C/C++	N	Unix/Linux	http://developer.amd.com/cpu/open64/
Bloodshed Dev-C++	C/C++	Y	Windows	http://bloodshed-dev-c.en.softonic.com/
Borland C++	C/C++	Y	DOS Windows	http://edn.embarcadero.com/article/20633
C++Builder	C/C++	Y	Windows	http://www.embarcadero.com/products/cbuilder/
Code::Blocks	C/C++	Y	Windows Linux Mac OS X	http://www.codeblocks.org/
CodeLite	C/C++	Y	Windows Ubuntu Mac OSX	http://codelite.org
Ch(Interpreter)	C/C++	Y	Windows Unix/Linux Mac OS X	http://www.softintegration.com/
Digital Mars	C/C++	Y	DOS Windows	http://www.digitalmars.com/
GCC	C/C++	Y	Windows Unix/Linux Mac OS X	http://gcc.gnu.org/
Intel C++ Compiler	C/C++	N	Windows Linux Mac OS X	http://software.intel.com/en-us/intel-compilers/
LCC	C	Y	Windows Unix/Linux	http://www.cs.virginia.edu/~lcc-win32/
OpenWatcom	C/C++	Y	DOS Windows	http://www.openwatcom.org/
Sun Studio	C/C++	Y	Unix/Linux	http://developers.sun.com/sunstudio/
Tiny C	C	N	Windows Unix/Linux	http://bellard.org/tcc/
Turbo C++	C/C++	Y	DOS	
Visual C++	C/C++	Y	Windows	http://msdn.microsoft.com/visualc
Watcom C/C++	C/C++		Win32 OS/2 Linux DOS	http://www.openwatcom.org/

2)C语言的集成开发环境(IDE)

集成开发环境(Integrated Development Environment,简称 IDE)是一种辅助程序开发人员开发软件的应用软件,通常包括编程语言编辑器、编译器/解释器、自动建立工具、调试器,有时还会包含版本控制系统和可以设计图形用户界面的工具。虽然目前有一些 IDE 支持多种编程语言(例如 Eclipse,NetBeans,Microsoft Visual Studio),但是一般而言,IDE 主要还是针对特定的编程语言而量身打造。

常用的 C 语言 IDE(集成开发环境)有 Turbo C,Borland C++,C++Builder,Microsoft Visual C++,Dev-C++,Code::Blocks,Watcom C++,GNU DJGPP C++,Lccwin32 C Compiler 3.1,High C,C-Free,win-tc 等。

(1)Turbo C。Turbo C 是 Borland 公司开发的集成开发环境和 C 语言编译器,当时 Borland 公司的一系列软件产品均以"Turbo"标识。1987 年首次推出的 1.0 版本,使用了全新 C 语言集成"编辑-编译-运行"开发环境,通过一系列下拉菜单将文本编辑、程序编译、连接及程序运行一体化,大大方便了程序的开发。它仅占用 384KB 内存,却可以支持当时所有的 C 语言特性并优化可执行文件的速度和大小。Turbo C 一经推出就迅速流行,仅在第一个月就销售约 10 万份。1988 年推出了 Turbo C 1.5 版本,增加了图形库和文本窗口函数库。著名的 Turbo C 2.0 版本在 1989 年发布,增加了查错功能。它同当时 Borland 公司所有的 MS-DOS 产品一样,以"蓝屏"为特征。Turbo C 2.01 以体积小、编译速度快和全面的参考手册而闻名于世,是 DOS 时代最优秀的 C 语言编程工具(没有之一),也是当时广大编程学习者的必备工具。在开发者的心目中,Borland 一直代表着最好最纯粹的技术。

(2)Turbo C++/Borland C++/C++Builder。随着 C++的出现和快速发展,Borland 公司也发展了相应的 C++IDE。1991 年 2 月推出了 1.0 版,同年 11 月发布了 3.0 版。Turbo C++的版本号从 1.x 直接跳转到 3.x,原因是为了同步 Turbo C 和 Turbo C++成为 C 和 C++的混合编译器。从 3.0 开始,Borland 公司将其 C 编译器产品区分为入门级的 Turbo C++和专业应用开发的 Borland C++。微软发布 Windows 3.0 后,Borland 公司及时推出了可以开发 Windows 应用程序的 Turbo C++3.1 版。Borland C++3.0/3.1 是第一个在 Windows 系统下的图形集成开发环境,它以 OWL 1.0(Object Windows Library)为核心,对 Windows API 的封装要优于当时微软的 MFC 1.0,加之本身强劲的编译器和集成开发环境,一经推出立刻风靡全世界,获得了巨大的成功。当时微软的同类产品 Microsoft C/C++6.0 甚至还没有 Windows 图形集成开发环境,编译器效率低下。

90 年代 C/C++编译器市场群雄并起,竞争激烈。急于求成的 Borland 随后推出的 C/C++4.0 表现平平,甚至可以用糟糕来形容。Borland C/C++4.5 在 OWL、编译器、集成开发环境方面都有一流的表现,但仍然难敌手握 Framework MFC 的 Microsoft。经过反思和数年的积累,在应用 VCL(Visual Component Library)的 Delphi 一炮走红后,Borland 顺势在 1997 年推出了 C++Builder,它是一款高性能的 C 集成开发工具,可以实现快速的可视化开发;只要简单地把控件(Component)拖到窗体(Form)上,定义和设置它的属性和外观,就可以快速地建立应用程序界面,实现了可视化编程环境和功能强大的编程语言的完美结合。对于初学者,C++Builder 是一个非常好的软件:界面友好,功能强大,调试方便,建立 Windows 应用程序的工作变得轻而易举。

1998 年 4 月 29 日,Borland 将名字变更为 Inprise 公司,其理念是将 Borland 的工具 Delphi、C++Builder 以及 JBuilder 与企业软件环境集成在一起。在使用 Inprise 名字的时期，Borland 公共形象严重受损。2001 年 1 月，Borland 重新从 Inprise 改名为 Borland（Borland Software Corporation）。

一系列的决策错误使公司的业务限于困境，Borland 于 2006 年将其 IDE 业务剥离成为一个独立公司 CodeGear。然而，Borland 不但没能因为剥离了 IDE 业务而摆脱困境，反而失去了更多在感情上因 Borland IDE 而对 Borland 难以割舍的老用户。CodeGear 发布的 C++Builder 2007，提供了微软 Vista 完整的 API 支持，增强了对 ANSI C++的支持，IDE 的编译速度提高了 500%。2008 年 5 月，Embarcadero Technologies 公司收购了 CodeGear，8 月份发布了 C++Builder 2009，实现了 Unicode 的完整支持，最早采用了 C++0x 标准。2009 年最新发布的 C++Builder 2010，增加了对触摸和手势识别功能的支持。2009 年 5 月，Borland 被 Micro Focus 公司以 7500 万美元收购，曾经的编译器和开发工具王者只剩下了传说。

2010 年 8 月，Embarcadero 发布了 C++Builder XE（C++Builder 2011），集成了 ANSI/ISO C++工具和对 C++0x 草案的支持，可在 Windows 2000，XP，Vista 和 Windows 7 系统下运行，支持亚马逊云计算（Amazon EC2）和 Windows Azure 云存储。

2011 年 9 月 1 日，Embarcadero 发布了新版的 RAD Studio XE2 开发工具组合，是 10 年来最大幅度的功能升级。RAD Studio XE2 包含 Delphi，C++Builder，Prism 与 RadPHP 等工具，支持 64 位 Windows，Mac OSX 与 iOS 跨平台开发。Delphi XE2 与 C++Builder XE2 内含革命性的新应用程序框架 FireMonkey，是一个原生支持 CPU 与 GPU 的应用平台，其应用程序可以在 Windows 与 Mac 平台上高效率地运行，让程序设计人员能设计出视觉震撼的 HD 与 3D 手机应用程序，同时亦能连结 Oracle，Microsoft SQL Server，IBM DB2，Sybase 等各种数据库。

2013 年最新推出的 C++Builder XE5（图 10-1），提供了高度兼容 C++11 的 64 位 Windows 工具链，包括了用于构建原生 Windows 应用的 VCL 和用于开发原生 Windows 和 Mac 应用的 FireMonkey，并对 FireMonkey 平台的性能进行了优化，可以充分利用 CPU 和 GPU 的动力和速度。同时支持 Windows，Mac，Android 和 iOS，可实现多设备、真正原生的应用开发。

网址：http://www.embarcadero.com/products/cbuilder/

图 10-1 2013 年 9 月 11 日发布的 C++Builder XE5

（3）Microsoft Visual C++。Microsoft Visual C++是微软公司研发的 C、C++和 C++/CLI 商业集成开发环境，它的前身可以追溯到 Microsoft QuickC 2.5 和 Windows 1.0 下的 Microsoft QuickC。20 世纪 90 年代初，Borland C/C++3.1 是当时最好的 C 编译器，Microsoft 远远落后于 Borland 在编译器领域的技术优势和市场，因此它采用了挖墙角的方式实现快速成长。Microsoft 的 Visual C/C++小组有 60% 的成员是从 Borland 挖来的，不但让 Borland 流失了大量的优秀技术人才，也造成了数年后 Borland 控告 Microsoft 的导火索。大量优秀人才加盟后，Microsoft Visual C++在 Borland C/C++3.1 发布两年后推出，并且立刻获得市场好评。1998 年，微软公司发布了 Visual Studio 6.0。

2002 年，微软公司发布了 Visual Studio.NET（内部版本号为 7.0），引入了建立在.NET 框架上的托管代码机制以及建立在 C++和 Java 基础上的现代语言 C#。2005 年，微软发布了 Visual Studio 2005。虽然去除了.NET 字眼，但是这个版本还是面向.NET 框架的。它同时也能开发跨平台的应用程序，如开发使用微软操作系统的手机的程序等。

2008 年发布的 Visual Studio 2008 提供了高级开发工具、调试功能、数据库功能和创新功能，有助于在各种平台上快速创建当前最先进的应用程序。其增强功能包括可视化设计器、对 Web 开发工具的改进，以及能够加速开发和处理所有类型数据的语言增强功能，同时为开发人员提供了所有相关的工具和框架支持，可以创建支持 AJAX 的 Web 应用程序。

2010 年 4 月 12 日，微软公司宣布 Visual Studio 2010 在中国率先上市。新一代 Visual Studio 2010 是微软云计算架构重要组成部分之一，它拥有强大的开发功能，支持开发者基于 Windows Azure 开发更多应用，从而进一步丰富微软的云计算平台。它的发布是微软迈向云计算架构的一个新的里程碑。Visual Studio 2010 还支持移动与嵌入式装置开发，实践当前最热门的 Agile/Scrum 开发方法，并能充分发挥多核并行运算威力。它的推出为开发者带来技术上的新机遇、实践上的新突破和创新上的新动力，帮助开发人员迎接云时代的更多机遇与挑战。

随着 Windows 8.1 新版操作系统的正式发布，微软面向开发者推出了最新的编程开发套件 Visual Studio 2013（图 10-2），新增了很多提高开发人员工作效率的新功能，完美支持 Windows 8.1 的程序开发，提高了 Web 网站开发的工作效率和灵活性，改进了调试和优化的工具，所写的目标代码适用于微软支持的所有平台，包括 Microsoft Windows、Windows Mobile、Windows CE、.NET Framework、.NET Compact Framework 和 Microsoft Silverlight 及 Windows Phone 等。最新的 Visual Studio 2013 试用版可以在微软官方主页上下载，地址为：

http://www.visualstudio.com/zh-cn/visual-studio-homepage-vs.aspx

（4）Code::Blocks。Code::Blocks 是一个开放源码的全功能跨平台 C/C++集成开发环境。Code::Blocks 由纯粹的 C++语言开发完成，使用了著名的图形界面库 wxWidgets（2.6.2 unicode 版）。最新版本 Code::Blocks 13.12 发布于 2013 年 2 月 27 日。

① 跨平台——跨 Linux 和 Windows 平台，且支持 Mac 系统。

② 纯 C/C++写成——无需额外安装庞大的运行环境，譬如不用装.net 也不装 java。

③ 支持多编译器——包括 Borland C++，VC++，g++，Inter C++等超过 20 个不同产家或版本编译器支持。

④ 插件式的框架——插件式的集成开发环境为 IDE 保留了良好的可扩展性。

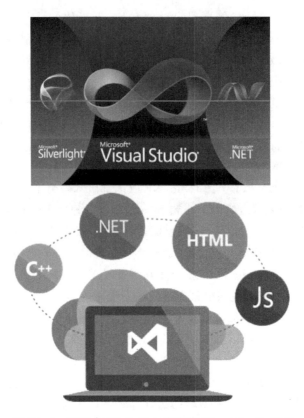

图10-2　2013年10月17日发布的Visual Studio 2013

⑤内嵌可视设计——和大家熟悉的VB，Delphi/C++Builder相比，其可视窗口设计器的"傻瓜性"差了一大截，换来的是程序很容易迁移到别的操作系统。

⑥C++扩展库支持——通过它的一个用以支持Dev C++的插件，可以下载大量C++开源的扩展库。

⑦多国语言——支持近40国语言，包括中文版。

网址：http://www.codeblocks.org/

(5)C-Free。C-Free是一款支持多种编译器的专业化C/C++集成开发环境(IDE)，最新版本C-Free 5.0发布于2010年7月。利用本软件，使用者可以轻松地编辑、编译、连接、运行、调试C/C++程序。C-Free 5主要有以下特性：

①支持多编译器且可配置添加其他编译器。目前支持的编译器类型有：MinGW 2.95/3.x/4.x/5.0，Cygwin，Borland C++Compiler，Microsoft C++Compiler，Open Watcom C/C++，Digital Mars C/C++，Ch Interpreter，Lcc-Win32，Intel C++Compiler等。

②增强的C/C++语法加亮器，可加亮函数名、类型名、常量名等。

③增强的智能输入功能。

④可添加工程类型，可定制其他的工程向导。

⑤完善的代码定位功能(查找声明、实现和引用)。

⑥代码完成功能和函数参数提示功能。

⑦能够列出代码文件中包含的所有符号(函数、类/结构、变量等)。
⑧大量可定制的功能,可定制快捷键、外部工具、帮助等。
⑨在调试时显示控制台窗口。
⑩工程转化功能,可将其他类型的工程转化为 C-Free 格式的工程,并在 C-Free 中打开。

网址:http://www.programarts.com/cfree_ch

(6)CodeLite。CodeLite 是一个开源、跨平台的 C/C++集成开发环境,在 Windows XP SP3、Windows Vista、Ubuntu 9.10 和 Mac OSX 10.5.6 上测试通过。它遵循 GPLv2 协议分发,最新版本 CodeLite 5.4+wxCrafter 1.4 于 2014 年 1 月 12 日发布。

网址:http://codelite.org

(7)BloodShedDev-C++。BloodShed Dev-C++是一个免费的 Windows C/C++程序集成开发环境,它由 Delphi 编写,使用免费的 MinGW 编译器。开发环境包括多页面窗口、工程编辑器以及调试器等,在工程编辑器中集合了编辑器、编译器、连接程序和执行程序,提供高亮度语法显示,以减少编辑错误,还有完善的调试功能,能够适合初学者与编程高手的不同需求。多国语言版中包含简繁体中文语言界面及技巧提示,还有英语、俄语、法语、德语、意大利语等二十多个国家和地区语言提供选择。最新版本 4.9.9.2 发布于 2009 年 1 月 5 日。

网址:http://bloodshed-dev-c.softonic.cn/

4. Visual Studio 6.0 的安装和使用

Visual Studio 6.0 的安装较为简单方便。将 Visual Studio 6.0 的安装光盘放进光驱,运行"setup.exe"文件,安装界面如图 10-3 所示,点击"View Readme"可以查看自述文件。然后点击"next",选择同意用户版权协议之后再次点击"next",如图 10-4 所示。

图 10-3　Visual Studio 6.0 安装界面

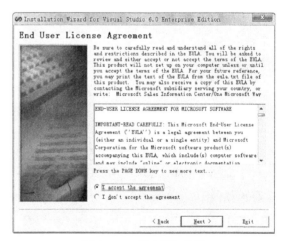

图 10-4　用户版权协议

在产品信息窗口中(见图 10-5),分别输入产品 ID、姓名和单位后,下一步的安装有三个选项:Custom,Products 和 Server Applications。在此可以选择定制安装"Custom",如图 10-6所示。点击"next"后首先可以选择安装目录,默认的安装路径是"C:\Program Files\Microsoft Visual Studio\Common",点击"Browse"可以选择新的安装路径,如图 10-7 所示。

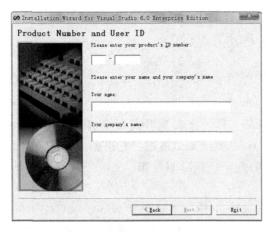
图 10-5　产品信息

图 10-6　安装选项

下一步需要具体选择安装内容，包括 Visual Basic 6.0，Visual C++6.0，Visual FoxPro 6.0，Visual InterDev 6.0，Visual SourceSafe 6.0，ActiveX，Data Access，Enterprise Tools，Graphics，Tools 等。选中左侧任意一项，然后点击右侧的 Change Option，可以更改其安装选项。选定待安装的组件以后，点击下一步即可开始安装，如图 10-8 所示。

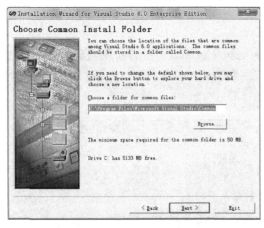
图 10-7　安装目录

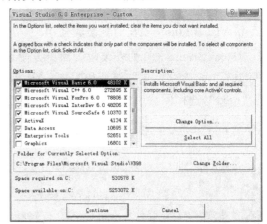
图 10-8　安装内容

当安装完成后，安装程序会要求用户注册环境变量（见图 10-9），这是为了方便从命令行运行 Visual C++。安装完成后，运行桌面上的"Microsoft Visual C++6.0"快捷方式，出现主界面如图 10-10 所示。

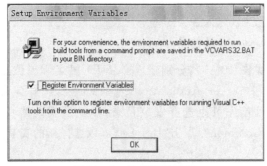
图 10-9　注册环境变量

第 10 章 C 语言基本知识

图 10-10　Visual Studio 6.0 主界面

点击 File→New，出现了新建项目界面，如图 10-11 所示。在 Projects 标签页，根据所建项目的不同有多种选项。对于简单的 C 程序，可以选择 Win32 Console Application，即控制台应用程序。右侧 Location 处可以选择新建项目的存取路径，Project name 用来输入新建项目的名字，例如"MyProject"。输入后点击 OK 确定后，会弹出新建控制台应用程序的选项，如图 10-12 所示，可以选择新建一个空工程（An empty project）。

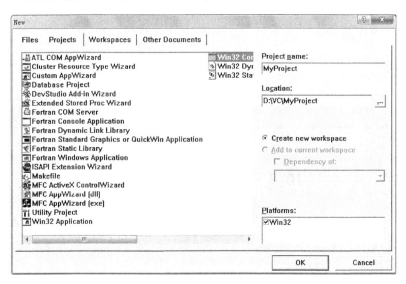

图 10-11　新建项目

下一步就是新建属于本项目的源文件。对于 C 语言，可以选择建立 Text File，在右侧 File 文本框内输入源文件的名字（以". c. "结尾，例如 MyProg.c），然后点击 OK 即可，如图 10-13所示。注意应点击选择"Add to Project："，以把该源文件加入工程。

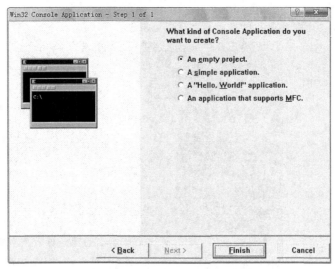

图 10-12 控制台应用项目选项

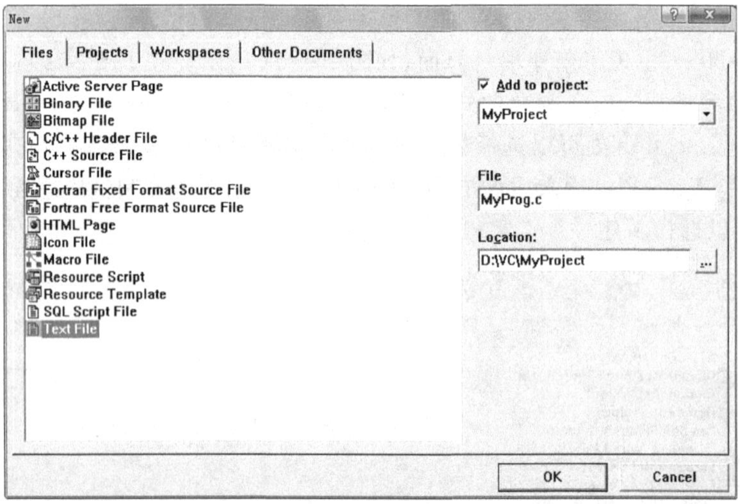

图 10-13 源文件选项

10.2 C 语言的基本知识

学习一门计算机语言的最好方法是实践。一般来说,C 语言的第一个程序通常都以 "Hello, world" 为例,这个惯例首次出现在 K&R 第一版中。

例 10-1 Hello, world!

```
#include <stdio.h>

int main(void)
{
    printf("hello, world! \n");
```

```
    return 0;
}
```

程序的第一行表示预处理语句,它用来将一个系统头文件 stdio.h 引入本程序。通过系统头文件的引入,可以使用系统提供的许多函数。第二行说明了一个没有任何参数(用 void 表示)的 main 函数,它的返回值类型是整型(int)。在 C 语言中,每个程序都从 main 函数的起点开始执行。也就是说,每个程序都必须而且只能包含一个 main 函数。

C 语言中,"{}"表示函数体或者代码段的开头和结尾,每条语句末尾的";"表示该语句的结束。在 main 函数里,printf 函数是 C 语言里在屏幕上输出结果的标准方式,在本条语句中,它用双引号括起来一个字符串"hello, world",加上一个换行控制符"\n",其作用是将光标移动到下一行的开头。在 C 语言的打印语句中,只有遇到换行控制符"\n"时才会换行输出,否则即使输出完成也不会自动换行。因此,本条语句的输出效果就是在屏幕上输出"hello, world!",然后光标停在下一行的开头。

最后一句 return 是 main 函数的返回值。在许多系统上,对 main 函数的类型和返回值的检查并不严格,此时可略去 main 函数的类型和 return 语句。

在 Microsoft Visual Studio 6.0 中编译运行 C 程序的方法如下:首先在 D 盘 VC 目录下建立一个名为 MyProject 的项目,然后新建一个 MyProg.c 文件,出现的界面如图 10-14 所示。在这个文件中,可以逐行输入例 10-1,输入时要注意随时保存。输入完毕后,点击主菜单 Build→Compile MyProg.c 选项,或者""图标,开始编译源文件。如果没有错误(0 error(s), 0 warning(s)),会生成一个 MyProg.obj 文件,如图 10-15 所示。最后点击主菜单 Build→Build All 选项,或者""图标,进行连接。如果没有错误,就生成了一个 MyProg.exe 文件,如图 10-16 所示。

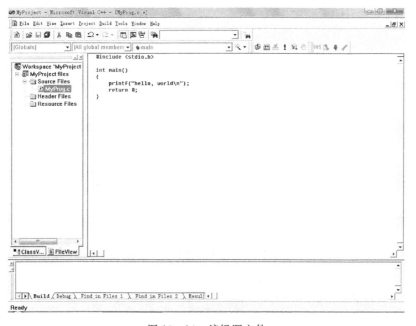

图 10-14 编辑源文件

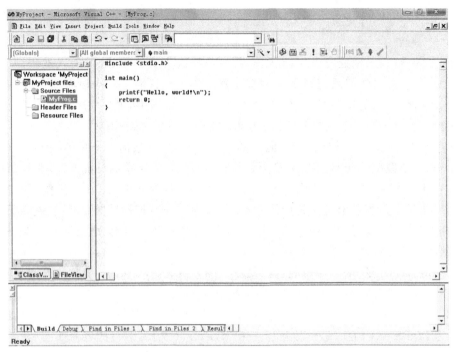

图 10-15 编译源文件

图 10-16 连接

现在,点击主菜单 Build→Execute MyProg.exe 选项,或者"❗"图标,就可以运行自己编制的程序了。运行结果如图 10-17 所示。

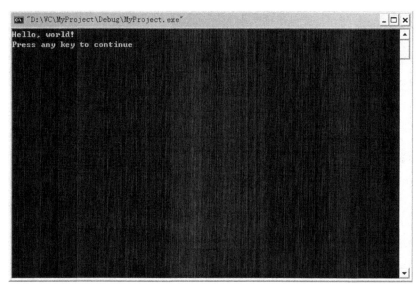

图 10-17　运行结果

1. C 语言字符集

C 语言字符集包括 52 个字母(C 语言区分大小写)、10 个阿拉伯数字、29 个特殊字符和 4 个格式符。

1) 29 个特殊字符

!　+　-　*　/　=　％　'　"　#　{　}　[　]　＜　＞　(　)　.　,　;　:　?　～　^　\　|　_　&

2) 格式符

空格、水平制表符(HT)、垂直制表符(VT)、换页符(FF)

此外的其他字符都只能放在注释语句、字符型常量、字符串型常量中。

2. 数据类型

1) 基本数据类型

C 语言数据类型包括基本类型、构造类型、指针类型(*)和空类型(void),其中基本类型包括整型、字符、浮点(单精度、双精度)、枚举,构造类型包括数组、结构体(struct)和联合(union)。几种基本数据类型列表介绍如下。

如表中所示,部分基本数据类型可由 signed/unsigned 或 short/long 来修饰。signed 与 unsigned 可用于修饰整型和字符型,unsigned 表示无符号变量,signed 表示有符号变量。short 与 long 两个修饰符的引入是为了提供不同长度的数据类型,它们是与机器和编译器有关的属性,头文件＜limits.h＞和＜float.h＞中给出了有关定义。

上述数据类型的取值范围一般与机器和编译器的属性有关,表 10-2 中给出了 32 位机器上的字宽和数据取值范围,具体程序的实现可参见例 10-2。

表 10-2 各种数据类型的字宽、取值范围和最大最小值定义

类型		字宽	范围	最小值	最大值
整型	short	2	$-32768 \sim 32767$	SHRT_MIN	SHRT_MAX
	unsigned short	2	$0 \sim 65535$		USHRT_MAX
	int	4	$-2147483648 \sim 2147483647$	INT_MIN	INT_MAX
	Unsigned int	4	$0 \sim 4294967295$		UINT_MAX
	long	4	$-2147483648 \sim 2147483647$	LONG_MIN	LONG_MAX
	unsigned long	4	ULONG_MAX		ULONG_MAX
单精度实型	float	4	$1.175494351e-038$ $\sim 3.402823466e+38$	FLT_MIN	FLT_MAX
双精度实型	double	8	$2.2250738585072014e-308$ $\sim 1.7976931348623158e+308$	DBL_MIN	DBL_MAX
	long double	10	$3.3621031431120935063e-4932$ $\sim 1.189731495357231765e+4932$	LDBL_MIN	LDBL_MAX
字符型	char	1	$-128 \sim 127$	CHAR_MIN	CHAR_MAX
	signed char	1	$-128 \sim 127$	SCHAR_MIN	SCHAR_MAX
	unsigned char	1	$0 \sim 255$		UCHAR_MAX

例 10-2 输出各种数据类型的最大、最小值。

```
#include <stdio.h>
#include <stdlib.h>
#include <limits.h>
#include <float.h>

int main()
{
    printf("%d, %d\n", SHRT_MIN, SHRT_MAX);
    printf("%u\n", USHRT_MAX);
    printf("%d, %d\n", INT_MIN, INT_MAX);
    printf("%u\n", UINT_MAX);
    printf("%ld, %ld\n", LONG_MIN, LONG_MAX);
    printf("%lu\n", ULONG_MAX);
    printf("%d, %d\n", CHAR_MIN, CHAR_MAX);
    printf("%d, %d\n", SCHAR_MIN, SCHAR_MAX);
    printf("%d\n", UCHAR_MAX);
    printf("%.6e, %.6e\n", FLT_MIN, FLT_MAX);
    printf("%.12e, %.12e\n", DBL_MIN, DBL_MAX);
    printf("%.15Lf, %.15Lf\n", LDBL_MIN, LDBL_MAX);/*部分编译器不支持*/
```

```
        return 0;
    }
```

2) 各种数据类型的存储

对于整型和字符型数据,其存储方式需要转换为二进制按位存储于内存单元之中。如果是 unsigned 类型,不存在符号位,否则最高位是符号位(0 为正,1 为负)。

浮点数在计算机内的存储格式,一般表示成由一个分数和一个以某个假定数为基数的指数组成,目前包括 C 在内的大多数高级语言都遵循美国电气及电子工程师学会(Institute of Electrical and Electronics Engineers,IEEE)于 1985 年提出的 IEEE 754 标准。按照 IEEE 754 的规定,单精度浮点数用 4 字节存储,双精度浮点数用 8 字节存储,分为三个部分:符号(S)、指数(E)和尾数(M),float 和 double 的区别见表 10-3。

存储浮点数之前,总是要求首先将小数部分规格化为 $1 \leqslant m \leqslant 2$,此时可以省略小数点左边隐含的一位(通常这位数就是 1),这样可以充分利用存储空间。也就是说,实际的小数为 $1+M$。表中所谓的偏移值是指指数位的偏移值,存储的 E 值减去此偏移值才能得到实际的指数。因此,一个浮点数可以表示为:

$$V = (-1)^S \times 2^{E-Bias} \times (1+M)$$,其中 E,$Bias$ 和 M 均需转换成十进制。

表 10-3　IEEE 754 中有关 float 和 double 的规定

类型	存储位数				指数偏移值(Bias)	
	符号位(S)	指数位(E)	尾数位(M)	总位数	十六进制	十进制
float	1(31)	8(23~30)	23(0~22)	32	0x7F	+127
double	1(63)	11(52~62)	52(0~51)	64	0x3FF	+1023

(1)十进制单精度浮点数向二进制的转化。图 10-18 示出了单精度浮点数 0.875 的存储,其转化过程如下:

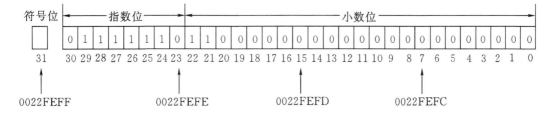

图 10-18　单精度实型数据的存储

① 先将 0.875 转换成二进制小数:
由于 $0.875 = 1 \times 2^{-1} + 1 \times 2^{-2} + 1 \times 2^{-3}$,所以,$(0.875)_{10} = (0.111)_2$。
② 将二进制小数规格化为 $1 \leqslant m \leqslant 2$,得到 1.11×2^{-1}。
③ 指数 $E = (-1+127)_{10} = (126)_{10} = (7E)_{16} = (01111110)_2$。
④ 小数部分省掉小数点前默认的 1 后,实际存储的小数部分为:
110 0000 0000 0000 0000 0000。

(2)二进制单精度浮点数向十进制的转化。这个转化过程实际为十进制向二进制转化的逆过程。以图 10-19 中的二进制数据为例。

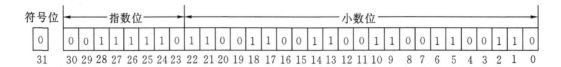

图 10-19 单精度实型数据的存储

① 指数部分：
$$E = (0111\ 1110)_2 = (7E)_{16} = (126)_{10};$$

② 小数部分：
$$M = (11001100110011001100110)_2$$
$$= 2^{-1} + 2^{-2} + 2^{-5} + 2^{-6} + 2^{-9} + 2^{-10} + 2^{-13} + 2^{-14} + 2^{-17} + 2^{-18} + 2^{-21} + 2^{-22}$$
$$= 0.7999999523162841796875$$

③ 最终的十进制单精度数为：
$$(-1)^S \times 2^{E-127} \times (1+M)$$
$$= (-1)^0 \times 2^{126-127} \times (1+0.7999999523162841796875)$$
$$= 0.89999997615814208984375$$

实际上，这就是 0.9 的单精度二进制存储。可见，会有一定的误差产生。

加上小数点前隐含的 1 位，单精度浮点数的实际有效精度为 24 位二进制，这相当于 $24 \times \log 2 \approx 7.22$ 位 10 进制的精度，所以平时我们说单精度浮点数具有 7 位有效数字。同样的道理，双精度浮点数的实际有效精度为 53 位二进制，相当于 $53 \times \log 2 \approx 15.95$ 位 10 进制的精度，也即具有 15~16 位有效数字。

每个数据的所有字节在内存中的排列顺序有两种，即高字节在先的 big endian 和低字节在先的 little endian。图 10-18 中示出的 intel cpu 按 little endian 顺序的分配方式，即数据的低位字节存储在内存的低地址，高位字节存储在内存的高地址。

3. 标识符、变量与常量

1) 标识符

所谓标识符是指程序中用到的常量、变量、语句标号以及用户自定义函数的名称，标识符的命名必须满足以下规则：

(1) 标识符必须由字母或下划线开头。下划线通常用于连接不同的单词组成较长的标识符，以提高可读性。由于 C 语言自带的库函数通常以下划线开头，因此标识符命名时不要以下划线开头。

(2) 其他部分可以由字母、下划线或数字组成。

(3) 标识符的有效长度为 32 个字符。

(4) 标识符不能使用 C 语言的关键字，所有关键字都必须小写。

(5) C 语言区分字母的大小写。

(6) 标识符命名时尽量能从字面上明确其用途。

2) 常量

(1) 整型常量。按不同的进制区分，整型常量有三种表示方法：其中十进制常量以非 0 开始,如:220,-560,45900;八进制常量以 0 开始,如 06,0106,05788;十六进制常量以 0X 或 0x 开始,如 0X0D,0XFF,0x4e 等。另外,可在整型常量后添加一个"l"或"L"字母表示其为长整型,如 22L,0773L,0Xae4l。无符号常量以字母"u"或"U"结尾,后缀"ul"或者"UL"表示是 unsigned long 型。对于八进制或十六进制常量,用后缀"L"表示 long 类型,后缀"U"表示 unsigned 类型。

(2)浮点数常量。至少包含小数点或者指数二者之一的常量是浮点数常量,没有后缀时默认为 double 类型。后缀"f"或"F"表示 float 类型,后缀"l"或"L"表示 long double 类型。如:
3.14159262.78e23.14f3.141592653589L

(3)字符常量。字符常量实际上是一个整数,对应的取值可以在 ASCII 字符集中查找。书写时用单括号内的字符表示,如'c','h'。字符串常量则将多个字符组成的序列用双引号括起来表示,实际是一个字符数组,如"Xi'an Jiaotong University","西安交通大学",也可以是不含任何字符的空字符串""。在 C 语言中,字符串使用一个空字符"\0"作为字符串的结尾,这意味着存储字符串的物理存储单元数量比双括号内的实际字符数要多 1 个。因此,C 语言对字符串的长度没有限制,字符串 s 的长度可由标准库函数 strlen(s)获得,此长度不包括末尾的空字符"\0"。有关 strlen 和其他字符串库函数的声明可见于头文件<string.h>。

(4)枚举常量。枚举常量是一个整型常量值的列表,其定义格式为:

enum 常量名 {枚举名列表}

如果没有显式说明,枚举类型中第一个枚举名的值为 0,第二个为 1,依此类推。如果只指定了部分枚举名的值,那么未指定值的枚举名,其取值从最后一个指定值递增。枚举常量的例子如下:

enum color {RED, ORIENGE, YELLOW, GREEN, CRYN, BLUN, PURPLE}
　　/* RED 的值为 0,ORIENGE 的值为 1,依此类推 */
enum shape {CIRCLE = 2, SQUARE, RECANGUAGLE, TRIANGLE, OVAL}
　　/* CIRCLE 的值为 2,SQUARE 的值为 3,依此类推 */

(5)符号常量。符号常量即用一个标识符来代表一个常量,其定义使用宏定义命令♯define,其格式为

♯define 宏名 常数

例如:

♯define PI 3.14159265
♯define MAX 100
♯define DEBUG 1

一旦完成定义后,符号常量的值在作用域内不能改变,也不能再被赋值。例如,经过上述定义后,下列赋值语句是错误的:

PI = 3.14;
MAX = 100;
DEBUG = 2;

使用宏定义命令定义符号常量时,需要注意:
①宏定义的实质是用宏名代替字符串,只作简单的置换,不做语法检查;
②宏名一般习惯用大写字母表示,以与变量名相区别;
③宏定义不是C语句,无需在行末加分号。如果加了分号则会连分号一起置换。

3)变量

C的变量在使用之前必须先定义其数据类型,未经声明的变量不能使用。变量声明通常放在函数起始处,位置在第一条可执行语句前面。

声明用于说明变量的属性,由数据类型名和变量列表组成,例如:

  int i, j, k;
  double temperature, pressure, timestep;

在声明的同时可以对变量进行初始化,具体做法是在声明变量之后紧跟一个等号和一个初始化表达式:

  int i = max + 1;
  float x = 1.0;
  double epsn = 1.0e − 5;
  char c = ´y´;

所有变量的声明都可以用const修饰符,其意义为指定该变量的值不能被修改。对数组而言,const限定符制定该数组所有元素的值都不能被修改。例如:

  const double e = 2.71828;
  const double pi = 3.14159265;

请注意,上述例子也可写成:

  double const e = 2.71828;
  double const pi = 3.14159265;

在C语言中,声明一个符号常量既可以用宏定义(define),也可以用const修饰变量的方式,两者的值都不能被修改,其区别示于表10-4。

表10-4 声明符号常量的两种方式

宏定义	const 修饰变量
#define PI 3.14169265;	const double pi=3.14159265;
定义宏,预编译时处理	定义程序中的常量,编译时处理
只进行简单的字符替换,无类型检查	常量修饰符,把变量定义为常量
作用范围在整个程序	只能在定义该变量的函数体内使用,除非定义的是全局变量

4. 运算符和表达式

C语言中的运算符非常丰富,把控制语句和输入输出以外几乎所有的操作均作为运算符处理。根据运算的类别,可以分为算术运算符、关系运算符、逻辑运算符、位操作运算符、赋值运算符、条件运算符(? 和:)、逗号运算符(,)、指针运算符(* 和 &)、求字节数运算符(sizeof)和特殊运算符((),[],.,→)等;根据操作数的多少,可以分为一元运算符、二元运算符和多元运算符。按照操作数的多少,可以分为单目操作符、双目操作符和多目操作符。

这些运算符的优先级各不相同,不同运算符混合计算时,按优先符的优先级由高向低进行运算,例如先乘除、后加减。当一个操作数两侧的运算符优先级相同时,按运算符的结合性所规定的结合方向处理。C语言中各运算符的结合性分为两种,即左结合性(自左至右)和右结合性(自右至左)。应注意区别,避免错误。例如算术运算符的结合性是自左至右,即先左后右。如有表达式 a*b/c 则 b 应先与"*"号结合,执行 a*b 运算,然后再执行/c 的运算。这种自左至右的结合方向就称为"左结合性"。而自右至左的结合方向称为"右结合性"。最典型的右结合性运算符是赋值运算符。如 a=b=c,由于赋值运算符"="的右结合性,应先执行 b=c 再执行 a=(b=c)运算。表 10-5 列出了 C 语言中运算符的优先级和结合性。

表 10-5 运算符的优先级和结合性

运算符	优先级	结合性
( )(小括号)[ ](数组下标).(结构成员)→(指针型结构成员)	最高	从左至右
!(逻辑非)~(按位取反)++(自增)--(自减) sizeof(求字节数)*(指针运算符)&(地址运算符) +(正号)-(负号)	↑	从右至左
*(乘)/(除)%(取余)		从左至右
+(加)-(减)		从左至右
<<(左移)>>(右移)		从左至右
<(小于)<=(小于等于)>(大于)>=(大于等于)		从左至右
==(等于)!=(不等于)		从左至右
&(按位与)		从左至右
^(按位异或)		从左至右
|(按位或)		从左至右
&&(逻辑与)		从左至右
||(逻辑或)		从右至左
?:(问号表达式)		从右至左
=(赋值) +=、-=、*=、/=、%=、&=、^=、|=、<<=、>>=(复合赋值)		从左至右
,(逗号表达式)	最低	

1)算术运算符

算术运算符包括+、-、*、/和%。需要注意的是,整数之间进行除法运算时,会舍掉小数部分。%表示整数之间的取余运算,例如 x % y 表示 x 除以 y 得到的余数,%不能用于 float 或 double 类型。

算术运算符采用自左至右的结合规则,*、/、%的优先级高于+、-。在程序中书写算术表达式时必须注意:

(1)乘号不能忽略,例如 xy 必须写成 x*y,2(a+b)必须写成 2*(a+b)。

(2)分号必须写成除号,如

$\dfrac{(a+b)(c+d)}{(e+f)}$ 必须写成 $(a+b)*(c+d)/(e+f)$。

(3)乘方应该写成函数 pow(x,y),表示 x 的 y 次方。

如果一个运算符两侧的数据类型不同,系统会自动进行类型转换,转换成同一数据类型后进行运算。类型转换必须遵循的原则如下:

①字符型数据(char)和 short 型数据转换为整型(int)。

②单精度类型(float)不会自动转换成双精度型(double),这一点与 C 最初的定义不同。使用 float 类型主要是为了节约存储空间和执行时间(双精度计算比较费时)。

③遇到不同数据类型时,按照数据类型级别的高低,由低向高转换。数据类型级别从低向高依次为:int→unsigned→long→double。数据类型的转换从左至右,当遇到不同类型时才开始转换。

④可以利用强制类型转换将一个变量或表达式转换成所需类型,而该变量或表达式本身的数据类型不变。转换的形式为:

(待转换的类型)(表达式)

例如:

i=(int)a;/*表示把变量 a 转换为整型并赋给变量 i,a 本身的类型不变*/

x=(double)(a*b);/*表示把 a*b 的结果转换为双精度型并赋给变量 x*/

2)自增、自减运算符

自增运算符(++)的作用是使变量的值加 1,而自减运算符(--)的作用是使变量的值减 1。自增和自减运算符均为单目运算(一个操作数),具有右结合性。根据自增、自减运算符作为变量的前缀或者后缀,具体的作用方式不同:

i++(i--)表示使用 i 后将 i 的值加 1(减 1)

++i(--i)表示将 i 的值加 1(减 1)后再使用 i

注意,自增和自减运算符只能作用于某一个变量,将其作用于表达式是非法的,如

++(i+j)或(i-j)++

自增和自减运算符经常用在循环语句中,使循环变量自动加 1 或减 1。

例 10-3 自增、自减运算符。

```
#include <stdio.h>
main()
{
    int i=10, j=10, m, n;
    m=(i++)+(i++);
    n=(++j)+(++j);
    printf("%d %d %d %d", m, n, i, j);
}
```

这个程序中,计算 m 时,先将两个 i 相加,然后 i 再自增 1 两次,因此 m=20,i=12。计算 n 时,j 先自增 1 两次,然后再相加得到 n,因此 n=24,j=12。

3) 赋值运算符

C 语言把赋值号"="视为赋值运算符,由赋值运算符"="连接的式子称为赋值表达式,功能是计算右边表达式的值并赋予左边的变量,其一般形式为:变量=表达式。例如:

```
f = x + y - z;
y = sin(a) + exp(x);
```

凡是表达式可以出现的地方均可出现赋值表达式,赋值运算符具有右结合性。因此

```
i = j = k = 1;
```

可理解为

```
k = 1; j = k; i = j;
```

如果赋值运算符两边的数据类型不相同,系统将自动进行类型转换,即把赋值号右边的类型换成左边的类型。具体规定如下:

(1) <u>整型变量赋予实型变量时,整数的数值不变,但将增加值为 0 的小数部分,以浮点形式存放</u>。

(2) <u>实型赋予整型时,小数部分无条件舍去</u>。

(3) <u>字符型赋予整型时</u>,由于字符型为一个字节,而整型为两个字节,故将字符的 ASCII 码值放到整型量的低八位字节中,同时将高八位字节设为 0。

(4) <u>整型赋予字符型时,仅将低八位字节赋予字符型变量</u>。

为了简化程序并提高编译效率,C 语言允许在赋值运算符"="之前加上其他运算符,这样就构成了复合赋值运算符。例如:

```
i + = 1 在 C 语言里表示 i = i + 1
```

其中的+=即复合赋值运算符。这种表达方式较为简洁,同时也更加接近人们的思维习惯。i+=1 可以理解为"把 i 加上 1",非常容易理解;而 i=i+1 一般解释为"取 i 的值,加 1 后再把结果赋给 i",不太符合人们的思维习惯。

C 语言里有多种运算符(记作 op)可以实现复合赋值运算(op=),包括:

+= -= *= /= %= <<= >>= &= ^= |=

使用这些复合赋值运算符的时候,通用的表达形式为:

```
exp_aop = exp_b
```

它表示的意思是:

```
exp_a = exp_aop exp_b
```

例如:i *= j+1 表示 i=i*(j+1),而不是 i=i*j+1。

4) 逗号运算符

逗号运算符的功能是把两个表达式连接起来组成一个表达式,称为逗号表达式。其一般

形式为:

  表达式 1,表达式 2

  其求值过程是分别求两个表达式的值,并以表达式 2 的值作为整个逗号表达式的值。实际上,逗号表达式的目的是用逗号把两个表达式串联起来。例如:

  a = 30;
  b = (a = a + 6, a/6);

相当于

  a = 30;
  a += 6;
  b = a/6;

实际应用逗号表达式的时候需要注意:

(1)逗号表达式可以嵌套,即逗号表达式可以和另一个表达式通过逗号串联在一起形成新的逗号表达式,因此逗号表达式的一般形式可以表示为:

  表达式 1,表达式 2,表达式 3,…,表达式 n

整个逗号表达式的取值为表达式 n 的值。

(2)变量说明、函数参数列表中的逗号表示各变量之间的间隔,并不组成逗号表达式。

5. C 程序的书写

  C 语言的优点是简洁精练,书写灵活,由此容易带来的问题是可读性较差。在编写 C 语言程序时,每条语句的书写应该注意以下几点:

(1)每条语句以末尾的分号";"表示结束。

(2)每行通常写一条语句,也可以写多条语句。如果语句太长,可以拆开换行继续书写,一般不用加续行标志。拆分长行时,应在低优先级操作符处拆分并将该操作符放在新行之首,同时新行适当缩进与上一行的适当位置对齐,这样排版比较整齐易读。例如:

```
area = (contour[i].Vx[1] - contour[i].Vx[0])
      *(contour[i].Vy[2] - contour[i].Vy[0])
      -(contour[i].Vy[1] - contour[i].Vy[0])
      *(contour[i].Vx[2] - contour[i].Vx[0])
```

(3)C 语言中的注释语句以"/*"开头,以"*/"结尾,如果注释较长,可以写作多行,包含在"/*"与"*/"之间即可。

(4)C 程序中可以用花括号{}把多个单条语句括起来,组成一个复合语句:

  {
    a = 3;
    b = 5;
    x = a + b;

```
            printf("%f", x);
    }
```

复合语句内的各条语句都必须以分号";"结尾,在括号"}"外不能加分号。因为{}内表示一个完整的复合语句,无需附加分号。

复合语句可以用在每个函数体的开头和结尾,也可以用来区分程序的层次结构,所以花括号都是成对出现的。对于多重循环等情形,花括号可以嵌套,此时,要求将嵌套的花括号按照层次结构层层缩进对齐,使程序更加清晰易读。

复合语句的对齐和缩进有多种风格,本书建议的风格如下:
① "{"和"}"最好独占一行并且处于同一列,同时与引用它们的语句左对齐。
② 书写"{ }"之内的代码块时,从"{"开始缩进若干字符后左对齐。
③ 对于{}有嵌套的情况,对同一层次的{}使用缩进对齐,如

```
    for(i = 0; i<10; i++)
    {
        for(j = 0; j<10; j++)
        {
            ……
        }
    }
```

10.3 输入输出及流程控制

输入输出是每种高级程序语言的重要组成部分,它们的作用使得程序与用户之间发生联系。此外,C 语言程序可以分为三种基本结构,即顺序结构、分支结构、循环结构,这三种基本结构可以组成所有的各种复杂程序。C 语言提供了多种语句来实现这些程序结构,本节将一一介绍。

1. 数据的输入与输出

C 语言中没有专门的输入输出语句,数据的输入和输出是通过标准函数库当中的输入输出函数来实现的,本节仅介绍格式输入函数 scanf 和格式输出函数 printf。

1)格式化输入函数 scanf

格式化输入函数 scanf 的作用是以指定的格式从系统默认指定的输入设备(键盘)上向程序输入数据。它是一个标准库函数,函数原型在头文件"stdio.h"中。scanf 函数的一般形式为:

```
    scanf("格式控制字符串列表", 变量地址列表);
```

其中,格式控制字符串是以%开头的字符串,后面跟有各种格式字符,用来说明后面地址列表中输出数据的类型、形式、长度、小数位数等,格式字符的具体说明见表 10-6。地址列表中需要给出各待输入数据变量的地址(由地址运算符"&"加变量名组成,例如,&x、&y 分别

表示变量 x 和 y 在内存中的地址),而不是变量本身。

【正确】scanf("%f", &x);

【错误】scanf("%f", x);

由于编译器一般不检测此类错误,所以这一点务必牢记。

格式控制字符串列表中格式字符的个数、类型和顺序,应该与地址列表中待输入的各个变量的个数、类型和顺序一一对应。从键盘上输入时,每个数据之间应该以空格、回车或者 TAB 键分隔。如果格式控制字符串中除了格式字符以外还存在其他字符,则在输入数据时也应该将这些字符按顺序输入。例如:

	输入	结果
scanf("%d%d", &i, &j)	1□2	i = 1; j = 2;
scanf("%d, %d", &i, &j)	1, 2	i = 1; j = 2
scanf("%d, %d", &i, &j)	1□2	i = 1; j 无法得到正确输入;
scanf("i = %d, j = %d", &i, &j)	i = 1, j = 2	i = 1; j = 2;

对于 scanf() 函数,格式字符串更为一般的形式为:%[*][数据宽度][修饰符]格式字符
其中有方括号[]的项为任选项,它们的意义分别是:

(1)" * "表示该输入项读入后不赋予变量地址列表中对应位置的变量,即跳过该输入值。例如

scanf("%d% * d%d", &i, &j);

当输入为:1 2 3 时,把 1 赋予 i,3 赋予 j,而 2 被跳过。

(2)数据宽度为一正整数,用来指定输入数据所占列宽。如:

scanf("%d%2d%3d", &i,&j, &k);

当输入 123456 时,i = 1, j = 23, k = 456

(3)修饰符包括 l 和 h,其中 l 可以用来修饰 d,o,x,f 或 e,表示输入 long int 或 long double 类型;h 用来修饰 d,o,x,表示输入 short int 类型。具体写法是:

%ld, %lo, %lx, %lf, %le 和 %hd, %ho, %hx

另外,在 scanf 的使用过程中还需要注意一下事项:

①输入数据时不能规定小数点后面的位数,即数据的精度。

【错误】scanf("%8.3f", &x);

【正确】scanf("%f", &x);

②在用"%c"输入字符时,所有的键盘输入包括空格和转义字符都会作为有效字符输入。例如对于如下语句

scanf("%c%c",&ch1, &ch2);

当输入 x□y 时,ch1 = x,而 ch2 = □

③对于字符串数组或字符串指针变量,由于数组名和指针变量名本身就是地址,因此使用 scanf() 函数时,不需要在它们前面加上"&"操作符。

表 10-6 格式字符

格式字符	scanf		printf	
	类型	意义	类型	作用
d	int *	输入十进制有符号整数	int	输出十进制有符号整数（正号不输出）
u	unsigned int *	输入十进制无符号整数	unsigned int	输出十进制无符号整数
o	int *	输入八进制整数	int	输出八进制无符号整数（不输出前导的0）
x, X	int *	输入十六进制整数	int	输出十六进制无符号整数（不输出前导的0x）
f	float *	以小数或指数形式输入实数	float	以小数形式输出单精度和双精度实数，默认输出6位小数（注意，并非所有输出结果均为有效数字，单精度数的有效位数一般为7位，双精度数的有效位数一般为16位）
e, E	float *	与f作用相同	float	以标准指数形式输出单精度和双精度实数，数字部分为6位小数，且小数点以前仅有1位非0数字。指数部分占5位，包括"e"1位、符号1位、指数数字3位
g, G		/	float	自动选择f或e格式中输出宽度较短的一种，且不输出无意义的0
c	char *	输入单个字符	char	输出单个字符
s	char *	将字符串输入到字符数组中，输入时以非空白字符开始，到第一个空白字符结束。字符串以串结束标志'\0'作为其最后一个字符。	char	输出字符串
p	*	/	*	以十六进制输出变量的地址
a, A	double	输入十六进制双精度浮点数	double	浮点数、十六进制数字和p－计数法（C99）十六进制双精度浮点数，格式为[－]0xh.hhhh p±dd,h.hhhh为十六进制尾数，dd为1～2位指数
%		/		输出%

2) 格式化输出函数 printf

格式化输出函数 printf 的作用是以指定的格式向系统默认指定的输出设备(显示器)上输出数据。它也是一个标准库函数,函数原型在头文件"stdio.h"中。printf 函数的一般形式为:

  printf("格式控制字符串列表",变量列表);

格式控制字符串中包括以％开头的格式字符,按顺序说明后面变量列表中输出数据的类型、形式、长度、小数位数等。与 scanf 不同的是,格式控制字符串中除了以％开头的格式字符串以外,还可以包括普通字符和转义字符,普通字符将按照原样输出,转义字符实现其自身功能,如"\n"表示换行。后面的变量列表是需要输出的变量,也可以是表达式。例如:

  printf("％d ％d", i, j);   当 i=1、j=2 时输出:1 2
  printf("i=％d, j=％d\n", i, j); 当 i=1、j=2 时输出:i=1, j=2 并换行

对于 printf() 函数,其格式字符串更为一般的形式为:

  ％[标志][输出最小宽度 m][精度.n][长度]类型

其中有方括号[ ]的项为任选项,它们的意义如表 10-7 所示。

表 10-7 printf 函数的附加格式字符

字符		意义
标志	−	结果左对齐,右边补空格
	+	根据输出值的正负输出正号或负号
	#	修饰八进制格式字符 o 时,在输出时加前缀 o;修饰十六进制格式字符 x 时,在输出时加前缀 0x;修饰实数格式字符 f、e、g 时,当结果有小数时才给出小数点。对 c、s、d、u 类无影响
	空格	输出结果为正时冠以空格,为负时冠以负号
	0	当数据的位数小于要求输出位数时,用 0 填充前导字段,出现-标志时忽略
输出最小宽度 m		表示输出的最少位数(包括负号)。若实际位数多于定义的宽度,则按实际位数输出;若实际位数少于定义的宽度,则输出结果右对齐,左边补以空格。
精度(.n)		以"."开头,后跟十进制整数 n。对于实型数,表示输出小数的位数。对于字符串,表示输出字符的个数。如果字符串的实际位数大于所定义的精度数,则仅右对齐输出前 n 位,左边补以空格。如果 n>m,则 m 自动取 n 值
长度	h	表示按短整型量输出
	l	表示按长整型量输出
	L	表示按 long double 输出

例如:
  int i=1, j=−2;
  printf("％3d％3d\n", i, j);   输出:□□1□−2
  printf("％−3d％−3d\n", i, j);   输出:1□□−2□

printf("%+3d%+3d\n", i, j);	输出:□+1□-2
printf("%03d%03d\n", i, j);	输出:001-02
printf("%0+3d%0+3d\n", i, j);	输出:+01-02

double x=0.123, y=-0.456;	
printf("%f□%f\n", x, y);	输出:0.123000□-0.456000
printf("%+f□%+f\n", x, y);	输出:+0.123000□-0.456000
printf("%□f□%□f\n", x, y);	输出:□0.123000□-0.456000
printf("%8.3f□%8.3f\n", x, y);	输出:□□□0.123□□-0.456
printf("%08.3f□%08.3f\n", x, y);	输出:0000.123□-000.456
printf("%-08.3f□%08.3f\n", x, y);	输出:0.123□-000.456

char s[10]="aaaabbbbb";	
printf("%.5s\n", s);	输出:aaaaa
printf("%10.5s\n", s);	输出:□□□□□aaaaa
printf("%010.5s\n", s);	输出:00000aaaaa
printf("%-010.5s\n", s);	输出:aaaaa

2. 逻辑运算与条件语句

1)关系运算符与关系运算表达式

关系运算符指比较两个操作数大小的运算符,包括>(大于)、>=(大于等于)、<(小于)、<=(小于等于),以及相等性运算符==(判断二者相等)和!=(判断两者不等)。关系运算符均具有左结合性,关系运算符的优先级低于算术运算符,高于赋值运算符。在关系运算符中,>、>=、<、<=的优先级高于==和!=。

程序中用关系表达式比较两个表达式的大小关系,以决定程序下一步的工作。关系表达式的一般形式为:

  表达式1 关系运算符 表达式2

例如:

  x > y + z
  a <= 11/5
  'A' + 3 > 'C' (字符变量以它对应的ASCII码参与运算)
  j = = i + 1
  p + q ! = m - n

关系表达式的值是"真"或"假",由于C语言没有逻辑型数据,所以"真"和"假"分别用整数"1"和"0"表示。

由于关系表达式中关系运算符两侧的表达式也可以是关系表达式,因此允许出现关系运算的嵌套,对于含多个关系运算符的表达式,根据运算符的左结合性确定运算顺序。例如:

  i = 1; j = 2; k = 3;

```
printf("%d", i>0);        i>0 的值为真,故输出结果为 1
printf("%d", i= =j<k);    ;j<k 的值为真,等于 i 的值,故 i= =j<k 的值为真,
                          输出结果为 1
printf("%d", n=k>j>i);    关系运算符的优先级高于赋值预算,因此首先根据关系
                          运算的左结合性执行 k>j,其值为 1,再执行 1>i,其值
                          为 0,最后执行赋值操作,n 的值为 0
```

2) 逻辑运算符与逻辑表达式

如前所述,关系表达式实际是比较两个表达式的值的大小,将多个关系表达式或逻辑量通过逻辑运算符连接在一起,可以组合成更加复杂的条件,也就是所谓的逻辑表达式。C 语言提供三种逻辑运算符,它们的意义和运算规则示于表 10-8。

表 10-8 逻辑运算符

运算符	意义	表达式	运算规则
&&	逻辑与	a&&b	a、b 同时为真时 a&&b 结果为真,否则为假
||	逻辑或	a||b	a、b 之一为真时 a||b 结果为真,a、b 均为假时 a||b 为假
!	逻辑非	!a	a 为真时!a 为假,a 为假时!a 为真

逻辑运算符具有左结合性,逻辑非(!)的优先级高于逻辑与(&&)和逻辑或(||)。逻辑表达式的值同关系表达式一样,结果也是"真"或"假",分别用数值 1 或 0 表示。算术运算符、关系运算符和逻辑运算符的优先级如图 10-20 所示。

```
逻辑非(!)   算术运算符   关系运算符   逻辑与(&&)和逻辑或(||)
高 ←――――――――――――――――――――――――――――――― 低
                          优先级
```

图 10-20 运算符优先级

例如:

```
5>3 || 5<3
相当于(5>3)||(5<3)
5>3 成立,结果为真,5<3 不成立,结果为假,但整个表达式的值为 1
! 0 = =1>0 && 2 ! =5-1
相当于
((!0) = =(1>0))&&(2 ! =(5-1));
```

!0 的结果为 1,1>0 的结果为 1,所以(!0)= =(1>0)的结果为真;2!=(5-1)的结果为真,所以整个表达式的结果为真,即数值 1。

值得注意的是,C 语言在判断一个表达式的值为真或假时,所有非 0 的数值都判断为真,即数值 1;仅 0 值被判断为假,即数值 0。例如:

(1) a=10 时,由于 a 非 0,所以!a 的值为 0。

(2) a=10、b=20 时,a&&!(b-20)的值为 1。因为 a 为真,且!(b-20)也为真。

(3)9-！0！=8&&5+3||0==！3 的值为1。对于该表达式,先计算！0,其值为1,9-！8 的值为8,所以 9-！0！=8 的值为假(0);5+3 的结果为8非0为真,所以 9-！0！=8&&5+3 的值仍为假(0);0==！3 的结果为真,所以整个表达式的最终结果为真。

当 a、b 两个变量取不同值时,逻辑运算的计算结果汇总于表 10-9。

表 10-9 逻辑运算真值表

A	b	！a	！b	a&&b	a||b
0	0	1	1	0	0
非0	0	0	1	0	1
0	非0	1	0	0	1
非0	非0	0	0	1	1

进行逻辑计算时,还有几点需要注意的事项:

(1)逻辑表达式的求解过程中,不是所有的逻辑运算符都需要执行,不影响表达式结果的逻辑运算符不会被执行。例如:

对于表达式1 && 表达式2,如果表达式1的值为假,则整个表达式的结果肯定为假,此时无需再判断表达式2值的真假。

对于表达式1 || 表达式2,如果表达式1的值为真,则整个表达式的结果肯定为真,此时无需再判断表达式2值的真假。

对于上述两种情况,如果表达式2中涉及赋值等其他操作,是不会被执行的,这一点务必注意。例如:对于表达式 x && y || z=m>n,如果 x && y 的值为真(即 x、y 均为真),则整个表达式的结果肯定为真,此时不会根据 m 是否大于 n 而给 z 赋值1或者0,变量 z 会保持原值。

(2)逻辑运算符两侧参与运算的对象除了关系表达式和整型数以外,字符、实型和指针等其他类型的数据也可以参与逻辑运算,系统最终还是以0和非0来判断其值的真假。

例如,字符以其对应的 ASCII 编码参与逻辑运算:

′a′+2==′c′&&′g′>′f′ 表达式的结果为真,为数值1。

3)if 语句

if 语句属于流程的判断和控制语句,它的基本功能是根据一个表达式的结果为真(非0)或假(0)从而决定程序下一步如何执行。因此,这里的表达式不限于关系表达式或者逻辑表达式,可以是任意的数值类型。

C 语言一共提供了三种 if 语句:

(1)if(表达式)语句。其意义是当括号内的表达式结果为真时,执行后面的单条语句。

(2)if(表达式)语句1 else 语句2。其意义是当括号内的表达式结果为真时,执行语句1,否则执行语句2。此处的语句可以是单条语句,也可以是复合语句,如:

  if(表达式1)
    语句1;
  else

　　　　语句 2；
　或者
　if(表达式 1)
　{
　　……
　}
　else
　{
　　……
　}

(3)当判断条件的结构比较复杂时,可以在第二种 if 语句中的 else 后面嵌套新的 if 语句,这种嵌套结构可以一次列出多个条件实现多分支选择,但程序每次运行时最多只有一个条件成立。具体的形式如下：

　if(表达式 1)　　　　　　语句 1
　else if(表达式 2)　　　　语句 2
　……
　else if(表达式 n)　　　　语句 n
　else　　　　　　　　　　语句

对于这类多分支的嵌套结构,其逻辑是表达式 1 成立的时候执行语句 1,当表达式 1 不成立但表达式 2 成立的时候执行语句 2;依此类推,当表达式 1、表达式 2……均不成立但表达式 n 成立时,执行语句 n;当所有表达式均不成立时,执行最后一个 else 后面的语句。需要注意的是,这些语句既可以是单条语句,也可以是用花括号括起来的复合语句。

例 10-4　if-else 语句的嵌套

目前诊断肥胖症多采用理想体重的方法,标准体重计算公式如下：

　男性标准体重(kg)＝身高(cm)－100 再乘以 0.9
　女性标准体重(kg)＝身高(cm)－100 再乘以 0.85

肥胖症的判断如下：

　体重超过标准体重的 20％～30％者为轻度肥胖症；
　超过 30％～50％者为中度肥胖症；
　超过 50％以上者为高度肥胖症。

请编写程序诊断肥胖症。

```
#include <stdio.h>
main()
{
    int gender;
    float height, weight, stand_weight, over_weight;
    printf("please tell me your gender(male:1; female:0):\n");
    scanf("%d", &gender);   /* 从键盘上输入性别 */
```

```
    printf("please input your height(cm)and weight(kg):\n");
    scanf("%f %f",&height,&weight);/* 从键盘上输入身高和体重 */
    if(gender)stand_weight = (height - 100) * 0.90;
    else stand_weight = (height - 100) * 0.85;
    over_weight = weight / stand_weight - 1;
    if(over_weight < 0.2)printf("您体型苗条,令人羡慕~\n");
    else if(over_weight < 0.3)printf("您属于轻度肥胖,需要忆苦思甜~\n");
    else if(over_weight < 0.5)printf("您属于中度肥胖,需要节衣缩食~\n");
    else printf("您属于高度肥胖,请立即减肥!\n");
}
```

4) 条件运算符和条件表达式

对于上述第二种 if 语句,如果表达式成立或不成立时执行的语句是简单的赋值语句,可以用书写更为简洁的条件表达式来实现。条件表达式的一般形式为:

表达式1? 表达式2: 表达式3

其中? 和:组成条件运算符,它是一个三目运算符,也就是说有三个操作数参与条件运算。条件表达式的求值规则是根据表达式1的真假决定以表达式2或表达式3作为整个表达式的值,例如

min = a<b ? a:b

表示 a<b 时 min=a,否则 min=b,也就是说,把 a 和 b 两者的较小值赋给 min。如果用 if 语句改写,可以写作:

```
    if(a<b)min = a;
    else    min = b;
```

可以看出,条件表达式比 if 语句更为简洁紧凑。需要注意的是,条件运算符? 和:是一对运算符,不能分开单独使用。条件运算符的运算优先级高于赋值运算符,但低于关系运算符和算术运算符,结合方向是自右至左。

5) switch 语句

对于多分支的判断,虽然可以使用 if else 嵌套结构,但是分支较多的时候,嵌套的 if 语句层数过多,程序不够清晰。此时,可以使用 switch 语句实现多分支的选择结构。switch 语句的形式如下:

```
switch(表达式)
{
    case 常量表达式 1:语句 1; break;
    case 常量表达式 2:语句 2; break;
    ……
    case 常量表达式 n:语句 n; break;
    default:语句
```

}

其中每个 case 表示一个分支。switch 语句的执行过程是,当 switch 后面的表达式取值等于某个 case 语句后面的常量时,就执行该 case 段后面的语句。如果表达式的取值与所有 case 语句后面的常量均不匹配,就执行 default 后面的语句。每个 case 段后面的语句,都应该接上 break 语句以退出 switch 语句,否则会按顺序执行下一个 case 语句。最后一行 default 后面的语句可以不加 break。

(1)按照 ANSI C 标准,switch 后面的表达式和 case 后面的常量表达式可以是任何数据类型,常见的有整型、字符型和枚举类型。

(2)每个 case 后面的常量表达式,其值必须互不相同,否则会出现自相矛盾的情况。

(3)default 分支是可选的。

(4)每个 case 和 default 分支的顺序可以任意给定。

例 10-5 以整数为判断条件的 switch 语句

```c
#include <stdio.h>
main()
{
    int month;
    printf("please input an integer number(1~12):\n");
    scanf("%d", &month);
    switch(month)
    {
        case 1: printf("January\n"); break;
        case 2: printf("Febrary\n"); break;
        case 3: printf("March\n"); break;
        case 4: printf("April\n"); break;
        case 5: printf("May\n"); break;
        case 6: printf("June\n"); break;
        case 7: printf("July\n"); break;
        case 8: printf("August\n"); break;
        case 9: printf("September\n"); break;
        case 10: printf("October\n"); break;
        case 11: printf("Novermber\n"); break;
        case 12: printf("December\n"); break;
        default: printf("your input is out of 1~12\n");
    }
}
```

例 10-6 以字符作为判断条件的 switch 语句

```c
#include <stdio.h>
main()
```

```
    {
        float x, y;
        char op;/*代表x、y之间进行算术四则运算的+,-,*,/运算符*/
        printf("input expression:´x´´+,-,*,/´´y´\n");
        scanf("%f %c %f",&x, &op, &y);

        switch(op)
        {
            case´+´:printf("%f + %f = %f\n", x, y, x+y); break;
            case´-´:printf("%f - %f = %f\n", x, y, x-y); break;
            case´*´:printf("%f * %f = %f\n", x, y, x*y); break;
            case´/´:printf("%f / %f = %f\n", x, y, x/y); break;
            default:printf("input error\n");
        }
    }
```

3. 循环语句

循环是结构化程序设计的基本结构之一,它的功能是在给定条件成立时,反复按顺序执行一段程序。如果没有循环语句,用程序完成大量计算是难以想象的,因此循环语句在任何一种计算机语言中都是最为重要的结构之一。C语言提供了多种实现循环的方式,包括for语句、while语句和do-while语句等。

1) for语句

for语句是C语言中功能最强、使用最广泛的循环语句,它的一般形式为:

for(表达式1;表达式2;表达式3)语句

其中:

(1)表达式1通常用来给循环变量赋初值。如果for语句之前循环变量已经赋过初值,表达式1可以省略,但是表达式1后面的分号不能省略。

(2)表达式2通常是循环条件。表达式2可以省略,此时表达式2后面的分号同样不能省略;

(3)表达式3通常用来修改循环变量,表达式3也可以省略;

(4)循环要执行的语句可以是单条语句,也可以是用花括号括起来的复合语句。

当省略表达式2和(或)表达式3时,循环将无限制地进行下去,此时可由循环当中的goto语句或break语句退出循环。表达式1和表达式3一般是简单的表达式,如赋值或自增、自减运算,也可以用逗号表达式的形式将一个以上的简单表达式连接在一起。

for语句的执行方式为:

(1)根据表达式1计算循环变量的初值。

(2)计算表达式2,如果其值为真(非0)则执行循环体语句一次。如果其值为假(0),则结束循环。

(3)计算表达式3,然后转到步骤2)继续执行。

在使用 for 语句时,不能在循环体内修改循环变量,否则将导致错误。以下给出几个 for 语句的例子:

①for(i=0; i<100;i++)语句

该语句先给循环变量 i 赋初值 1,然后判断 i 是否小于 100。若是则执行语句,之后 i 值加 1。若 i>=100,则结束循环。

②for(i=100; i>=0;i-=2)语句

先给循环变量 i 赋初值 100,然后判断 i 是否大于 0。若是则执行循环体语句,之后 i 值减 1。若 i<0,则结束循环。

③for(i=0;;i+=2)语句

先给循环变量 i 赋初值 0,执行语句后 i 值加 2,反复执行循环体语句。

④for(;;)语句

反复执行循环体语句。

例 10-7 用 for 语句计算 1+2+3+…+100 的值。

```
#include <stdio.h>
main()
{
    int i, sum;
    sum = 0;
    for(i = 1; i <= 100; i++)sum += i;
    printf("1 + 2 + ... + 100 = %d\n", sum);
}
```

例 10-8 连续输出 n 以内 5 的倍数。

```
#include <stdio.h>
main()
{
    int i, m, n;
    scanf("%d", &n);
    for(m = 1, i = 1; i <= n/5; i++, m++)
        printf("%d\n", m * 5);
}
```

本例中,表达式 1 和表达式 3 均使用了逗号表达式,分别包含了两个赋值表达式和两个自增运算。此例中的 for 语句也可以采用如下的表达式:

```
for(i = 1; i <= n; i++)
    if(i%5 == 0)printf("%d\n", i);
```

2) while 语句

while 语句实现循环的方式为:

while(表达式)语句

while 语句的特点是先判断表达式,当表达式的值为真(非 0)时,执行循环体语句。也就是说,循环体语句有可能一次都不执行。

例 10-9 用 while 语句计算 $1+2+3+\cdots+100$ 的值。

```
#include <stdio.h>
main()
{
    int i, sum;
    i = sum = 0;
    while(i <= 100)
    {
        sum += i;
        i++;
    }
    printf("1+2+...+100 = %d\n", sum);
}
```

3) do-while 语句

do-while 语句实现循环的方式为:

```
do
    语句
while(表达式);
```

do-while 语句的特点是先执行循环体语句,然后判断表达式,当表达式的值为假时,结束循环。do-while 语句与 while 语句的最大区别在于,循环体语句至少执行一次。需要注意的是,表达式后面分号不能省略。

例 10-10 用 do-while 语句计算 $1+2+3+\cdots+100$ 的值。

```
#include <stdio.h>
main()
{
    int i, sum;
    i = sum = 0;
    do
    {
        sum += i;
        i++;
    } while(i <= 100);  /*请注意判断条件必须加括号*/
    printf("1+2+...+100 = %d\n", sum);
}
```

4)循环语句的嵌套

上述三种循环语句均可以互相嵌套,实现多重循环。

例 10-11 输出九九乘法表。

```c
#include <stdio.h>
main()
{
    int i, j;
    for(i = 1; i <= 9; i++)
    {
        for(j = 1; j <= i; j++)
            printf("%d * %d = %d", i, j, i*j);
        printf("\n");
    }
}
```

程序输出结果如下:

```
1 * 1 = 1
2 * 1 = 2  2 * 2 = 4
3 * 1 = 3  3 * 2 = 6  3 * 3 = 9
4 * 1 = 4  4 * 2 = 8  4 * 3 = 12  4 * 4 = 16
5 * 1 = 5  5 * 2 = 10  5 * 3 = 15  5 * 4 = 20  5 * 5 = 25
6 * 1 = 6  6 * 2 = 12  6 * 3 = 18  6 * 4 = 24  6 * 5 = 30  6 * 6 = 36
7 * 1 = 7  7 * 2 = 14  7 * 3 = 21  7 * 4 = 28  7 * 5 = 35  7 * 6 = 42  7 * 7 = 49
8 * 1 = 8  8 * 2 = 16  8 * 3 = 24  8 * 4 = 32  8 * 5 = 40  8 * 6 = 48  8 * 7 = 56  8 * 8 = 64
9 * 1 = 9  9 * 2 = 18  9 * 3 = 27  9 * 4 = 36  9 * 5 = 45  9 * 6 = 54  9 * 7 = 63  9 * 8 = 72  9 * 9 = 81
```

4. goto,break 与 continue 语句

1) goto 语句

goto 语句用来实现无条件跳转,从一条语句转移到另一条语句。其格式为

goto 语句标签;

其中语句标签不能是整数,而必须服从变量命名规则,由字母、数字和下划线组成,后面加上冒号。例如:

goto quit;

……

quit:

goto 语句应该谨慎使用,否则将导致程序的可读性变差。当用于多重循环时,可以用 goto 语句直接退出深层嵌套的循环。

2) break 语句

break 语句一般用于循环语句和 switch 语句,表示跳出本次循环或 switch 结构。对于多

重循环，break 用来结束本层循环。

例 10-12 用 break 语句输出九九乘法表。

```
#include <stdio.h>
main()
{
    int i,j;
    for(i=1;i<=9;i++)
    {
        for(j=1;j<=9;j++)
        {
            printf("%d*%d=%d",i,j,i*j);
            if(j>=i)break;
        }
        printf("\n");
    }
}
```

本例中，每当 j≥i 时，使用 break 语句结束内循环，得到与例 10-11 同样的输出结果。

3) continue 语句

continue 语句用于循环语句时，表示结束本次循环，即跳过循环体内 continue 之后的所有语句，直接返回循环的判断条件，判断下一次循环是否进行。

例 10-13 用 continue 语句输出九九乘法表。

```
#include <stdio.h>
main()
{
    int i,j;
    for(i=1;i<=9;i++)
    {
        for(j=1;j<=9;j++)
        {
            if(j>i)continue;
            printf("%d*%d=%d",i,j,i*j);
        }
        printf("\n");
    }
}
```

本例中，每当 j>i 时，使用 continue 语句跳过后面的输出语句，同样可以得到与例 10-11 相同的输出结果。

10.4 指针与数组

1. 指针

1) 指针的基本概念

指针是 C 语言中最为重要的概念之一,也是 C 不可能被其他语言完全替代的重要原因。一方面,指针的功能非常强大,可以很容易地实现链表、树等各种数据结构,正确规范地使用指针可以使程序简洁精练、灵活高效;另一方面,指针的理解和使用较为困难,指针的灵活性也会导致风险,并且这类错误通常都非常难以发现,必须经过大量的练习才能有效地掌握。

指针存放的是变量的地址,要理解指针,首先要知道什么是地址。计算机的主存储器以字节为编址单位,每个字节都有一个内存的实际地址(物理地址)与其对应,程序的指令、常量和变量等都要存放在计算机的内存中。8086CPU 有 20 根地址线,它可以直接寻址的最大内存空间是 2 的 20 次方(1MB),0x00000 到 0xFFFFF(0x 表示十六进制)。386CPU 出来之后,采用了 32 根地址线,直接寻址的最大内存空间增加到 2 的 32 次方(4G),即 0x00000000 到 0xFFFFFFFF。64 位机的寻址空间可以达到 2 的 64 次方,4G×4G。但是,用户程序中一般不直接对物理地址进行操作,否则一旦用户程序在使用指针变量的过程中修改了系统程序或其他的用户程序,往往会引起灾难性的后果。当前的系统多在保护模式下运行,对于程序员来说,程序中使用的是逻辑地址。

所谓逻辑地址是相对于某个应用程序而言的。当执行一个编译好的可执行程序(产生一个进程)时,系统分配给该进程的入口地址可以理解为逻辑地址的起始地址,程序中用到的相关变量、数据或者代码相对于这个起始地址的位置(由编译器分配),就构成了我们所说的逻辑地址。因此,逻辑地址也称为虚拟地址,它与实际物理内存容量无关,从虚拟地址到物理地址的转化方法是与体系结构相关的。使用了逻辑地址的概念以后,用户程序不能直接访问物理内存地址,程序内部的地址由操作系统负责转化为物理地址去访问,这样就实现了对系统进程的有效保护。有关物理地址、逻辑地址等的更深入知识不属于本书范围,可以参考有关操作系统教程。

这样一来,在程序中并不需要知道变量在内存中的具体存储地址,变量名、函数名等代表了其逻辑地址。也就是说,在程序中对变量、函数等的存取操作,实际上就是针对某个逻辑地址对应的存储单元进行操作。这种按变量名(即变量的地址)直接存取变量值的方式称为直接存取方式。

在 C 语言中,变量的逻辑内存地址可以用指针这种特殊的变量来存储。如前所述,指针变量里面存储的数值(地址)实际上就是逻辑地址,它是相对于当前进程数据段的地址,不和绝对物理地址相干。

假定某一程序定义了一个整型变量 i,其值为 1:

    int i = 1;

按照 ANSI C 的规定,其意义是在逻辑内存中用若干个连续的字节存放 1 这个数值(具体字节数由编译器规定,32 位系统用 4 个字节存放)。对于直接存取方式,我们无需知道这些地址,利用变量名 i 就可以对内存中的内容进行存取。

当需要知道变量 i 的逻辑地址时,可以用 C 语言提供的取地址操作:

&i

获得变量 i 在内存中首个字节的地址。

除了直接存取方式以外,C 语言还提供了用指针这种特殊的变量进行内存存取的间接存储方式,具体做法是将变量 i 的地址存放在一个指针变量 p 中,通过 p 中存放的地址查找到 i 变量并对其进行存取操作,这种间接存储方式示于图 10-21。图中整型变量 i 的值为 1,存放在以 0x0022FF08 为起始地址的 4 个字节中。当把这个地址本身存放在一个指针变量 p 内时,指针变量 p 就指向了 i,也就是就建立起了 p 和 i 之间的联系。在 32 位平台里,指针变量同样占据 4 个字节的长度。上例中,指针变量 p 在所在内存空间的地址为 0x0022FEDC。

图 10-21 指针与间接存取

因此,一个指针实际涉及如下几方面内容:

(1)指针的类型。把指针声明语句里的指针名字去掉,剩下的部分就是这个指针的类型,也就是指针本身所具有的类型。

(2)指针所指向的类型。通过指针来访问指针所指向的内存区时,指针所指向的类型决定了编译器将把那片内存区里的内容当做什么来看待。把指针声明语句中的指针名字和名字左边的指针声明符 * 去掉,剩下的就是指针所指向的类型。

(3)指针的值或者指针所指向的内存。指针所指向的内存区就是从指针的值所代表的那个内存地址开始,长度为 sizeof(指针所指向的类型)的一片内存区。以后,我们说一个指针的值是 XX,就相当于说该指针指向了以 XX 为首地址的一片内存区域。

(4)指针本身所占据的内存。在 32 位平台里,指针本身占据 4 个字节的长度,可用函数

sizeof(指针的类型)

测一下就知道了。

综上所述,指针变量存放的是逻辑地址,它是 C 语言中一个专门的数据类型,使用前必须定义。指针变量的一般形式为:

数据类型 * 标识符

其中:

(1)标识符代表指针变量的名字,必须按照符合 C 语言对标识符命名的规定。标识符前面的"*"表示该变量为指针变量。严格地说,一个指针是一个地址,因此是一个常量。而一个指针变量可以被赋予不同的指针值(地址),是一个变量。但经常把指针变量简称为指针。

(2)一个指针变量只能指向同类型的变量,数据类型定义了指针变量的类型及其所指向的变量的类型。例如,int * 表示指向整型变量的指针,double * 代表指向双精度实型变量的指针。但是,不管指向什么类型,指针里面存放的都是地址。

(3) 指针变量与其所指向的变量之间的关系可用如下例子说明：

  int i, * p;

声明了一个整型变量 i 和一个指向整型变量的指针变量 p。p 只能指向整型变量，* p 代表 p 所指向的变量。

  p = &i;

使用取地址运算符"&"可以得到变量 i 的地址，并将其赋给指针变量 p，也就是将 p 指向 i，通过存放在 p 中的 i 的地址可以对 i 进行操作。由于 * p 表示 p 所指向的内容，因此 * p 和 i 可以认为是等价的。

(4) 指针也可以由 const 声明为常量，此时应注意如下区别：

  int const * p;

声明了一个指向整型常量的指针 p。此时可以修改指针的值，但不能修改它所指向的整型常量的值；

  int * const p;

声明了一个指向整型变量的指针常量 p。此时不可以修改指针的值，但可以修改它所指向的整型变量的值；

  int const * const p;

声明了一个指向整型常量的指针常量 p。此时既不可以修改指针的值，也不可以修改它所指向的整型变量的值。

例 10 - 14 指针常量

```c
#include <stdio.h>
int main()
{
    float const pi = 3.14;
    const float e = 2.72;
    float const * p;
    float * const q = &e;
    float const * const r = &pi;
    p = &pi;
    * p = 3.14159265;/ * wrong * /
    printf("%p, %f\n", p, * p);
    q = &e;/ * wrong * /
    * q = 2.71828;
    printf("%p, %f\n", q, * q);
    r = &e;/ * wrong * /
```

```
* r = 3.14159265;/* wrong */
printf("%p, %f\n", r, *r);
return 0;
}
```

2) 指针运算符 * 和取地址运算符 &

在定义指针变量时，* 表示其后的标识符为指针变量。当指针指向某一个变量时，* 运算表示通过指针变量存储的地址间接访问指针指向的变量，此时 * 称作间接寻址或间接引用运算符。

& 则表示变量的地址。在 C 语言中，变量的地址是由编译系统分配的，除了特殊需要以外，用户无需知道变量的具体地址，通过取地址运算符 & 得到变量的地址。例如，在 scanf 函数中，待输入的变量前面必须加 & 运算符，表示将键入的值存放于其地址。& 运算符只能应用于内存中的对象，如变量和数组元素，不能应用于表达式和常量。

* 和 & 运算的优先级相同，均具有从右至左的结合性。对于 p＝&i，通过下面的例子可以更好地理解 * 和 & 运算：

  * &i;

按照从右至左的结合性，先计算 &i，得到 i 变量的地址。* 运算表示取出后面变量地址中的内容，因此 * &i 等价于 i 变量。

  & * p;

按照从右至左的结合性，相当于取 * p 的地址，而 * p 与 i 等价，因此 & * p 相当于 &i。

  p＋＋(p－－)

指针变量的加减不是简单的加减一个整数，而是将指针变量的地址增加或减少它所指向的变量所占用的字节数。例如，对于整型和单精度浮点数，其存储在 32 位平台上需要 4 个字节，此时 p＋＋相当于 p＋＝4；对于字符型，其存储需要 1 个字节，此时 p＋＋相当于 p＋＝1；对于双精度实行，其存储需要 8 个字节，此时 p＋＋相当于 p＋＝8。这样才能保证 * (p＋＋) 指向下一个数据，而不是 p 本身的第二个字节。需要指出的是，上述过程是由系统自动完成的，所有的指针都会自动考虑它所指向对象的长度。

  (* p)＋＋   * p 与 i 等价，相当于 i＋＋。
  * p＋＋   注意＋＋运算具有较高优先级，此时相当于先进行 p＋＋运算，得到一个新地址，然后取其值。

3) 指针变量的赋值与初始化

指针变量的赋值运算一般有以下三种形式。

(1) 把一个变量的地址赋予指向与其数据类型相同的指针变量。例如：

  float x, * p;声明一个 float 类型的变量 x 和一个指向 float 类型的指针变量 p；
  p = &x;把 float 型变量 x 的地址赋予 float 型指针变量 p。

(2)把一个指针变量的值赋予指向相同类型变量的另一个指针变量。例如：

  char s;声明一个字符型变量；

  char * p1, * p2;定义两个指向字符型变量的指针；

  p1 = &s;把 char 型变量 s 的地址赋予 char 型指针变量 p；

  p2 = p1;把 p1 的值(地址)赋予 p2。

(3)声明指针变量的同时初始化。例如：

  double y, * p = &y;

声明了一个 double 类型的变量 y 和一个指向 double 类型的指针变量 p，并将 p 指向 y，也就是把 y 的地址赋给 p。

请注意，不要给未进行初始化的指针直接赋值，否则会引起错误。例如：

  double y, * p;

  * p = 1.0;

本例的错误在于，p 未经初始化，所以不知道它指向哪里，无法赋值。

(4)NULL 指针。对于外部或静态指针变量，如果声明的同时没有初始化，则指针变量被初始化 0。此时指针不指向任何有效数据，有时也称指针为空指针(NULL 指针)。除了初始化以外，要使指针变量为 NULL，可以给它赋一个 0 值。与 0 值进行比较也可以测试指针变量是否为 NULL。

对指针变量不赋值不同于赋 0 值。如果指针变量未赋值，说明它尚未指向任何变量或内存地址，不能使用，否则将造成意外错误。当指针变量赋为 0 值后，可以使用，但它没有指向任何具体的变量。

4)指向指针的指针

当声明一个指针并指向某个变量后，这个指针就存储了该变量地址。如前所述，这个指针本身由 4 个字节存储，它同样有自身的地址，如图 10 - 19 中的 0x0022FEDC，它代表了指针变量 p 的地址。由此容易想到，能否定义一个变量，它存储某个指针变量的地址？答案是肯定的，这就是所谓指向指针的指针，其声明方式如下：

  数据类型名 ** 变量名

其中，** 表示后面的变量是一个指向指针的指针，它本身与其指向的指针具有同一数据类型。指向指针的指针可以按如下方式使用：

  int i;

  int * p = &i;

声明一个指向整型变量的指针变量 p，并指向整型变量 i；

  int ** pp = &p;

声明一个指向整型指针的整型指针 pp，并指向整型指针 p，也就是存放了 p 的地址。此时，* pp 代表 p 变量的值，也就是 i 的地址，** pp 相当于 * (* pp)，也就是间接访问 i 的地址并取得 i 的值。

以下我们用一个实际的例子来说明如何用指针变量查看内存的分配情况。

例 10-15 用指针变量查看内存分配。

```c
#include <stdio.h>
int main()
{
    int i = 1, j = -2, k = 3;
    float x = 0.123, y = -0.456;
    char s[26] = "abcdefghijklmnopqrstuvwxyz";

    /*声明一个字符型指针变量,它指向的字符数据类型仅占1个字节*/
    unsigned char * p;

    printf("%p,%p,%p\n", &i, &j, &k);
    printf("%p,%p\n", &x, &y);
    for(i = 0; i < 26; i++) printf("%p,%c\n", &s[i], s[i]);

    p = (unsigned char *)(&i); /*将整型变量指针显示转换为字符型指针*/
    printf("%p,%x\n", p, *p); /*查看变量 i 每个字节的内容*/
    printf("%p,%x\n", p+1, *(p+1));
    printf("%p,%x\n", p+2, *(p+2));
    printf("%p,%x\n", p+3, *(p+3));

    return 0;
}
```

例 10-15 中,声明了 3 个整型变量 i,j,k,2 个单精度实型变量 x,y 和 1 个字符串数组 s 并进行了初始化。在 printf 语句中,通过输出变量地址的格式字符%p,可以输出这些变量的地址(以十六进制表示)。

前文中提到,指针变量的加减不是简单的加减一个整数,而是将指针变量的地址增加或减少它所指向的变量所占用的字节数。为了输出变量每个字节的内容,可以声明一个字符型指针 p。由于字符型数据只占 1 个存储字节,当 p 指向某个变量的首地址时,p+1 就代表这个变量第 2 个字节的地址。

程序在 Windows Vista+Intel 系统下运行,结果示于表 10-10。从中可以看出,X86 平台下的内存分配顺序是从高地址内存到低地址内存,一个变量的地址是由它所占内存空间中的最低位地址表示的。例如,整型变量 i,j,k 的地址分别是 0022FF08,0022FF04 和 0022FF00,其值分别是 1,-2,3。

表 10-10 一个 Intel cpu 的内存分配例子

地址(&)	变量名	值(*)	二进制	地址(&)	变量名	值(*)	二进制
0022FF0B			00000000	0022FEFF			00111101
0022FF0A	←i	1	00000000	0022FEFE	←x	0.123	11111011
0022FF09			00000000	0022FEFD			11100111
0022FF08			00000001	0022FEFC			01101101
0022FF07			11111111	0022FEFA			10111110
0022FF06	←j	-2	11111111	0022FEFB	←y	-0.456	11101001
0022FF05			11111111	0022FEF9			01111000
0022FF04			11111110	0022FEF8			11010101
0022FF03			00000000	0022FEF7	s[25]	'z'(122)	01111010
0022FF02	←k	3	00000000	0022FEF6	s[24]	'y'(121)	01111001
0022FF01			00000000			...	
0022FF00			00000011	0022FEDE	s[0]	'a'(97)	01100001

2. 数组

1）数组的基本概念

所谓数组就是指具有相同数据类型的有序数据的集合，用统一的数组名和下标引用数组中的每个特定元素。数据类型可以是 C 语言提供的各种基本数据类型，也可以是结构体、联合体等构造类型。数组由一段连续的存贮地址构成，最低的地址对应于第一个数组元素，最高的地址对应最后一个数组元素。数组可以是一维的，也可以是多维的。

数组的说明格式是：

类型 数组名[第 n 维长度][第 n-1 维长度]…[第 1 维长度]；

其中，类型是指数组元素的数据类型，包括整数型、实数型、字符型、指针型，或者结构体和联合体等。数组名需要按照标识符的命名规则来命名，成员的引用由"[]"完成。每一维的长度，可以是常数，也可以是常量表达式。

例如：
int a[10];   声明了一个具有 10 个整型数元素的数组 a；
unsigned long b[20]; 声明了一个具有 20 个长整型元素的数组 b；
float x[10][10];   声明了一个 10×10 的二维单精度实数型数组 x；
double y[5][5][5]; 声明了一个 5×5×5 的三维双精度实数型数组 y；
char s[10];   声明了一个能容纳 5 个字符的字符数组 s；

说明：

（1）数组以 0 作为第一个元素的下标。例如，当定义一个 int a[10] 的整型数组时，表明该数组共有 10 个整型变量元素：a[0]~a[9]。

（2）数组必须先定义，后使用。不能像 Fortran 一次引用整个数组，必须逐个引用数组元素。引用时，下标可以是整型变量或者整型表达式。例如：

【错误】　　　　　　　　　【正确】
　int a[10];　　　　　　　int a[10],i;
　a=5;　　　　　　　　　for(i=0;i<10;i++)a[i]=5;

(3)C语言对数组不作越界检查。
(4)多维数组行主存储,即最右边的下标变化最快。
(5)C语言不允许使用动态数组,因此常量表达式中仅能使用常量和符号常量,不能包含变量。

2)数组元素的初始化

给数组赋值的方法除了用赋值语句对数组元素逐个赋值外,还可采用数组初始化赋值方法,即在数组说明时给数组元素赋予初值。数组初始化在编译阶段进行,可以减少运行时间,提高效率。需要注意的是,无论用何种方式创建数组,都必须赋初值,即使是赋零值也不可省略。

初始化赋值的一般形式为：

　　static 类型说明符 数组名[常量表达式]={值,值,…,值};

其中 static 表示是静态存储类型,C 语言规定只有静态存储数组和外部存储数组才可作初始化赋值(有关静态存储和外部存储的概念在函数部分介绍)。在{ }中的各数据值即为各元素的初值,各值之间用逗号间隔。例如：

　　static float x[5]={ 0.1, 0.2, 0.3, 0.4, 0.5 };
　　相当于 x[0]=0.1;x[1]=0.2...x[5]=0.5;

C 语言对数组的初始赋值还有以下几点规定：

(1)可被初始化但未赋初值的数组,其初值默认为 0。
(2)当{ }中值的个数少于数组的元素个数时,只按顺序给前面部分元素赋值。例如：

　　static int a[10]={0, 1, 2, 3, 4};

表示只给 a[0]~a[4]5 个元素赋值,而后 5 个元素自动赋 0 值。
(3)不能对数组进行整体赋值。例如给 5 个元素全部赋同样的值,只能写为：

　　static int a[10]={1, 1, 1, 1, 1, 1, 1, 1, 1, 1};

而不能写为：static int a[10]=1;
(4)对于**多维数组**,可以按照行主存储顺序给数组元素赋值,例如：

　　static int a[2][2]={0, 1, 2, 3};

表示 a[0][0]=0,a[0][1]=1,a[1][0]=2,a[1][1]=3。
也可以分行给多维数组赋初值,如：

　　static int a[2][3]={{1, 2, 3},{4, 5, 6}};

还可以只对部分元素赋值,如：

　　static int a[3][3]={{1}, {0, 2}, {0, 0, 3}};

它的作用是将对角线的三个元素分别赋了初值 1,2,3,其余元素为 0 值。

(5) 如果对数组的全部元素赋值,则在一维数组的说明中可以不给出数组元素的个数。例如:

  static int a[5] = {1, 2, 3, 4, 5};

可写为:

  static int a[] = {1, 2, 3, 4, 5};

对于多维数组,第一维的长度可以不指定,但后面各维的长度不能省。如:

  static int a[][2] = {1, 2, 3, 4};

系统可从数据数量推断第一维的长度为 2,即共 2 行数据。

例 10-16 打印 5 行杨辉三角形。

```c
#include <stdio.h>
#define N 5

int main()
{
    int i, j, a[N][N];
    for(i = 0; i<N; i++)
    {
        a[i][0] = 1;
        a[i][i] = 1;
    }
    for(i = 2; i<N; i++)
        for(j = 1; j<i; j++)
            a[i][j] = a[i-1][j-1] + a[i-1][j];
    for(i = 0; i<N; i++)
    {
        for(j = 0; j<=i; j++)
            printf("%4d",a[i][j]);
        printf("\n");
    }
    return 0;
}
```

输出结果为:

  1
  1 1
  1 2 1
  1 3 3 1
  1 4 6 4 1

3) 指针与数组

C 语言中,数组与指针之间关系密切,二者在许多场合可以相互替换使用,例如通过数组下标所能完成的任何操作都可以通过指针来实现。这容易让人产生一种错觉,以为两者是等价的,但实际上,二者并不完全等价。

数组是相同类型元素在内存中的有序排列。根据 C 语言的定义,数组类型的变量(即数组名)是该数组第 0 个元素的内存地址,因此,对于一个数组 a[10],a 和 &a[0] 的值是一样的,都存放了 a[0] 这个元素的内存地址。假设该数组为整型,如果定义一个与该数组同样数据类型的指针

```
int * p;
```

那么无论指向该数组

```
p = a;
```

还是指向该数组的第一个元素

```
p = &a[0];
```

* p 均引用数组元素 a[0] 的值。

当 p 指向数组中间的某个元素时,无论数组 a 中的元素为什么类型,根据指针运算的定义,p+i 和 p-i 将分别指向该元素之后或之前的第 i 个元素。同理,&a[i] 和 p+i 也具有相同的含义,都表示数组中第 i 个元素的地址。

如果 p 指向数组名或者数组的第一个元素,*(p+1) 将引用数组元素 a[1] 的内容,*(p+i) 将引用数组元素 a[i] 的内容。由于此时指针变量 p 和数组名 a 都表示数组第一个元素的地址,*(p+i) 也可以写作 *(a+i),也就是说,对数组元素 a[i] 的引用也可以写成 *(a+i) 的形式,&a[i] 和 a+i 的含义也是相同的,都表示 a[i] 的地址。指针变量和数组元素的关系如图 10-22 所示。

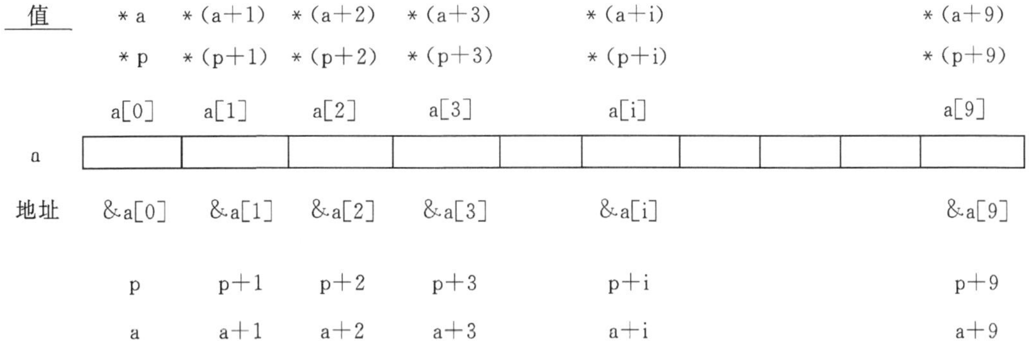

值	*a	*(a+1)	*(a+2)	*(a+3)	*(a+i)	*(a+9)
	*p	*(p+1)	*(p+2)	*(p+3)	*(p+i)	*(p+9)
	a[0]	a[1]	a[2]	a[3]	a[i]	a[9]
a						
地址	&a[0]	&a[1]	&a[2]	&a[3]	&a[i]	&a[9]
	p	p+1	p+2	p+3	p+i	p+9
	a	a+1	a+2	a+3	a+i	a+9

图 10-22 指针变量与数组元素的对应关系

例 10-17 找出数组中的最大值并记录其位置。

```
#include <stdio.h>
#define N 5

int main()
{
    int a[N] = {1, 9, 4, 3, 8};
    int i, *p;
    p = a;
    for(i = 1; i < N; i++)
        if(a[i] > *p) p = &a[i];
    printf("a[%d] is the maximum is: %d\n", p-a, *p);

    return 0;
}
```

本例中,先将指针变量 p 指向数组的首地址,然后从数组第二个元素开始,不断与 *p 比较,将 p 指向二者中的大值所对应的地址。循环一遍后就可以得到该数组的最大值,此时 p−a 就是该值对应的数组元素下标。

对于多维数组元素的指针引用形式,情形比较复杂。由于本身的特性所限,C 语言中所谓的多维数组,实际是数组的数组,就是说上一维把下一维看做下一级数组,引用某个元素时需要层层嵌套。例如,对于三维数组:

    int a[2][3][4];

可以理解为:

a 是一个数组名,a 数组包含 2 个元素:a[0] 和 a[1]。这 2 个元素分别是包含 3 个元素的数组,以 a[0] 为例,它包含 a[0][0],a[0][1] 和 a[0][2] 等 3 个元素。同时,这些元素又分别是包含 4 个元素的数组,以 a[0][0] 为例,它包含 a[0][0][0],a[0][0][1]、a[0][0][2] 和 a[0][0][3] 等 4 个元素。

访问元素 a[1][2][3] 的过程如下:

(1) 计算第一维元素 1 的地址,也就是 a+1,它的值就是它所代表的那个下一层二维数组的首地址。

(2) 计算第二维元素 2 的地址,也就是 *(a+1)+2,其值也是它所代表的那个下一层一维数组的首地址。

(3) 计算第三维元素 3 的地址,也就是 *(*(a+1)+2)+3,由于已经到达最后一维,这个地址中的值就是元素 a[1][2][3] 的值,所以

    a[1][2][3] 可以等价为:*(*(*(a+1)+2)+3)

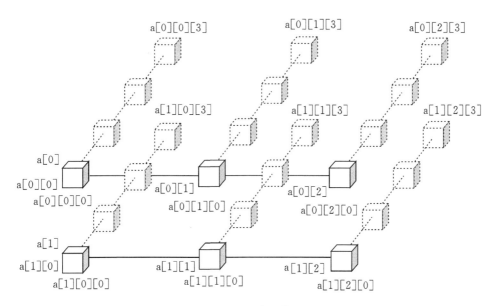

图 10-23 多维数组

有关数组名与指针的区别在于：

(1) 一个数组，需要一块内存来存放其元素，数组名则是这块内存的首地址。因此，数组名是一个不可修改的地址常量，可被赋予某指针变量；指针是一个用来存放地址的变量，因此，可以将数组名赋予某指针变量，语句 p=a 是合法的。

(2) 数组名与数组首个元素取地址得到的值相同，都是数组首个元素的地址，但是二者的类型不同，不能直接等价。

对于一维数组 int a[10]：

a 表示数组 a 的数组首地址，sizeof(a) 的结果是 $10 \times sizeof(int)$；

&a[0] 仅仅表示元素 a[0] 的地址，sizeof(&a[0]) 的结果是 4。

对于多维数组 int a[4][5][6]：

a 表示数组 a 的数组首地址，sizeof(a) 的结果是 $4 \times 5 \times 6 \times sizeof(int)$；

a[0] 表示 a[0] 所在的下一层二维数组的首地址，sizeof(a[0]) 的结果是 $5 \times 6 \times sizeof(int)$；

a[0][0] 是 a[0] 的下一层一维数组的首地址，sizeof(a[0][0]) 的结果是 $9 \times sizeof(int)$；

a[0][0][0] 是第一个元素，sizeofa(a[0][0][0]) 的结果是 sizeof(int)；

而 a，&a[0]，&a[0][0]，&a[0][0][0] 表示的地址值，都是元素 a[0][0][0] 的地址。

例 10-18 指针与多维数组。

```
#include <stdio.h>
#include <stdlib.h>

int main()
{
    int a[5] = {1, 2, 3, 4, 5};
```

```
    int b[2][3][4] = {1,2,3,4,5,6,7,8,9,10,11,12,13,14,15,16,17,18, 19,
20,21,22,23,24};
    int i, j, k;
    printf("memory address of a is: %p %p\n", a, &a[0]);
    printf("value at memory address %p is %d\n", a, *a);
    for(i = 0;i<5;i + +)
    printf("value at memory location %p(%p)is %d(%d)\n", &a[i], a + i, a
[i], *(a + i));
    getch();
    printf("--------------------------------------\n");
    printf("memory address of b is: %p %p %p %p\n",
        b, &b[0], &b[0][0], &b[0][0][0]);
    for(i = 0;i<2;i + +)
       for(j = 0;j<3;j + +)
          for(k = 0;k<4;k + +)
             printf("value at memory location %p is %d(%d)\n",
                &b[i][j][k], b[i][j][k], *(*(*(b + i) + j) + k));
    return 0;
}
```

例 10 - 19 指针与数组。

```
#include <stdio.h>
#define N 10

int main()
{
    int a[] = {1, 2, 3, 4, 5, 6, 7, 8, 9, 10};
    int i, j, temp;
    i = 0; j = N - 1;
    while(i<N/2)
    {
        temp = *(a + i);
        *(a + i) = *(a + j);
        *(a + j) = temp;
        i + +; j - -;
    }
    for(i = 0; i<N; i + +)printf("%3d", *(a + i));
    return 0;
}
```

输出结果：

10 9 8 7 6 5 4 3 2 1

4）指针数组

指针本身就是一种数据类型，因此也可以像其他变量一样，将多个指针变量放在一起组成指针数组。数组中的每个元素都是指针变量，根据数组的定义，指针数组中每个元素都为指向同一数据类型的指针。指针数组的重要优点在于，数组的每个元素可以指向不固定元素个数的数组，也就是说，数组的每一行长度可以不同。例如：

  int * p[10];

表示 p 是一个具有 10 个元素的一维数组，其中数组的每个元素 p[i] 都是一个指向整型变量的指针。p[i] 可以指向 20 个整型变量组成的数组，也可以指向具有 2 个整型变量的数组，甚至可以不指向任何数组。

  char * str[10];

表示 str 是一个具有 10 个元素的一维数组，其中数组的每个元素都是一个指向字符类型的指针。也就是说，str[i] 是一个字符指针，而 *str[i] 是该指针指向的第 i 个字符串的首字符。

指针数组和一般数组一样，允许指针数组在定义时初始化，但由于指针数组的每个元素是指针变量，它只能存放地址，所以对指向字符串的指针数组在说明赋初值时，是把存放字符串的首地址赋给指针数组的对应元素。

例 10 - 20 指针数组。

```
#include <stdio.h>
#include <stdlib.h>

int main()
{
    char * s[] = {"Monday","Tuesday","Wednesday","Thursday","Friday", "Satur-
                day","Sunday"};
    char ** q;
    int k;

    printf("q * q( % % p)&s[k] * q( % % s) ** q\n");
    printf("-------------------------------------\n");

    for(k = 0;k<7;k + +)
    {
        q = s + k;/ ** q = s[k]; */
        printf("%p", q);/ * 输出 s[k]元素的地址 */

        / * 输出 s[k]元素的值,也就是第 k 个字符串的首地址 */
```

```
            printf("%p %p", *q, &s[k]);

            printf("%10s", *q);/*输出以s[k]为首地址的第k个字符串*/
            printf("%c\n", **q);
        }
        return 0;
    }
```

本例声明了一个字符型的指针数组,每个元素都是一个字符串的首地址,也就是该字符串第一个字符的地址,这样的定义可以使得数组每个元素指向长度不同的字符串。与此同时,声明了一个指向指针的指针变量q,通过循环,使得q依次获得指针数组中每个元素的地址,此时,q代表了s[k]元素的地址。*q表示s[k]的值,也就是第k个字符串的首地址,以%s格式可以输出整个字符串。**q表示对*q所存放的地址取值,即第k个字符串的第一个字符。程序输出结果如下:

q	*q(%p)	&s[k]	*q(%s)	**q
0022FEEC	00403095	0022FEEC	Monday	M
0022FEF0	0040309C	0022FEF0	Tuesday	T
0022FEF4	004030A4	0022FEF4	Wednesday	W
0022FEF8	004030AE	0022FEF8	Thursday	T
0022FEFC	004030B7	0022FEFC	Friday	F
0022FF00	004030BE	0022FF00	Saturday	S
0022FF04	004030C7	0022FF04	Sunday	S

如果不使用指针数组,相应的字符串必须用一个二维数组来存储。由于数组的长度不可变,所以第二维的长度应该取一个大于所有字符串长度的固定值。如果要实现同上例相同的功能,可以使用一个字符型指针变量q指向s[k](这里利用了C语言的数组实际为嵌套数组的功能)。改写后的程序如下。

例 10-21 指针数组 2。

```
    #include <stdio.h>
    #include <stdlib.h>

    int main()
    {
        char s[][10] = {"Monday","Tuesday","Wednesday","Thursday","Friday",
                        "Saturday","Sunday"};
        char *q;
        int k;
        for(k = 0;k<7;k++)
```

```
        {
            q = s + k;
            printf("%p %p", q, &s[k]);
                /*输出 s[k]数组的首地址,也就是第 k 个字符串的首地址*/
            printf("%s \n", q);  /*输出以 s[k]为首地址的第 k 个字符串*/
        }
        return 0;
    }
```

输出结果如下:

```
0022FEC2 0022FEC2 Monday
0022FECC 0022FECC Tuesday
0022FED6 0022FED6 Wednesday
0022FEE0 0022FEE0 Thursday
0022FEEA 0022FEEA Friday
0022FEF4 0022FEF4 Saturday
0022FEFE 0022FEFE Sunday
```

3. 内存动态分配

C 语言不支持动态数组,数组的长度必须预先加以定义,在整个程序执行过程中不能动态改变。对于所需的内存空间预先未知的情形,可以通过 C 语言提供的内存管理函数按实际需要动态地分配内存空间,实质是利用指针变量向操作系统申请一块新的内存,使用完毕后再回收待用,从而有效地利用内存资源。

内存管理函数包括内存的分配和释放,内存的分配可以使用 malloc()、calloc()、realloc() 等函数,释放则使用 free 函数。使用 mallac 函数和 free 函数都需要包含头文件 stdlib.h,二者的对比如表 10-11 所示。

表 10-11 Malloc 函数和 free 函数

	内存的分配	内存的释放
函数原型	void * malloc(size)	void free(void * ptr);
调用形式	(类型说明符 *)malloc(size)	
功能	在内存的动态存储区中分配一块长度为"size"字节的连续区域	释放某个指针变量所指向的一块内存空间,该指针指向被释放区域的首地址
返回值	未确定类型的 void 指针,表示该区域的首地址	无
说明	"类型说明符"表示把该区域用于何种数据类型,"(类型说明符 *)"表示把返回值强制转换为该类型指针	之所以把形参中的指针声明为 void * ,是因为 free 必须可以释放任意类型的指针,而任意类型的指针都可以转换为 void *
头文件	stdlib.hmalloc.h	

需要注意:

(1)根据不同的系统状况,申请内存可能成功也可能失败,失败时返回空指针 NULL。因此,动态申请内存时,一定要判断结果是否为空。

(2)malloc 只管分配内存,并不能对得到的内存进行初始化,新内存的值是随机的,要正确使用该内存必须进行初始化。

(3)malloc()的返回值类型是"void *",使用时不要忘记类型转换。

(4)内存被 free()函数释放后,并不表示指针会消亡或者成了 NULL 指针。因此,释放内存后最好将指针置空。

以下给出几个内存分配和释放的例子:

```
int * p1 = (int * )malloc( 100 * sizeof(int));
/ * 分配用于存放 100 个整数的内存空间 * /
float * p2 = (float * )malloc(50 * sizeof(float));
/ * 分配用于存放 50 个单精度浮点数的内存空间 * /
char * p3 = (char * )malloc(10 * sizeof(char));
/ * 分配用于存放 10 个字符的内存空间 * /
free(p);   / * 释放以 p 为首地址的空间 * /
p = NULL;  / * 将 p 置空,防止野指针 * /
```

例 10 - 22　输入任意个整数后排序输出。

```
#include <stdio.h>
#include <errno.h>

int main()
{
    int n;
    int * a;
    int i, j, swap;
    printf("Please input the size of the Array: ");
    scanf("%d", &n);
    if(n < 1)
    {
        printf("the size of the Array can't be less than 1\n");
        return(-1);
    }
    a = (int * )malloc(n * sizeof(int));
    / * 分配存放 n 个整型数的内存空间 * /
    if(a = = NULL)   / * 判断内存分配是否成功 * /
    {
        perror( "malloc error: ");
```

```c
        /*输出表示错误的全程变量errno所对应的解释*/
        return(-2);
    }
    for(i=0;i<n;i++)   /*给新内存赋值*/
    {
        printf("please input a[%d]:", i);
        scanf("%d", &a[i]);
    }
    for(i=0;i<n;i++)
        printf("\ta[%d] = %d\n", i, a[i]);

    printf("Sorted a is:\n");
    for(i=0;i<n-1;i++)   /*按选择法排序*/
    {
      for(j=i+1;j<n;j++)
          if(a[i] < a[j])
          {
          swap = a[i];
          a[i] = a[j];
          a[j] = swap;
          }
    }
    for(i=0;i<n;i++)
        printf("a[%d] = %d\n", i, a[i]);
    free(a);   /*释放内存*/
    a = NULL;   /*释放后的指针置空,防止野指针*/
    return(0);
}
```

动态分配多维数组的传统解决方案是分配一个指针数组表示数组的每一行,然后把每个指针初始化为动态分配的"列"。

例 10 - 23 二维动态数组。

```c
#include <stdio.h>
#include <errno.h>
int main(void)
{
    int ** a = NULL;   /*创建一个指向整型指针的指针*/
    int i, j, nRow, nCol;
    printf("please input the number of row and column:");
```

```c
        scanf("%d %d",&nRow, &nCol);
        a = malloc(nRow * sizeof(int *));    /* 创建一个有 nRow 行的数组 */
        if(a == NULL)
        {
            perror("malloc error:");
            /* 输出表示错误的全程变量 errno 所对应的解释 */
            return(-1);
        }

        /* 为这个数组的每个元素分配 nCol 个元素空间,最终创建一个 int[nRow][nCol]
        的二维数组 */
        for(i = 0; i<nRow; i++)
        {
            a[i] = malloc(nCol * sizeof(int));
            if(a[i] == NULL)
            {
                perror("malloc error:");
                /* 输出表示错误的全程变量 errno 所对应的解释 */
                return(-2);
            }
        }
        for(i = 0; i<nRow; i++)
        {
            for(j = 0; j<nCol; j++)
            {
                a[i][j] = (i+1) * (j+1);
                printf("%3d ",a[i][j]);
            }
            printf("\n");
        }
        for(i = 0; i<nCol; i++)free(a[i]);    /* 先释放每一行 */
        free(a);    /* 再释放 a */
        a = NULL;
        return(0);
    }
```

运行结果如下:

```
1  2  3  4  5   6   7   8   9
2  4  6  8  10  12  14  16  18
```

3	6	9	12	15	18	21	24	27
4	8	12	16	20	24	28	32	36
5	10	15	20	25	30	35	40	45
6	12	18	24	30	36	42	48	54
7	14	21	28	35	42	49	56	63
8	16	24	32	40	48	56	64	72
9	18	27	36	45	54	63	72	81

使用指针变量动态分配内存时,一定要避免如下几种错误的内存使用方式:

(1)内存分配未成功就加以使用。内存分配不一定每次都成功,如果未成功就加以使用是危险的。因此,在使用内存之前必须检查返回的指针是否为空指针 NULL。用 malloc 申请内存时,应该用 if(p==NULL)进行防错处理。

(2)内存分配虽然成功,但是尚未初始化就加以引用。犯这种错误是误以为内存的缺省初值全为零,由此导致引用初值错误。内存分配成功后,使用之前必须正确地赋初值。

(3)操作越界。内存分配成功后,如果在初始化或后期使用时,数组的下标超过了范围,会导致越界。由于 C 语言没有越界检查,因此编译可以通过,但对越界内存的非法操作是非常危险的。

(4)忘记释放内存导致的内存泄露。如果程序中含有动态分配内存语句,但用完后忘记了释放,那么含有这种错误的函数每被调用一次就丢失一块内存。当系统的内存耗尽后,会导致系统崩溃或死机。另外,对某动态分配了内存的指针,用完后直接设置为 NULL 并不意味着释放了内存,指针可以任意赋值,只有使用了 free 函数才能真正释放内存。

(5)释放了内存却继续使用。内存被释放了,并不表示指针会消亡或者成了 NULL 指针,最好养成将指针置空的好习惯。

10.5 函　数

1. 函数的定义和调用

函数是完成一定功能的执行代码段,依靠形式参数和函数返回值与外部程序发生联系。编制程序时多使用函数,有助于避免相同代码段的重复书写,同时程序容易读、写、理解,便于排除错误、修改和维护。

C 程序中函数的数目不限但必须至少有一个函数,每个 C 程序必须从 main 函数开始执行,调用其他函数后回到 main 函数并在 main 函数中结束程序的执行。main 函数是由系统定义的,每个 C 程序中只能有一个 main 函数。

根据有无返回值,C 语言中的函数可以分为有值函数和无值函数。有值函数执行完后将向主调函数返回一个执行结果,因此必须在函数定义和函数说明中明确返回值的类型。无值函数用于完成某项特定的处理任务,执行完成后不向主调函数返回函数值。用户在定义此类函数时可指定它的返回为"void",即空类型。

1)函数的定义

函数的定义形式有两种方式:

(1) 经典方式：

函数类型 函数名(形式参数表)
{
    形式参数类型声明
    其他变量声明
    语句
}

例如：

```
void swap(a, b);            /* 声明一个无返回值的函数 swap */
{
    int a, b;               /* 说明形式参数的类型 */
    …
}

float distance(x, y);       /* 声明一个返回单精度实数的函数 distance */
{
    float x, y;             /* 说明形式参数的类型 */
    …
}

char *result(string);       /* 声明一个返回指向字符串的函数 result */
{
    char string;            /* 说明形式参数的类型 */
    …
}

void sub(void);             /* 声明一个无返回值和形参的函数 sub */
{
    …
}
```

(2) ANSI 规定方式：

函数类型　函数名(数据类型 形式参数,数据类型 形式参数,……)
{
    其他变量声明
    语句
}

例如：

```
void swap(int a, int b);              /* 声明一个无返回值的函数 swap */
float distance(float x, float y);     /* 声明一个返回单精度实数的函数 distance */
char *result(char string);            /* 声明一个返回指向字符串的函数 result */
```

        void sub(void);   /*声明一个无返回值和形参的函数 sub*/

在函数声明中需要注意：

①函数类型实际是该函数返回值的数据类型，可以是以前介绍的各种数据类型，也可以是对应于无返回值的无值型(void)，也可以是指针。

②函数名是由用户定义的标识符，它是一个地址常量，指向函数声明在内存中实际分配地址段的首地址。

③函数名后的括号内是形式参数列表。在进行函数调用时，主调函数将赋予这些形式参数实际的值。由于形参是变量，必须进行类型说明。当采用经典的函数声明方式时，()中给出形式参数列表，在函数体内对形式参数进行类型说明；而当采用 ANSI 方式时，()中可以直接给出形式参数列表及其类型说明。如果某函数无需形式参数，()内可以为空或者写 void，但不能省略。

④{}中的内容称为函数体，一般包括声明部分和语句部分。当函数有返回值时，至少应有 1 个 return 语句作为函数的返回值返回给主调函数。

2) 函数的调用

函数体的执行通过对函数的调用来实现，将实际参数按顺序传递给该函数说明的形式参数，然后进入子函数运行。对于有值函数，将通过 return 语句返回给主调函数一个值。函数调用的一般形式为：

　　函数名(实际参数表)

其中，实际参数表中的参数可以是常数、变量或其他构造类型数据及表达式。各实参之间用逗号分隔，实际参数与函数说明中的形式参数必须在位置上一一对应。

对于有值函数，函数通过返回值的形式参与主调函数的运行。此时函数可以作为主调函数某个表达式中的一项，甚至是某个函数的实参。例如：

　　dis = distance(x, y);   /*函数作为表达式中的 1 项*/
　　d = min(a, max(b, c));   /*max 函数作为 min 函数的 1 个实参*/

对于无值函数，可以通过函数语句来调用。所谓的函数语句由函数调用的一般形式加上分号构成，如：

　　printf("%f %f\n", x, y);
　　swap(a, b);

主调函数中应对被调函数的返回值类型做出说明，其一般形式为：

　　函数类型 函数名();

函数的说明是对已定义的函数的返回值进行类型说明，只包括函数类型、函数名和一个空括号，不需要包括形参和函数体，该说明为一语句，用分号结尾。函数说明的意义在于告诉系统某主调函数要调用何种返回值类型的函数，以便在主调函数中按此类型对被调函数的返回值进行相应的处理。例如：

　　#include <stdio.h>
　　int main()

```
        {
            float distance();  /* distance 函数说明 */
            ……
        }
        float distance(float x, float y)
        {
            ……
        }
```

C 语言规定,以下几种情况可以不在调用函数前对被调函数做出类型说明:
(1)函数的返回值为整型或字符型。
(2)被调函数出现在主调函数之前。例如:

```
        #include <stdio.h>
        float distance(float x, float y)
        {
            ……
        }
        int main()
        {
            ……
        }
```

(3)在文件的开头,所有函数定义之前说明了函数的类型,则在各个主调函数中不必再对所调用的函数做出类型声明。例如:

```
        #include <stdio.h>
        float distanc();        /* distance 函数说明 */

        int main()
        {
            ……
        }
        float distance(float x, float y)
        {
            ……
        }
```

3) 标准库函数

除了用户定义的函数以外,C 语言还提供了丰富的库函数供用户调用。所谓库函数是编译器开发公司为了方便用户使用而将一些常用的功能以函数的形式实现,放在库(lib)里供用户直接调用,不同编译器的库函数一般都是有差别的。为了对各种操作系统上的 C 程序提供可移植性保证,ANSI C 定义了一个标准库。C 编译器自身的函数库一般都兼容 C 标准函数库。

现在 C 语言(C99)标准库函数的 24 个头文件列表如下。

(1)C89 中的 15 个标准头文件:

assert.h	定义了 assert 宏供除错使用
ctype.h	判断字符类型(是否大写、数字、空格)的函数集合
errno.h	定义了由系统调用设定的各种错误码集合
float.h	浮点类型最大值和最小值集合
limits.h	整数类型最大值和最小值集合
locale.h	区域(国家、文化和语言规则集)设置相关的函数结合
math.h	数学应用相关函数集合
setjmp.h	支持函数跳转功能的集合
signal.h	处理中断的集合
stdarg.h	不定参数的工具包,例如 printf 函数就用到此包
stddef.h	标准库的一些常用定义
stdio.h	标准输入输出函数集合
stdlib.h	工具集,包括类型转换和一些系统函数
string.h	操作字符串的函数集合
time.h	处理日期和时间的集合

(2)在 1995 年的修正版中添加的 3 个标准头文件:

iso646.h	用于定义对应各种运算符的宏
wchar.h	用于支持多字节和宽字节函数
wctype.h	用于支持多字节和宽字节分类函数

(3)C99 中增加的 6 个标准头文件:

complex.h	支持复数算法
fenv.h	给出对浮点状态标记和浮点环境的其他方面的访问
inttypes.h	定义标准的、可移植的整型类型集合,也支持处理最大宽度整数的函数
stdbool.h	支持布尔数据类型。定义宏 bool,以便兼容于 C++
stdint.h	定义标准的、可移植的整型类型集合。该文件包含在<inttypes.h>中
tgmath.h	定义一般类型的浮点宏

如上所述,C 语言的这些头文件中包括了各个标准库函数的函数原型。因此,调用库函数时,必须在源文件的开头处用编译预处理的文件包含命令 include 把尖括号<>或引号""内指定的头文件包含到本程序来,成为本程序的一部分。因此,凡是在程序中调用一个库函数时,都必须包含该函数原型所在的头文件。例如要使用 abs,log,pow,sin,sqrt 等数学函数时,必须包含头文件 math.h:

    # include <math.h>

2. 函数的参数

1)形参和实参

函数的参数分为形参和实参,功能是在主调函数和被调函数之间传送数据。发生函数调

用时,主调函数把实参的值传送给被调函数的形参,从而实现主调函数向被调函数的数据传送。函数的形参和实参具有以下特点:

(1)实参可以是常量、变量、表达式等,在进行函数调用时必须具有确定的值,以便把这些值传送给形参。

(2)实参和形参必须在类型、数量、顺序上严格一致,否则会发生"参数类型不匹配"的错误。字符型和整型数据可以互相匹配。

(3)形参变量和实参变量是由编译系统分配的两个不同的内存单元。形参变量只有在被调用时才分配内存单元,在调用结束时,这些内存单元即刻释放。因此,形参只有在函数内部有效,函数调用结束返回主调函数后不能再使用该形参变量。

(4)当传递实际参数本身而不是其地址时,函数调用中发生的数据传送是单向的。即只能把实参的值传送给形参,而不能把形参的值反向地传回给实参。此时,形参的值发生改变不会导致实参的值发生变化。

2)数组作为函数的参数

除了常量、变量、表达式以外,数组同样可以作为函数的参数从主调函数向被调函数传递。此时,数组变量的类型在主调函数和被调函数中必须相同。当数组作为函数的参数时,只传递数组的首地址,而不是将整个数组元素都复制到函数中去,即用数组名作为实参,调用函数时该数组第一个元素的地址就被传递给被调函数。形参数组名取得该地址之后,实际上和实参数组为同一数组,共同拥有一段内存空间。实参和形参数组中同样下标的元素也占据相同的两个内存单元。

例 10-24 数组作为函数的参数。

```c
#include <stdio.h>
#include <stdlib.h>
void reverse(int *);
void reverse2(int *, int);
void reverse3(int *, int);
int main()
{
    int i, c[5] = {1, 2, 3, 4, 5};
    reverse(c);
    for(i = 0; i<5; i++)printf("%3d\n", c[i]);
    reverse2(c, 5);
    for(i = 0; i<5; i++)printf("%3d\n", c[i]);
    reverse3(c, 5);
    for(i = 0; i<5; i++)printf("%3d\n", c[i]);
    return 0;
}
void reverse(int a[5])
{
    int i, b[5];
```

```
        for(i = 0;i<5;i++)b[i] = a[4-i];
        for(i = 0;i<5;i++)a[i] = b[i];
        return;
    }
    void reverse2(int a[], int N)
    {
        int i, b[N];
        for(i = 0;i<N;i++)b[i] = a[N-1-i];
        for(i = 0;i<N;i++)a[i] = b[i];
        return;
    }
    void reverse3(int * a, int N)
    {
        int i, b[N];
        for(i = 0;i<N;i++)b[i] = *(a+N-1-i);
        for(i = 0;i<N;i++) *(a+i) = b[i];
        return;
    }
```

本例中，主函数中声明了一个长度为5的整型数组c，先后调用了reverse，reverse2和reverse3三个函数。调用reverse函数时，使用c数组的名字（也就是该数组的首地址）作为实际参数，在reverse函数的说明中，对应的用一个长度为5的整型数组a作为形参，实现了将c数组倒序的功能。

在C语言中，形参数组和实参数组的长度可以不相同，因为在调用时，只传送首地址而不检查形参数组的长度。因此，在reverse2函数中，可以不声明整型函数a的大小，通过另一个整型形参N得到实参数组的长度。由于传递的是数组名，在reverse3函数中可以将此函数名传递给一个整型指针变量a，通过指针与数组的对应关系实现同样的功能。

同样道理，如果将多维数组作为函数的参数，在函数定义时对形参数组可以指定每一维的长度，也可省去第一维的长度。因此，以下写法都是合法的：

```
        intreverse(int a[2][5])
    或   int reverse(int a[][5])
```

另外，如果传递的实参是数组的某个特定元素，此时将作为普通实参变量对待。

3）以变量的地址作为实际参数

对于有值函数，通过return语句只能传递给主调函数一个返回值。当需要多个返回值时，可以将传递变量的地址作为实际参数传递给被调用的函数，此时对应的形参应该是指针变量。这样，当被调用函数向相应的实际参数地址写入数值后，就改变了主调函数中相应的实际参数值，从而达到返回多个变量的目的。

例10-25 传递变量地址。

```
    #include <stdio.h>
```

```
void swap(int * a, int * b);
int main()
{
    int i = 1, j = 2;
    swap(&i, &j);
    printf("%d %d\n", i, j);
    return 0;
}
void swap(int * a, int * b)
{
    int temp;
    temp = * a;
    * a = * b;
    * b = temp;
    return;
}
```

本例将 i,j 两个变量的地址传递给函数 swap,对应的两个形参 a,b 均为指针变量。在 swap 函数内,两个指针变量的值互相交换,因此主调函数中 i 和 j 的值也实现了交换。

3. 内部函数和外部函数

一个 C 语言的程序在 VC 中称为 1 个 project,每个 project 可以由 1 个源文件组成,也可以由多个源文件组成。如果在一个源文件中定义的函数只能被本文件中的函数调用,而不能被同一 project 其他文件中的函数调用,这种函数称为内部函数。而外部函数则可以被整个 project 所有源文件中的函数调用。

内部函数又称为静态函数,其定义的一般形式是:

static 类型说明符 函数名(形参表)

此处 static 指对函数的调用范围只局限于本文件。因此,在同一 project 的不同源文件中定义同名的静态函数不会引起混淆。

外部函数定义的一般形式为:

extern 类型说明符 函数名(形参表)

函数定义默认为 extern 类型。在使用外部函数时,主调函数的源文件应用 extern 说明被调函数为外部函数,例如:

(1)sourcefile1. C

```
main()
{
extern intmax(int a, int b);
/ * 外部函数说明,表示 max 函数在其他源文件中 * /
...
```

}

(2) sourcefile2. C

  extern intmax(int a, int b); /* 外部函数定义 */
  {
   ...
  }

4. 命令行参数和指向函数的指针

1) 命令行参数

源程序经过编译链接后，将生成可执行的控制台应用程序(console application).exe 文件，在命令行方式下运行该程序的时候，可以通过在文件名后面加入命令行参数来直接为主函数提供参数，也就是命令行参数。

主函数一般同时接受一对参数：

  int argc, char * argv[]

argc 中存放实际输入的参数个数(包括可执行文件名)，而 * argv[] 是一个字符指针数组，其中每一个数组元素(字符指针)都指向一个实际输入的字符串(用空格分隔)。例如：

  d:\funexam help

表示执行了一个名为 funexam 的可执行文件(.exe 可以省略)，后面跟的 help 就是传递给主函数的参数。对于本例，argc=2，argv[0]="funexam"，argv[1]="help"。

可以看出，所有命令行参数都是以字符串的方式被传送到主函数里的。如果希望以数字作为命令行参数，可以通过 sscanf() 函数对输入的字符串进行转换。sscanf() 函数的功能是从缓冲区中按指定格式输入字符，该函数用法同 scanf。用于转换数字时可以写作：

  sscanf(argv[2],"%f",&x);/* 将第三个命令行参数字符串转换为浮点数赋给 x */

2) 指向函数的指针

指向函数的指针可简称为函数指针，它存放同类型函数的入口地址(即函数名)，可以通过这个地址以间接访问的形式来调用所指向的函数。函数指针提供了一种类似函数变量的函数调用机制。在函数指针的支持下，可以通过执行期间的参数来动态控制、调整程序的功能。

函数指针的声明必须明确该函数指针指向哪一类函数，声明函数指针的格式：

  函数类型(* 指针变量名)(形式参数列表);

可以看出，函数指针只能指向具有相同返回值类型且具有相同形式参数(数量和对应的数据类型均相同)的函数，也就是将所要指向的函数名转换为了指针变量名。例如：

  float(* fp)(float a, float b);

声明一个函数指针 * fp，可以指向带两个浮点数变量且返回一个浮点数的函数。如果存在这样 1 个函数

  float sum(float x, float y);

可以通过下式

　　fp = sum;

使得函数指针 fp 指向 sum 函数。通过 fp 引用 sum 函数的格式为：

　　s = (* fp)(1.0, 2.0);

或

　　s = fp(1.0, 2.0);

这样一来，fp 可以指向不同的函数，只要它们具有相同的返回值和形式参数。关于命令行参数和函数指针的具体使用，可参考例 10 - 26。

例 10 - 26　命令行参数和指向函数的指针。

```
#include <stdio.h>
#include <string.h>
float sum(float x, float y);
float diff(float x, float y);
float multi_function(float x, float y, float( * f)(float x, float y));
int main(int argc, char * argv[])
{
    float x, y;
    if(argc != 4)/* 判断是否提供了四个命令行参数 */
    {
        printf("The arguments are not FOUR\n");
        return -1;
    }
    else if(! strcmp(argv[1], "sum") || ! strcmp(argv[1], "diff"))
    {
        sscanf(argv[2], "%f", &x);/* 第三个命令行参数转化为浮点数赋给 x */
        sscanf(argv[3], "%f", &y);/* 第四个命令行参数转化为浮点数赋给 y */
        if(strcmp(argv[1], "sum") == 0)
        /* 第二个命令行参数为 sum 时执行 sum 函数 */
            printf("%f\n", multi_function(x, y, sum));
        if(strcmp(argv[1], "diff") == 0)
        /* 第二个命令行参数为 diff 时执行 diff 函数 */
            printf("%f\n", multi_function(x, y, diff));
        return 0;
    }
    else
    {
        printf("The second argument should be either ´sum´ or
```

```
            ´diff´\n");
            return -2;
        }
    }
    float sum(float x, float y)
    {
        return(x + y);
    }
    float diff(float x, float y)
    {
        return(x - y);
    }
    float multi_function(float x, float y, float(*f)(float x, float y))
    {
        return f(x, y);
    }
```

本例中,声明了两个 float(float, float)类型的函数,分别返回两个实数的和或差。为了能在程序中根据不同命令行参数来分别调用这两个函数,定义了一个指向这种类型函数的函数指针:

```
float multi_function(float x, float y, float(*f)(float x, float y));
```

以命令行参数的方式运行本程序(10-26.exe)的格式如下:

```
10-26 sum 2.0 1.0
```

或者

```
10-26 diff 2.0 1.0
```

分别调用 sum 和 diff 函数,可以得到 2.0 和 1.0 的和或差。

本章要点

(1)C 语言由不同的函数组成,每个程序都从 main 函数的起点开始执行。也就是说,每个程序都必须而且只能包含一个 main 函数。"{}"表示函数体或者代码段的开头和结尾,每条语句末尾的";"表示该语句的结束。

(2)C 语言字符集包括 52 个字母(C 语言区分大小写)、10 个阿拉伯数字、29 个特殊字符和 4 个格式符;标识符由字母、下划线或数字组成,必须由字母或下划线开头,标识符的长度可达 32 个字符。

(3)C 语言数据类型包括基本类型、构造类型、指针类型(*)和空类型(void),取值范围一般与机器和编译器的属性有关。

(4)C 语言中的运算符非常丰富,把控制语句和输入输出以外几乎所有的操作均作为运算

符处理。这些运算符的优先级各不相同,不同运算符混合计算时,按优先符的优先级由高向低进行运算,例如先乘除、后加减。当一个操作数两侧的运算符优先级相同时,按运算符的结合性所规定的结合方向处理。C 语言中各运算符的结合性分为两种,即左结合性(自左至右)和右结合性(自右至左)。关系运算符和逻辑运算符均具有左结合性,逻辑非(!)的优先级＞算术运算符＞关系运算符＞逻辑与(&&)和逻辑或(||)。

(5)指针存放的是变量的逻辑地址,指针所指向的内存区就是从指针的值所代表的那个内存地址开始,长度为 sizeof(指针所指向的类型)的一片内存区。当指针指向某一个变量时,* 运算表示通过指针变量存储的地址间接访问指针指向的变量,& 则表示变量的地址。* 和 & 运算的优先级相同,均具有从右至左的结合性。指针变量的加减不是简单的加减一个整数,而是将指针变量的地址增加或减少它所指向的变量所占用的字节数。

(6)数组就是指具有相同数据类型的有序数据的集合,用统一的数组名和下标引用数组中的每个特定元素。C 语言中多维数组行主存储,即最右边的下标变化最快。C 语言中,数组与指针之间关系密切但不完全等价,二者在许多场合可以相互替换使用。C 语言不支持动态数组,数组的长度必须预先加以定义,在整个程序执行过程中不能动态改变。对于所需的内存空间预先未知的情形,可以通过 C 语言提供的内存管理函数按实际需要动态地分配内存空间,实质是利用指针变量向操作系统申请一块新的内存,使用完毕后再回收待用。

(7)根据有无返回值,C 语言中的函数可以分为有值函数和无值函数。函数类型实际是该函数返回值的数据类型。函数名是一个地址常量,指向函数声明在内存中实际分配地址段的首地址。主调函数中应对被调函数的返回值类型做出说明,除非被调函数出现在主调函数之前,或者在文件的开头所有函数定义之前说明了函数的类型。函数体的执行通过对函数的调用来实现,将实际参数按顺序传递给该函数说明的形式参数,然后进入子函数运行。C 默认使用值传递,实参和形参必须在类型、数量、顺序上严格一致。

习　题

1. 假设 a=1,b=2,c=3,d=4.5,e=6 分析下面表达式并输出式中变量的值：

    a = b++

    c = ++a

    c = a&b + b|c

    b = (a++) + (++b) + (c++)

    a+ = a- = a*a = a/2

    b = a+ = 2*c+5

    e = a*2+d/b-c/d

    e = ((a<b)!(c>d))? a:b

    e = (((a<c)&&(b>d)? c:d),(c<<3))

    e = a&b + b~c

2. 编写一个程序,从屏幕读取一个整数,输出这个整数各位数字的和。

3. 编写一个程序,从屏幕读取一个小数,将该数进行四舍五入运算,保留 2 位小数。

4. 编写一个程序,从屏幕读取两个数 x 和 y,然后输出 x 的 y 次方的最后一位数字。

5. 输入梯形的上底、下底和高,求梯形的面积。

6. 从键盘输入 a,b 的值,输出交换以后的值。

7. 任意输入 3 个整数,按数值大小的顺序输出这三个整数。

8. 输入一个小写字母,求对应的大写字母和与它相邻的两个字母。

9. 输入一个字符,如果是大写字母,则转换成对应的小写字母,小写字母则按原样输出。

10. 输入若干学生的成绩,直到输入负数时结束。求学生的平均成绩。

11. 有一张厚度为 0.5mm 的纸片,假设它足够大,请问对折多少次以后它的高度能超过珠穆朗玛峰的高度(8848m)。

12. 把 100 元钱换成 5 元、2 元和 1 元的零钱,统计共有多少种换法。

13. 定义一个 10 个元素的数组{1,4,3,21,3,8,9,16,7,7},用冒泡排序法将数组的元素按照从小到大的顺序进行排列,结果仍保存在原来的数组中,并在屏幕上输出。

14. 用二维数组创建两个矩阵,完成矩阵的乘法。

15. 有一种电文,按照如下的方式进行加密:

  A→Z,a→b;

  B→Y,b→c;

  C→X,c→d;

  …

  Z→A,z→a

编写程序完成密文和原文的互换,并输出原文和密文。

16. 利用键盘任意输入 n 个整型数,将这些数按照由小到大的顺序存放并在屏幕上显示。然后屏幕提示输入一个新数,将该数字插入原数组中,保持数组中元素仍是由小到大排列有序,并再一次在屏幕上显示。

17. 用指针检测 double 和 int 两种数据类型在本机上所占用的字节数,并与 sizeof 输出的结果作比较,在屏幕上输出结果。

18. n 个人围成一圈,顺序编号。从第一个人开始报数(从 1 到 3),报到 3 的人退出,问最后留下的那个人最初的编号是多少?

19. 写一个程序使它具有如下功能:先从屏幕读入数组的大小,再读入每个元素的值;然后输出它们的最大值、最小值和平均值。

20. 编写一个函数,它的功能是根据公式 p=m!/n!(m-n)! 求 p 的值,结果由函数值带回。m 与 n 为两个正整数,且 m>n。

21. 编写一个函数完成如下功能:删去一维数组中所有相同的数,只保留一个。数组中的数已按由小到大的顺序排列,函数返回删除后数组中数据的个数。

第 11 章 Fortran 和 C 的混合语言编程

所谓混合语言编程,是指由两种或者两种以上的程序语言编写源代码,传递参数、共享数据结构和信息、实现函数或子程序的互相调用,从而建立应用程序的过程。由于历史传统、发展背景和使用目的等方面的不同,各种语言都各有长处和局限,无法完全替代。使用混合语言编程,可以充分发挥各种语言的优势,扬长避短,大大提高应用程序的效率、功能和灵活性。特别是可以调用已经存在的用其他语言编写的代码,避免重复劳动。

Fortran 的特点在于接近数学公式的自然描述,拥有高精度的数据结构,具有独特而灵活丰富的数组操作,特别擅长处理高精度浮点数运算、复数运算、多维数组等,因此在数值计算、科学和工程技术领域具有强大的优势,用 Fortran 编写的大型科学计算程序具有很高的执行效率。Fortran 自诞生以来积累了大量高效而可靠的源程序,目前广泛地应用于并行计算和高性能计算领域。

C 的最大优点在于灵活,使用指针可以高效灵活地处理数据,大量的库函数使 C 可以直接与硬件底层打交道,方便地使用系统的资源和服务。同 Fortran 相比,C 在内存的动态管理、函数调用与参数传递、字符串处理、图形处理以及软件开发环境和集成性等方面具有强大的优势,尤其是能够非常自然地结合数据结构、数据库管理技术、可视化与计算机图形学、用户接口系统集成等软件开发领域的最新成果。

实现 Fortran 和 C 的混合编程,可以最大程度地发挥二者各自的优势,给广大科技工作者更加广阔的空间。

11.1 概　　述

1. 调用约定

为了正确地创建混合语言程序,必须为变量和过程的命名、不同语言编写的例程(包括不同语言中的函数、子例程和过程)之间传递的参数等建立一套规则,即调用约定。

1)命名约定

命名约定是为了解决不同语言对变量名、参数名、过程名和函数名等标识符的不同处理,以及对名称标识符的不同长度限制等的有关规则、协议和约定。例如,Fortran 源程序不区分大小写,而 C 语言是大小写敏感的;二者对标识符命名的规则、标识符长度也不尽相同,互相调用的时候必须加以约定。

编译过程的实质是将高级语言的源程序转变为机器码形成目标文件(.obj),在这个过程中要把所有需要进行访问的程序模块名、变量名置于其中。在进行混合语言编程的时候,命名约定的目的就是通过一定的书写规则和协议,用编译程序在将一个程序块放入目标文件之前改变它的名称,采用一个兼容的、被调用语言认可的名称约定,最后由链接程序 LINKER 确定两者是否匹配。

2) 参数传递协议

参数传递是指主调函数/例程与被调函数/例程之间的信息传递与交换过程,混合语言编程时必须确定参数的传递方式,通常包括值传递或引用传递方式。值传递方式把实际参数的值传递给对应位置的形式参数,被调函数无法改变实参的值,如 C 语言的缺省方式和 Fortran 的值传递方式。引用传递或传址方式则把实际参数的地址传递给对应位置的形式参数,被调函数对形式参数的操作相当于对实际参数进行间接访问。引用传递是 Fortran 的缺省方式,C 语言也可以通过将实参地址传递给指针变量虚参实现传址方式。

另外一个需要考虑的问题是,被调函数以何种顺序接收所传递给它的参数。调用程序使用调用约定来决定给另一个程序传递变量的顺序,被调例程利用调用约定决定接收传递过来的参数的顺序。在混合编程中,这两种约定必须是相符的,最简单的方式是都按照被调用程序的调用约定。堆栈的使用和控制决定了被调函数的参数数目是否可变、堆栈中的存放位置及堆栈的清除等问题,有关堆栈的内容超出了本书范围,读者可参阅相关书籍。

2. 数据类型与例程的等价形式

实现 Fortran 与 C 的互相调用,必须了解数据类型与例程的等价形式,同时规定二者的调用约定,在此基础上可以以不同的方式实现二者的相互调用。

Fortran 和 C 两种语言有一定的区别,数据类型、数组、字符串、函数调用等方面都有各自的特色。表 11-1 对比了 Fortran 和 C 的数据类型之间的对应关系,其中 C 语言没有复数数据类型,可以通过定义复数结构来实现。C 也没有单独的逻辑型数据,可以用字符型或整型数据来替代。

表 11-1 Fortran 和 C 的数据类型对比

Fortran	C
INTEGER(1)	signed char
INTEGER(2)	short int
INTEGER(4), INTEGER	int
INTEGER(8)	long int
REAL(4), REAL	float
REAL(8), DOUBLE PRECISION	double
COMPLEX(8)	无对应类型,可定义结构 struct complex {float r, i; }
CHARACTER	char
CHARACTER(n)	char x[n]
LOGICAL(1)	char
LOGICAL(2)	short
LOGICAL(4)	int
LOGICAL(8)	long int

在进行混合语言编程时,Fortran 和 C 可以互相调用对方的函数或子例程,涉及到参数传递时,调用者的实际参数和被调者的形式参数必须具有上表所示等价的数据类型。

为了顺利地实现相互调用,必须了解二者调用例程的等价形式。如表 11-2 所示,Fortran 的函数相当于 C 的有返回值调用函数,而子例程则相当于 C 的无返回值调用函数。对于前者,二者的返回值数据类型也必须一致。此外,Fortran 调用例程时,实参和形参默认是引用传递,而 C 则是值传递。如果二者均采用默认的调用方式,那么 Fortran 调用 C 函数时,C 的形参应该声明为指针类型(*);C 调用 Fortran 函数时,C 传递实参时须以 & 形式传递变量地址。传递数组时,二者均使用数组首地址作为参数,因此无需转换。如果 C 的参数本身为指针变量,当然也不需要转换。

表 11-2　Fortran 和 C 调用例程的等价形式

	有返回值调用	无返回值调用
Fortran	函数(FUNCTION)	子例程(SUBROUTINE)
C	函数(function)	空函数(void function)

3. Fortran 和 C 的混合编程方式

Fortran 和 C 语言的混合编程一般有三种方法。

(1)分别编译、独立运行。也就是将 Fortran 和 C 各自要实现的功能模块源代码在各自的开发平台上编译连接成可执行文件并独立执行,二者的数据通过数据文件交换。这种模式的实现最为简单,容易掌握,但执行效率较低。

(2)函数级调用。即 Fortran 和 C 分别编译各自的功能模块源代码,得到各自的目标文件(.obj),然后集成链接这些 obj 文件生成一个统一的可执行文件,实现对对方函数的调用,数据交换通过约定接口来实现。这种方法的缺陷是被调用模块一旦被修改,整个软件必须重新进行编译连接。软件的可维护性较差。

(3)动态链接库方式。将需要被调用的功能模块源代码编译连接成动态连接库(Dynamic Link Library,DLL),然后通过约定的接口动态使用另外的语言调用该功能模块。动态连接库可以包含可执行代码、数据和各种资源,它不是可执行文件,对其修改无需重新编译主调程序,具有较好的移植性和复用性,是目前普遍采用的一种方式。

以上几种方式都可以实现 Fortran 和 C 的互相调用,主程序既可以是 Fortran 程序,也可以是 C 程序。本书以 Visual Fortran 和 Visual C++分别作为 Fortran 和 C 的集成开发环境介绍混合语言编程,分别介绍第二种和第三种方法,建议使用同样版本的 Developer Studio,本书的例子分别以 Compaq Visual Fortran 6.5(以下简称 VF)和 Visual C++6.0(以下简称 VC)分别作为 Fortran 和 C 的集成开发环境。

11.2　Fortran 与 C 的函数级调用

Fortran 的调用约定有三种:Fortran 缺省的调用约定、C 约定和 STDCALL 约定。C 的调用约定有两种:缺省的_cdecl 约定和_stdcall 约定。使用这些调用约定调用例程时,实参都是按照从左到右的顺序将形式参数表中的变量传递给例程。表 11-3 中示出了 Fortran 与 C 调用约定的匹配,Fortran 的 C 约定和 STDCALL 约定分别对应于 C 的_cdecl 约定和_stdcall 约定。

Fortran 本身不区分大小写,而 C 语言是大小写敏感的。从表 11-3 可以看出,Fortran 被调用的例程名在 obj 文件中要么是全部大写(缺省模式),要么是全部小写;而 C 的例程则可以保留混合大小写。为了使 Fortran 与 C 能够互相调用对方的函数或例程,必须对 obj 文件中例程名的大小写转化做出规定,双方的函数和例程名在 obj 文件和动态链接库中的大小写必须统一。

表 11-3 Fortran 和 C 语言的调用约定(x86 系统)

语言	调用约定	例程名	obj 文件中的例程名		对应的调用约定
			转化为	大小写	
Fortran	缺省	nAme	_NAME@n	全部大写	/
	C	nAme	_nAme	混合大小写	_cdecl
	STDCALL	nAme	_nAme@n	混合大小写	_stdcall
C	_cdecl(缺省)	nAme	_nAme	混合大小写	C
	_stdcall	nAme	_nAme@n	混合大小写	STDCALL

注:n 代表所有形参的字节数之和,以十进制表示。

对于 Fortran,可在接口块的例程说明或例程头部加入!MS＄ATTRIBUTES 编译伪指令告知编译器有关调用约定。其中,!MS＄与!DEC＄等同。对于固定格式,"!"可以写作"C"、"c"或"*"。ATTRIBUTES 的属性及其含义示于表 11-4。

表 11-4 ATTRIBUTES 的属性及其含义

	属性名称	含　义	备　注
例程	ALIAS	为函数或子程序指定其在调用方的名字	一般应为输出函数或子程序指明该属性
	C	指定用 C 方式代替缺省调用约定	若两者均未指定,则使用不同于二者的缺省方式
	STDCALL	指定用 STDCALL 方式代替缺省调用约定	
参数	REFERENCE	按引用方式传递参数或调用函数	
	VALUE	参数按值传递	
	VARYING	参数类型强制匹配	

对于 C 语言,要在函数说明前面加上 extern 关键字说明函数来自外部或供外部使用,extern 和函数说明中间加上_cdecl 或_stdcall 说明调用约定的属性。

除了调用约定以外,还需要考虑参数的传递方式。常见的参数传递方式有引用传递和值传递两种:引用参数传递的是参数地址,值参数传递的是参数的值。只有以同样的方式发送和接收参数,才能获得正确的数据传送和正确的程序结果。C 默认使用值传递,而 Fortran 默认使用引用传递,因此在混合编程过程中应注意保持传递方式的一致性。当 Fortran 使用引用传递方式时,Fortran 和 C 传递参数的方式如下。

(1)Fortran 调用 C 的函数时,C 的形参必须使用与 Fortran 实参同类型的指针变量。同时,C 函数声明前必须加"extern"关键字,说明本函数被外部例程调用。例如:

!Fortran 的接口块
INTERFACE

```
        FUNCTION SUM(I, J)
            ! MS$ATTRIBUTES C, ALIAS:´_Sum´:: SUM
            ! 调用 C 语言的 Sum 函数
            ! MS$ATTRIBUTES REFERENCE::I, J
            INTEGER I, J, SUM
        END FUNCTION
    END INTERFACE
    /*C 源程序*/
    extern int _cdecl Sum(int *, int *)
    /*必须使用与 Fortran 实参同类型的指针变量*/
    {
        ...
    }
```

本例中,Fortran 接口块中用"! MS$ATTRIBUTES C"说明采用 C 约定,对应的 C 源程序中,在函数声明前加上了"_cdecl"关键字说明同样采用对应的 cdecl 约定。当然,二者也可以同样使用 STDCALL 约定。

(2)C 调用 Fortran 例程时,C 的实参必须传递与 Fortran 形参同类型变量的地址。同时,必须用"extern"关键字说明 Fortran 函数 SUM 来自本程序外部,还需要说明使用何种约定(本例用"_cdecl"关键字说明使用 C 约定):

```
    ! Fortran 的例程
    SUBROUTINE SUM(I, J)
        INTEGER I, J
        ...
    END FUNCTION
    /*C 源程序*/
    extern int _cdecl SUM(int *, int *);
    int main()
    {
        int a, b;
        ...
        SUM(&a, &b);/*必须传递与 Fortran 形参同类型变量的地址*/
        ...
    }
```

1. Fortran 调用 C 语言函数

Fortran 调用 C 语言函数时,要在接口块中加入! MS$ ATTRIBUTES 编译伪指令告知编译器调用 C 函数时使用的约定。Fortran 接口块的一般形式为:

    INTERFACE

例程说明语句
    [！MS ATTRIBUTES 例程选项]
    [！MS ATTRIBUTES 参数选项]
  例程参数声明
END 例程名称
END INTERFACE

其中：例程说明语句用于定义一个函数 FUNCTION 或子例程 SUBROUTINE，同一个接口块可以说明多个例程的原型，它们分别对应于所要调用的 C 有值函数和无值函数。例程 ATTRIBUTES 选项用于规定例程的调用、命名和参数传递约定，参数 ATTRIBUTES 选项是隶属于形式参数的属性，用于规定参数传递的方式。

1）例程的调用约定

如前所述，为了统一 Fortran 的例程声明和所调用的 C 语言函数声明的大小写，需要在例程调用约定语句中添加 ALIAS（别名）属性声明，消除调用约定对例程名产生的影响，使 C 能用大小写混合形式声明被 Fortran 调用的函数。根据 C 使用的调用约定不同，具体分为两种情况。

(1) 如果 C 采用_cdecl 方式的调用约定，它对应于 Fortran 的 C 约定，C 被调用的函数名 nAme 在其 obj 文件中保持混合大小写，以_nAme 的形式出现在 obj 文件中。Fortran 的接口块中必须用如下！MS＄ATTRIBUTES 编译伪指令说明：

!MS＄ATTRIBUTES C, ALIAS:´_nAme´:: NAME

例如：

```
INTERFACE
    FUNCTION SUM(I, J)
        ! MS $ ATTRIBUTES C, ALIAS:´_Sum´:: SUM
        ! 调用 C 语言的 Sum 函数
        ! MS $ ATTRIBUTES REFERENCE::I, J
        INTEGER I, J, SUM
    END FUNCTION
END INTERFACE
```

此时，对应的 C 语言源程序中，用如下语句说明函数 Sum 使用_cdecl 属性且用于文件外部：

    extern int Sum(int * p1, int * p2);

或者 extern int _cdecl Sum(int * p1, int * p2);

(2) 如果 C 采用_stdcall 方式的调用约定，它对应于 Fortran 的 STDCALL 约定，C 被调用的函数名 nAme 在其 obj 文件中保持混合大小写，以_nAme@n 的形式出现在 obj 文件中。Fortran 用如下！MS＄ATTRIBUTES 编译伪指令说明：

!MS＄ATTRIBUTES STDCALL, ALIAS:´_nAme@n´:: NAME

例如：

```
INTERFACE
    FUNCTION SUM(I, J)
        ! MS$ATTRIBUTES STDCALL, ALIAS:'_Sum@8'::SUM
        ! 调用C语言的Sum函数
        ! MS$ATTRIBUTES REFERENCE::I, J
        INTEGER I, J, SUM
    END FUNCTION
END INTERFACE
```

此时，对应的C语言源程序中，用如下语句说明函数Sum使用_stdcall约定且用于文件外部：

extern int _stdcall Sum(int * p1, int * p2);

2) 参数的调用约定

Fortran缺省参数传递为引用传递，若在外部例程中施加了C或STDCALL调用约定，则缺省的引用传递改为值传递（数组参数除外）。为了消除调用约定对参数传递的影响，可以在外部例程中添加具体的参数传递属性（REFERENCE或VALUE）声明。需要注意，参数属性声明优先于调用约定声明，即参数属性声明最终决定参数的传递方式。

```
! MS$ ATTRIBUTES C::MYSUB
! C约定将例程MYSUB参数列表的引用传递改为值传递
```

若某形参为值传递，此时使用VALUE关键字：

```
! MS$ ATTRIBUTES VALUE ::a! 将a定义为值传递方式
```

若某形参为引用传递，此时可使用REFERENCE关键字（缺省方式）：

```
! MS$ ATTRIBUTES REFERENCE ::a! 将a定义为引用传递方式
```

例 11-1 Fortran调用C的空函数。

```
! FORTRAN源文件:ForMain.f 90
PROGRAM C4For1
    INTERFACE! Fortran90与C的接口
        SUBROUTINE SUM(I, J, k)
            ! MS$ ATTRIBUTES C, ALIAS:'_Sum'::SUM! 命名约定
            ! MS$ ATTRIBUTES VALUE::I! 形参I使用值传递方式
            ! MS$ ATTRIBUTES REFERENCE::J, K! 形参J、k使用引用传递方式
            INTEGER I, J, K
        END SUBROUTINE
    END INTERFACE

    INTEGER I, J, K
```

```
        I = 1; J = 2
        WRITE( * , ´(2(A, I2))´)´I = ´, I, ´, J = ´, J
        CALL SUM(I, J, K)
        WRITE( * , ´(A, I2)´)´The sum of I and J is ´, K
END
/ * C 源文件:function.c * /
#include <stdio.h>
extern void _cdeclSum(int p1, int * p2, int * p3);
/ * 或 extern void _cdecl Sum(int p1, int * p2, int * p3); * /
/ * 调用 C + + 程序时用 extern ˝C˝ * /
{
        * p3 = p1 + * p2;
}
```

本例给出了 Fortran 调用 C 语言无返回值空函数的例子。对于无返回值函数,相当于 Fortran 的 Subroutine 子例程,因此在 Fortran 的源文件中,使用接口块说明了待调用的 C 语言 void 函数 Sum 与 Fortran 的 SUM 子例程之间的命名和参数约定。对于本例,Fortran 主调函数采用 C 约定,C 函数采用对应的_cdecl 约定。从表 11 – 3 可以看出,此时 C 函数在 obj 文件中保留混合大小写。对应的,Fortran 主调函数通过 ALIAS 属性将 C 函数 obj 文件中的 "_Sum"函数名重新命名为"SUM"供 Fortran 调用。

C 的源文件中,给出了对应的 void 函数 Sum 的声明,extern 说明了该函数是供外部调用 的。为了同 Fortran 的引用传递相对应,所有形参使用指针变量传递地址。

在同时安装了 VF 和 VC 的系统上,打开 VF 建立一个 Console Application 工程,如图 11 – 1 所示,首先建立 1 个 Fortran 源文件 ForMain. f 90,然后建立 1 个 Text 文件 function. c, 建好的工程如图 11 – 2 所示。编译、链接,即可生成可执行文件。

图 11 – 1 分别添加 Fortran 和 C 的源程序

运行该程序,输出结果为:

    I = 1, J = 2
    The sum of I and J is 3

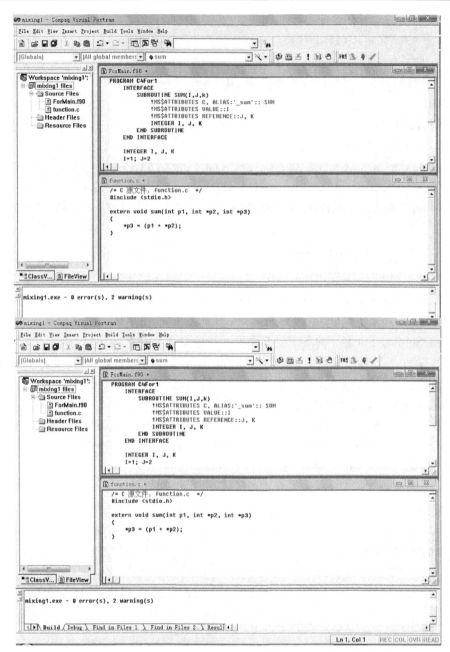

图 11-2　分别编译 Fortran 和 C 的源程序并链接生成可执行文件

例 11-2　Fortran 调用 C 的有值函数。

```
! FORTRAN 源文件:ForMain.f 90
PROGRAM C4For2
    INTERFACE ! Fortran90 与 C 的接口
        FUNCTION SUM(I,J)
            ! MS $ ATTRIBUTES STDCALL, ALIAS:´_Sum@8´:: SUM
```

```
            ! MS $ ATTRIBUTES VALUE:: I
            ! MS $ ATTRIBUTES REFERENCE:: J
            INTEGER I, J, SUM
        END FUNCTION
    END INTERFACE

    INTEGER I, J
    I = 1; J = 2
    WRITE( * ,´(2(A, I2))´)´I =´, I, ´, J =´, J
    WRITE( * ,´(A, I2)´)´The sum of I and J is´, SUM(I, J)
END
/ * C 源文件:function.c * /
#include <stdio.h>
extern int _stdcall Sum( int p1, int * p2)
{
        return p1 + * p2;
}
```

本例给出了 Fortran 调用 C 语言有返回值函数的例子。对于有返回值函数,相当于 Fortran 的 Function 函数,因此在 Fortran 的源文件中,使用接口块说明了待调用的 C 语言函数 Sum 与 Fortran 的 SUM 函数之间的命名和参数约定。对于本例,Fortran 主调函数采用 STDCALL 约定,C 函数采用对应的_stdcall 约定。从表 11-3 可以看出,此时 C 函数在 obj 文件中保留混合大小写。对应的,Fortran 主调函数通过 ALIAS 属性将 C 函数 obj 文件中的 "_Sum@8" 函数名重新命名为 "SUM" 供 Fortran 调用。

在 VF 中建立工程的方法与上例类似,如图 11-3 所示,编译两个源文件并链接,即可得到可执行程序,运行结果与上例相同。

2. C 调用 Fortran 语言例程

对于 C 语言,要在源程序中对所调用的 Fortran 例程使用 extern 关键字说明该例程来自外部,extern 和函数说明中间加上_cdecl 或_stdcall 说明调用约定的属性。

(1)如果 Fortran 例程使用缺省方式的调用约定(即不加任何说明),它被 C 调用的函数/例程名在其 obj 文件中全转化为大写。此时 C 在声明所调用的 Fortran 外部例程原型时,无论采用何种调用约定,例程名必须大写。例如:

　　extern double _cdecl DIS_FUNCTION(double *); / * 命名必须大写 * /
　　或 extern double _stdcall DIS_FUNCTION(double *); / * 命名必须大写 * /

由于 Fortran 默认使用引用传递方式,此时 C 语言在调用该函数时,必须传递参数的地址,即:

　　distance = DIS_FUNCTION(&d);

对于这种情形,Fortran 的源文件中无须对被 C 调用的例程做任何说明。

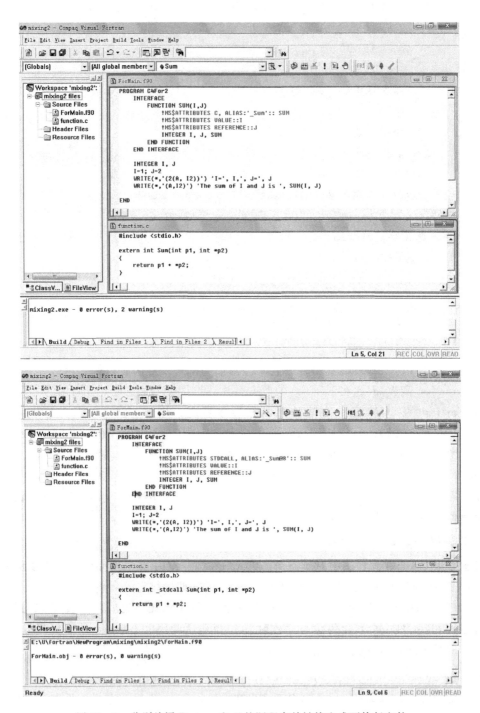

图 11-3　分别编译 Fortran 和 C 的源程序并链接生成可执行文件

例 11-3 C 调用 Fortran 例程,Fortran 使用缺省的调用约定。

```c
/*C 源文件*/
#include <stdio.h>
extern void _cdecl DIS_SUB(float *, float *, double *);
/*命名必须大写*/
extern double _stdcall DIS_FUNCTION(double *);/*命名必须大写*/
int main()
{
    float x = 1.0, y = 1.0;
    double distance, d;

    DIS_SUB(&x, &y, &d);/*传递变量的地址,即引用传递*/
    distance = DIS_FUNCTION(&d);
    printf("x = %3.1f y = %3.1f d = %f distance = %f\n", x, y, d, distance);
    return 0;
}
```

```fortran
! Fortran 源文件
subroutine dis_sub(x, y, d)
    implicit none
    real :: x, y
    real(8):: d
    d = x * x + y * y
end subroutine

real(8)function dis_function(d)
    implicit none
    real(8):: d
    dis_Function = sqrt(d)
end function
```

在同时安装了 VF 和 VC 的系统上,打开 VC 建立一个 Win32 Console Application 工程。首先建立 1 个 C 源文件 CMain.c(Text 文件),然后建立 1 个 Fortran 自由格式的源文件 sub.f90,建好的工程如图 11-4 所示。编译、链接,即可生成可执行文件。

(2)如果 Fortran 例程使用 C 或 STDCALL 调用约定,它分别对应于 C 的 _cdecl 方式和 _stdcall 方式。此时 Fortran 例程中必须通过! MS$ ATTRIBUTES 编译伪指令说明 C 函数的别名,C 就可以使用保留混合大小写的方式声明它所要调用的 Fortran 例程。

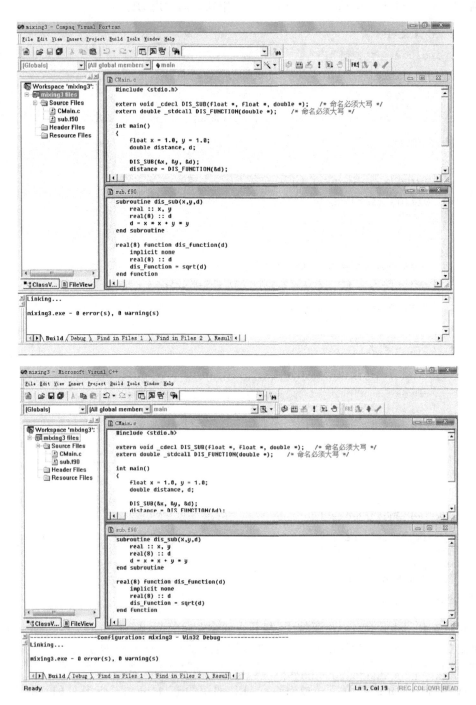

图 11-4 C 调用 Fortran 例程，Fortran 使用缺省的调用约定

例 11-4 C 调用 Fortran 例程，Fortran 使用 C 或 STDCALL 调用约定。

```c
/* C 源文件 */
#include <stdio.h>
extern void _cdecl Dis_sub(float *, float *, double *);
/* 允许混合大小写命名 */
extern double _stdcall dis_Function(double *);
/* 允许混合大小写命名 */
int main()
{
    float x = 1.0, y = 1.0;
    double distance, d;

    Dis_sub(&x, &y, &d);/* 传递变量的地址，即引用传递 */
    distance = dis_Function(&d);
    printf("x = %3.1f y = %3.1f d = %f distance = %f\n",
            x, y, d, distance);
    return 0;
}
```

```fortran
! Fortran 源文件
subroutine dis_sub(x, y, d)
    implicit none
    ! MS$ ATTRIBUTES C, ALIAS:'_dis_sub' :: DIS_SUB
    ! MS$ ATTRIBUTES REFERENCE :: x, y, d
    real :: x, y
    real(8) :: d
    d = x * x + y * y
end subroutine

real(8) function dis_function(d)
    implicit none
    ! MS$ ATTRIBUTES STDCALL, ALIAS:'_dis_function@4' :: DIS_FUNCTION
    ! MS$ ATTRIBUTES REFERENCE :: d
    real(8) :: d
    dis_Function = sqrt(d)
end function
```

上面两例给出了 C 语言程序调用 Fortran 语言函数和例程的例子。对于 Fortran 的缺省模式调用约定，C 主程序中对应的函数说明必须使用全部大写的形式；对于 Fortran 使用 C 或 STDCALL 的调用约定，C 主程序中对应的函数说明可以使用混合大小写的形式。如图 11-5 所示，建立应用程序的过程与上例相同。

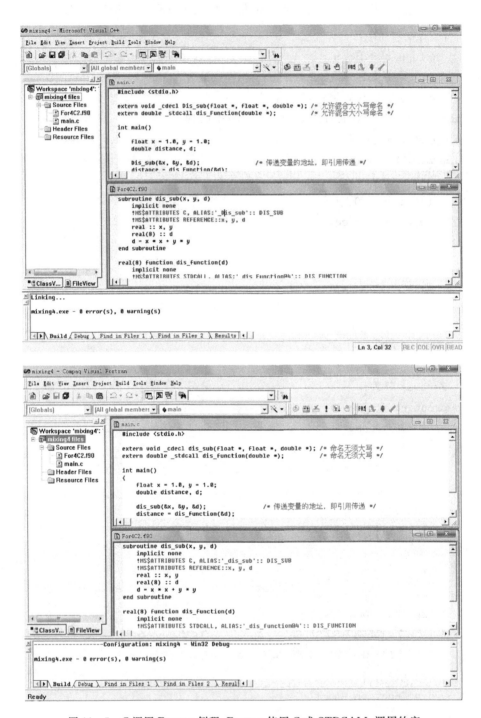

图 11-5　C 调用 Fortran 例程，Fortran 使用 C 或 STDCALL 调用约定

11.3 Fortran 与 C 调用对方的动态链接库

库文件包括静态库(*.lib)和动态库(*.dll),均为二进制代码,库文件中不能有主程序。动态链接库(Dynamic Link Library,DLL)是一种基于 Windows 的程序模块,可以被多个进程共享使用。相比于函数级调用和静态库,使用 DLL 有很多优点,例如：

(1)DLL 和 LIB 的最大差别是,LIB 中的函数必须复制到 EXE 文件,而 DLL 中的函数是 EXE 文件运行时动态调用的,置于 EXE 文件同一目录或系统目录下即可。当共享的函数均置于 DLL 中时,应用程序变得很小。同时,多个应用程序可以访问同一个 DLL,提高了系统资源的利用效率。

(2)DLL 只在内存中加载一次,所有使用该 DLL 的进程会共享此块内存,所以使用 DLL 可以节省内存。

(3)如果函数参数和返回类型不变,也就是调用函数的接口保持不变,改变 DLL 中的函数代码后可以不重新编译或链接调用 DLL 的程序。因此,使用 DLL 可以提高软件的开发效率,通过改变 DLL 即可实现对应用程序的更新和升级。

(4)DLL 的通用性强,它的接口函数可被任何编程语言所编写的应用程序调用。

因此,DLL 是一种高效的函数调用方法,尤其适用于混合语言编程、原有代码改造和程序升级。Windows 系统将遵循下面的搜索顺序来定位 DLL：

①包含 EXE 文件的目录;
②进程的当前工作目录;
③Windows 系统目录;
④Windows 目录;
⑤列在 Path 环境变量中的一系列目录。

使用 Fortran 和 C 语言混合编程时,二者均可以调用对方的 DLL。在建立 DLL 和调用 DLL 的过程中,需要使用 DLLEXPORT 和 DLLIMPORT 属性说明函数或例程从 DLL 输出或导入。

1. C 调用 Fortran DLL

C 在图形显示、数据结构等方面功能强大,而 Fortran 擅长科学计算。因此,两种语言互相调用时,通常是将 Fortran 的科学计算例程作为 DLL,以便用 C 编写图形和用户交互界面,这是应用最多的一种混合语言调用方式。

在包含 Fortran 例程的 DLL 源文件中,需要在例程头部加入如下说明：

```
! FORTRAN DLL 源文件
    SUBROUTINE 例程名(参数列表)
    ! MS$ ATTRIBUTES DLLEXPORT::函数名  ! 声明本函数为输出函数
    ...
    END SUBROUTINE OUTPUT
```

! MS$ ATTRIBUTES 编译伪指令中的 DLLEXPORT 属性说明这是一个从 DLL 输出的例程。

对应的 C 语言主程序中，需要对该函数做出说明：

  extern 函数类型 _cdecl 函数名(参数列表)；

或 extern 函数类型 _stdcall 函数名(参数列表)；

由于 Fortran DLL 中的例程使用缺省的调用约定，因此此处函数名必须大写。

为了能让 C 语言顺利地调用 Fortran DLL，首先必须用 Fortran 编译器建立 Fortran 的 DLL 供 C 语言调用。C 语言调用 DLL 有两种方式：静态方式调用和动态方式调用。

1）建立 Fortran DLL

打开 Visual Fortran，选择 Fortran Dynamic Link Library，新建一个项目 ForDLL，如图 11-6 所示。

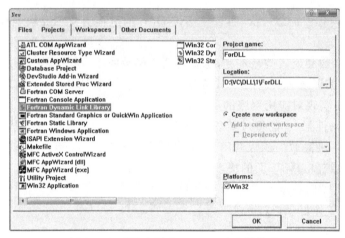

图 11-6 VF 中创建 Fortran 动态链接库

然后新建一个 Fortran 源文件 for4c.f90，内容如下所示。

例 11-5 Fortran 动态链接库源文件。

```
! FORTRAN 源文件 for4c.f90
SUBROUTINE OUTPUT(a, b, sum)
    ! MS$ ATTRIBUTES DLLEXPORT::OUTPUT
    ! 声明本函数为输出函数
    IMPLICIT NONE
    INTEGER a, b, sum
    sum = a + b
END SUBROUTINE OUTPUT
```

源文件中声明了一个子例程 OUTPUT，将输入的 a,b 相加，得到的结果赋给 sum。同常规 Fortran 子例程的区别在于，使用！MS$ ATTRIBUTES DLLEXPORT::OUTPUT 语句说明本函数为输出函数，如图 11-7 所示。

编译、链接源文件即可在当前工程的 Debug 目录下生成 ForDLL.lib 和 ForDLL.dll 两个文件。需要注意的是，由于 DLL 中没有主程序，所以 DLL 无法单独运行。

图 11-7　VF 中编辑并生成 Fortran 动态链接库

2)C 以静态方式调用 Fortran DLL

所谓静态方式调用又称隐式调用,即将 Fortran 的 LIB 文件直接加入到 C 的主程序,然后直接编译执行。该方法的实施简单,需要添加的码少。但由于需要装载 LIB 文件,会导致运算慢、占用系统资源过多。

具体的实施方法是,打开 VC,新建一个 Win32 Console Application,然后建立一个 C 的主程序 main.c。

例 11-6　C 隐式调用 Fortran 动态链接库。

```
/* C 源文件 main.c */
#include <stdio.h>
/* 声明函数 OUTPUT 为 extern 型的,即是从外部调用的。*/
extern void _stdcall OUTPUT(int * a, int * b, int * sum);
int main()
{
    int a = 1, b = 2, sum;
    OUTPUT(&a, &b, &sum);
    printf("%d + %d = %d\n", a, b, sum);
    return 0;
}
```

本例中需要声明 OUTPUT 函数是从外部调用的,同时由于 Fortran 子例程采用引用传递方式,所以调用 OUTPUT 函数时,需要传递三个变量的地址:&a,&b,& sum。

将 Fortran 建立的 ForDLL.lib 和 ForDLL.dll 文件复制到当前 VC 工程的 Debug 目录下,点击主菜单的 Project,将 ForDLL.lib 文件加入 VC 的 Project,如图 11-8 所示。

这样,如图 11-9 所示,VC 工程里就有 1 个源程序 main.c 和 1 个库文件 ForDLL.lib,链接、运行,输出结果为:

　　1 + 2 = 3

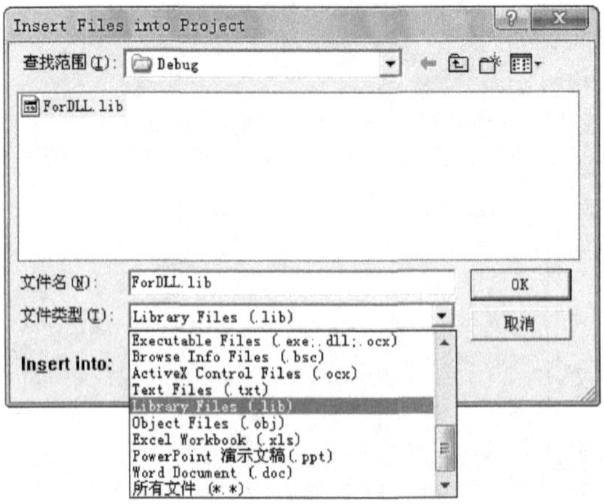

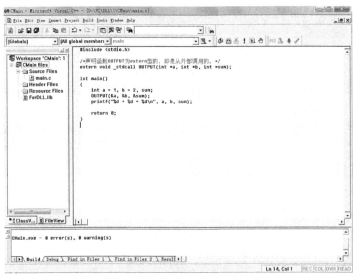

图 11-8 向 VC project 添加库文件

图 11-9 编译并运行 VC 主程序

3) C 以动态方式调用 Fortran DLL

动态方式调用 DLL,也称显式调用或动态装载。首先通过 Windows API 函数 LoadLibrary() 装入 DLL,再用 GetProcAddress() 函数来取得 DLL 中被调用的 Fortran 函数的地址,调用该函数后再用 FreeLibrary() 函数将 DLL 释放。这种调用方式的优点在于可以完全控制 DLL 的载入和释放,最有效地利用系统资源。

动态装载方式具有更好的灵活性,应用程序在执行过程中随时可以加载和卸载 DLL 文件,这是静态方式无法做到的。动态装载 DLL 时,具体的步骤同静态装载一致,首先创建 Fortran 的 DLL,拷贝到 VC 工程的 Debug 目录,再建立 VC 的工程。由于是动态装载,所以无需将 .lib 文件加入 VC 工程,只是 C/C++ 的主程序中实现动态装载的方式要麻烦一些,C 和 C++ 的具体做法也略有不同。

在 C++ 源程序中,使用类型定义关键字 typedef,定义指向和 DLL 中相同的函数原型指针,通过 LoadLibrary() 将 DLL 加载到当前的应用程序中,然后通过 GetProcAddress() 函数获取导入到应用程序中的函数指针,函数调用完毕后,使用 FreeLibrary()卸载 DLL 文件。对于 C 的源程序,调用过程类似,但不需要定义函数指针即可装载 DLL 中的函数。

如图 11-10,11-11 所示,VC 工程里仅有 1 个 C 源程序 main.c。编译、链接源文件,保证 Fortran 的 DLL 在当前工程目录下,无需装载.lib 文件即可调用 DLL 中的函数。注意,为了使用 LoadLibray()等 API 函数,应该在源程序中加入头文件 windows.h。

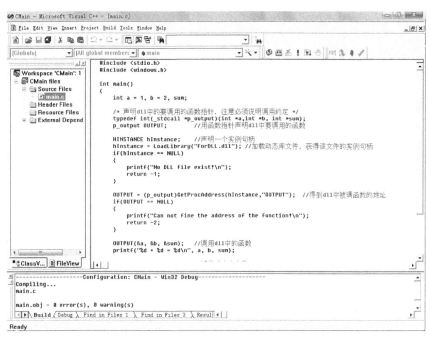

图 11-10　C 显式调用 Fortran 动态链接库

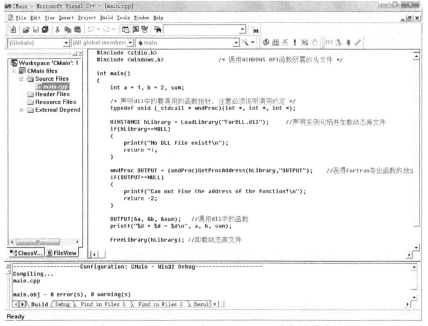

图 11-11　C++显式调用 Fortran 动态链接库

例 11-7 C/C++显式调用 Fortran 动态链接库。

```c
/* C 源文件 */
#include <stdio.h>
#include <windows.h>

int main()
{
    int a = 1, b = 2, sum;

    /* 声明 dll 中要调用的函数指针,注意必须说明调用约定 */
    typedef int(_stdcall * p_output)(int * a, int * b, int * sum);
    p_output OUTPUT;//用函数指针声明 dll 中要调用的函数

    HINSTANCE hInstance;//声明一个实例句柄
    hInstance = LoadLibrary("ForDLL.dll");  //加载动态库文件,获得该文件的实
                                            //例句柄
    if(hInstance == NULL)
    {
        printf("No DLL file exist! \n");
        return -1;
    }

    //得到 dll 中被调函数的地址
    OUTPUT = (p_output)GetProcAddress(hInstance,"OUTPUT");
    if(OUTPUT == NULL)
    {
        printf("Can not find the address of the function! \n");
        return -2;
    }
    OUTPUT(&a, &b, &sum);//调用 dll 中的函数
    printf(" %d + %d = %d\n", a, b, sum);

    FreeLibrary(hInstance); //卸载动态库文件

    return 0;
}
/* C++ 源文件 */
#include <stdio.h>
#include <windows.h>// 调用 WINDOWS API 函数所需的头文件
```

```c
int main()
{
    int a = 1, b = 2, sum;
    //宏定义函数指针类型
    typedef void(_stdcall * wndProc)(int * a, int * b, int * sum);

    HINSTANCE hLibrary = LoadLibrary("ForDLL.dll");  //加载动态库文件
    if(hLibrary = = NULL)
    {
        printf("No DLL file exist! \n");
        return -1;
    }
    //获得Fortran导出函数的地址
    wndProcOUTPUT = (wndProc)GetProcAddress(hLibrary,"OUTPUT");
    if(OUTPUT = = NULL)
    {
        printf("Can not fine the address of the function! \n");
        return -2;
    }
    OUTPUT(&a, &b, &sum);
    printf(" %d + %d = %d\n", a, b, sum);
    FreeLibrary(hLibrary);  //卸载动态库文件
    return 0;
}
```

2. Fortran 调用 C 的动态链接库

如前所述,通常的情况是 C 调用 Fortran 的 DLL。但实际上,Fortran 也可以调用 C 的 DLL。如果 C 的 DLL 中使用了 Windows 的 API 函数,Fortran 可以通过这种途径间接调用 API 函数,给 Fortran 语言扩展了应用空间。

C 语言建立 DLL 源程序时,需要在文件头部加入如下说明:

  extern 函数类型 _declspec(dllexport)_stdcall nAme(参数列表);

 或　_declspec(dllexport)extern 函数类型 nAme(参数列表);

其中,_declspec(dllexport)用来说明函数 nAme 作为 DLL 的输出函数。与此对应,Fortran 的主程序中应该用接口块说明与该 DLL 中函数的调用约定:

```
! FORTRAN 主程序
    interface
        function name(参数列表)
        ! MS $ ATTRIBUTES DLLIMPORT, STDCALL, ALIAS: '_nAme' ::name
```

参数说明
end function name
end interface

其中,DLLIMPORT 说明例程 name 来自 DLL。由于使用了 ALIAS 别名说明,C 的函数可以保留混合大小写的形式。当然,C 和 Fortran 也可以分别使用_cdecl 和 C 约定。

为了能让 Fortran 顺利地调用 C 的 DLL,首先必须用 C 的编译器建立 C 的 DLL 供 Fortran 语言调用。由于不能直接使用 LoadLibary() 等 API 函数,Fortran 语言只能使用静态方式调用 C 的 DLL。

1) Fortran 调用 C 的动态链接库

(1) 建立 C 的 DLL。C 语言 DLL 的源程序如下:

```
declspec(dllexport)
extern int sum(int * a, int * b);
int sum(int * a, int * b)
{
    return * a + * b;
}
```

打开 VC,选择 Win32 Dynamic Link Library,新建一个项目 CDLL,如图 11-12 所示。

(2) Fortran 调用 C 的 DLL。打开 VF,建立一个 Console Application。新建一个 Fortran 主程序源文件 ForMain.f90,用于调用 C 的 DLL。

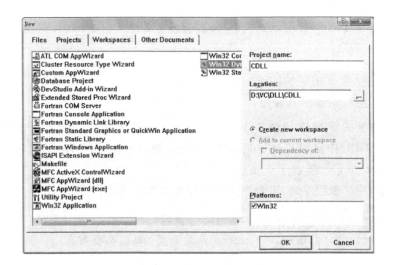

(a)新建 Win32 Dynamic Link Library

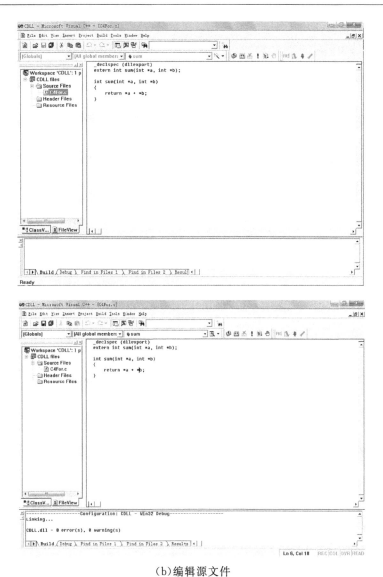

(b) 编辑源文件

图 11-12 VC 中创建 C 动态链接库

例 11-8 Fortran 调用 C 的 DLL。

```
! FORTRAN 源文件 ForMain.f90
program main
    interface
        integer function sum(a, b)
        ! MS$ATTRIBUTES DLLIMPORT,STDCALL, ALIAS:'_sum'::sum
        integer a, b
        end function sum
    end interface
```

```
    integer a,b
    a = 1; b = 2
    write( * , * )sum(a, b)
End
```

本例中,用接口块说明要调用的函数 sum 采用 STDCALL 调用约定,DLLIMPORT 说明 sum 函数来自动态链接库。

同 C 的静态调用方式类似,需要将 C 的 LIB 文件直接加入到 Fortran 的 Project。具体的实施方法是,将前面 VC 建立的 CDLL.lib 和 CDLL.dll 文件拷贝至 VF project 的 Debug 目录下,点击主菜单 Project 选项,将 CDLL.lib 文件加入 VF 的 project,如图 11-13 所示。

(a)向 VF project 添加库文件

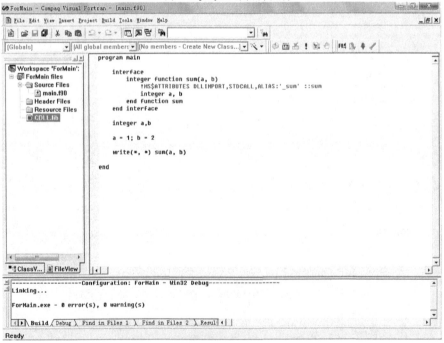

(b)编译 Fortran 主程序

图 11-13 Fortran 调用 C 的 DLL

这样,如图 11-13 所示,VC 工程里就有 1 个源程序 main.f90 和 1 个库文件 CDLL.lib,链接、运行,输出结果为

  3

2) Fortran 通过 C 的动态链接库调用 Windows API 函数

到目前为止,我们所建立的程序均为控制台应用程序(Console application)。为了开发 Windows 应用程序,需要大量调用 Windows API 函数。然而,使用 Fortran 语言直接调用 API 函数是比较困难的,通过 C 语言建立的 DLL 可以间接调用 API 函数。

API 的全称是 Application Programming Interface,也即 Windows 平台的应用程序编程接口。API 函数是 Windows 提供给应用程序与操作系统的接口,利用 API 函数可以搭建出各种界面丰富、功能灵活的应用程序。可以认为,API 函数是构筑整个 Windows 框架的基石,在它的下面是 Windows 的操作系统核心,而它的上面则是所有的华丽的 Windows 应用程序。

本节中,通过实际例子演示 Fortran 如何通过 C 的 DLL 调用 MessageBox 函数来显示计算结果。MessageBox 是编程过程中为了达到提示效果而设计的消息提示框,根据实际使用的不同需求可以设定不同的参数值。用户只有响应该窗口后,程序才能继续运行下去。MessageBox 的调用格式为:

MessageBox(NULL,"text","title",BUTTON);

其中各个参数的意义如下:

- text:指定消息对话框中显示的消息,该参数可以是数值数据类型、字符串或 boolean 值。
- title:string 类型,指定消息对话框的标题。
- icon:Icon 枚举类型,可选项,指定要在该对话框左侧显示的图标。
- button:Button 枚举类型,可选项,用于指定显示在该对话框底部的按钮,具体取值见表 11-5。

表 11-5   Button 枚举类型的取值

Button 枚举类型	消息框中显示的按钮
MB_OK	OK
MB_OKCANCEL	OK、CANCEL
MB_ABORTRETRYIGNORE	ABORT、RETRY 和 IGNORE
MB_YESNOCANCEL	YES、NO、CANCEL
MB_YESNO	YES、NO
MB_RETRYCANCEL	Retry、Cancel

首先新建一个 C 的 DLL 源文件 c4for.c,内容如下所示。

例 11-9   C 动态链接库调用 MessageBox 函数源程序。

```
/*C 源文件 c4for.c*/
#include <stdio.h>
#include <windows.h>  /*API 函数 MessageBox 的头文件*/
_declspec(dllexport)/*说明作为动态链接库输出*/
```

```
extern int sum(int * a, int * b);
/* 也可写成 extern int _declspec(dllexport)sum(int * a, int * b); */
int sum(int * a, int * b)
{
    int c;
    char d[255];
    c = * a + * b;
    sprintf(d, "You are calling windows API function by Fortran to show the result '%d '", c);
    MessageBox(NULL, d, "C DLL called by Fortran", MB_OK);
        /* 调用消息弹出框函数显示计算结果 */
        /* d 表示待输出的字符串 */
        /* "C DLL called by Fortran"将显示为弹出窗口的标题 */
        /* MB_OK 表示将弹出窗口的按钮显示为"OK" */
    return c;
}
```

本例中创建了一个整型 sum 函数,引入了_declspec(dllexport)用来表明该函数可以被外部函数使用。由于是被 Fortran 主程序调用,所以两个形参都使用指针变量。使用 sprintf 函数将两个形参的值相加后输出为字符串,然后调用 Windows API 函数 MessageBox 弹出一个消息窗口显示结果,如图 11-14 所示。编译、链接后,同样在 Debug 目录下会生成 CDLL.lib 和 CDLL.dll 两个文件。

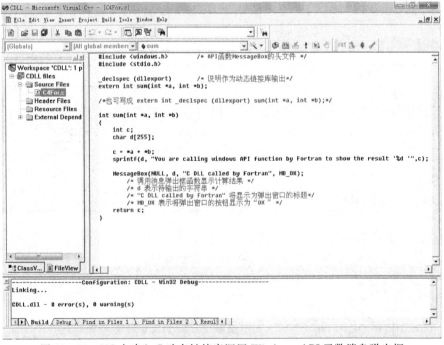

图 11-14 VC 中建立 C 动态链接库调用 Windows API 函数消息弹出框

打开 VF,建立一个 Console Application。新建一个 Fortran 主程序源文件 ForMain.f 90（同例 11-8),用于调用上述 DLL。如图 11-15 所示,将上述 DLL 文件加入 Fortran 主程序,VF 工程里就有 1 个源程序 ForMain.f 90 和 1 个库文件 CDLL.lib。

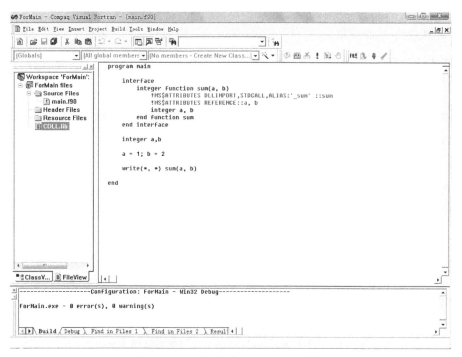

图 11-15　VF 中建立 Fortran 主程序

编译并运行 Fortran 程序,可以调用 C 的 DLL,间接使用 Windows 的 API 函数 MessageBox 弹出消息框显示计算的结果,如图 11-16 所示。

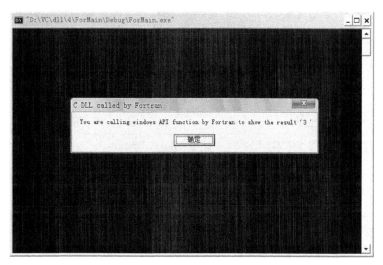

图 11-16　Fortran 通过 C 动态链接库调用 Windows API 函数消息弹出框显示计算结果

11.4 Fortran 2003 与 C 的互相调用

Fortran 2003 的新标准提供了内部模块 ISO_C_BINDING，定义了 Fortran 与 C 语言连接时必需的类型常量，从而规范了 Fortran 语言与 C 语言的连接方式。对于支持 Fortran 2003 标准的编译器，源程序中简单引用 ISO_C_BINDING 模块后，就可以将 Fortran 变量定义成与 C 语言数据结构兼容的数据类型，C 语言和 Fortran 语言就可以通过上述接口相互调用。当 Fortran 语言和 C 语言之间拥有了统一的连接方式后，借助 ISO_C_BINDING 模块，Fortran 语言可以以 C 语言为媒与 Delphi，C++，Ada，Java，C# 等常见的通用编程语言混合编程。

目前支持 Fortran 2003 的编译器有 Cray，IBM，gfortran，g95 和 Intel 等，其余的编译器有的部分支持（如 PGI），有的尚未引入。查看最新信息请访问下面的网址：

http://www.fortranplus.co.uk/fortran_info.html

ISO_C_BINDING 模块提供了与 C 数据类型和字符常数匹配的常数命名（表 11-6 和表 11-7），与 C 的指针类型对应的派生类型 C_PTR，与函数指针对应的派生类型 C_FUNPTR。ISO_C_BINDONG 中有关数组、全局变量、字符串、指针、派生类型、模块等的具体规定这里没有列出，可以参考 Fortran 2003 有关规范。(if the type is character, interoperability also requires that the length type parameter be omitted or be specified by an initialization expression whose value is one。)

表 11-6 ISO_C_Binding 中与 C 数据类型对应的常数命名

类型	常数命名	C	字节
INTEGER	C_INT	int, signed int	4
	C_SHORT	short int, signed short int	2
	C_LONG	long int, signed long int	4 or 8
	C_LONG_LONG	long long int, signed long long int	8
REAL	C_FLOAT	float, float _Imaginary	4
	C_DOUBLE	double, double _Imaginary	8
	C_LONG_DOUBLE	long double, long double _Imaginary	16
COMPLEX	C_COMPLEX	_Complex	4
	C_FLOAT_COMPLEX	float _Complex	4
	C_DOUBLE_COMPLEX	double _Complex	8
	C_LONG_DOUBLE_COMPLEX	long double _Complex	16
LOGICAL	C_BOOL	_Bool	1
CHARACTER	C_CHAR	char	1

表 11-7 ISO_C_Binding 中与 C 的字符常数对应的常数命名

常数命名	C	含义
C_NULL_CHAR	'\0'	null character
C_ALERT	'\a'	alert
C_BACKSPACE	'\b'	backspace
C_FORM_FEED	'\f'	form feed
C_NEW_LINE	'\n'	new line
C_CARRIAGE_RETURN	'\r'	carriage return
C_HORIZONTAL_TAB	'\t'	horizontal tab
C_VERTICAL_TAB	'\v'	vertical tab

Fortran 使用 iso_c_binding 与 C 互相调用对方函数的前提是在 Fortran 中用接口块说明例程的协同性,满足互相调用的条件具体包括:

(1) 接口块具有 BIND 属性。
(2) 接口块说明的函数(function)与所调用的 C 函数具有相同类型的返回值,或者子例程(subroutine)对应于 C 的 void 函数。
(3) 形式参数的个数同原型函数的参数相同,原型函数不能是可变参数函数。
(4) 具有 VALUE 属性的形参,原型函数的形参须使用值传递属性;不具有 VALUE 属性的形参,原型函数的形参必须是指针类型。

在满足上述条件的前提下,可以用 iso_c_binding 与 C 互相调用函数。下面给出了一个 Fortran 2003 接口块的例子。

```
INTERFACE
    FUNCTION CFUN1(a, b, c)BIND(C) ! 说明从 C 调用 cfun1 函数
        USE, INTRINSIC :: ISO_C_BINDING! 使用 iso_c_binding
        INTEGER(C_CHAR):: CFUN1
        ! 函数返回值相当于 C 的 char 类型
        REAL(C_FLOAT), VALUE :: a
        ! 形参 a 相当于 C 的 float 类型,值传递
        REAL(C_DOUBLE):: b
        ! 形参 b 相当于 C 的 double 类型,引用传递
        INTEGER(C_INT):: c
        ! 形参 c 相当于 C 的 int 类型,引用传递
    END FUNCTION CFUN1

    SUBROUTINE CFUN2(a, b, c)BIND(C) ! 说明从 C 调用 cfun2 例程
        USE, INTRINSIC :: ISO_C_BINDING! 使用 iso_c_binding
        REAL(C_FLOAT), VALUE :: a
        ! 形参 a 相当于 C 的 float 类型,值传递
```

```
            REAL(C_DOUBLE) :: b
            ! 形参 b 相当于 C 的 double 类型,引用传递
            INTEGER(C_INT) :: c
            ! 形参 c 相当于 C 的 int 类型,引用传递
        END SUBROUTINE CFUN2
    END INTERFACE
```

它可以与如下的 C 函数互相调用:

```
extern char __stdcall CFUN1(float, double * , int * );
    /* Fortran 函数或子例程的命名必须大写 */
extern void __stdcall CFUN2(float, double * , int * );

char cfun1(float a, double * b, int * c)
{
   ...
}
void cfun2(float a, double * b, int * c)
{
   ...
}
```

例 11 – 10　Fortran 2003 调用 C 的函数。

```
! FORTRAN 源文件
PROGRAM FOR2003
    IMPLICIT NONE
    INTEGER X, Y
    INTERFACE
        SUBROUTINE SUM( A, B )BIND( C )
            USE, INTRINSIC :: ISO_C_BINDING
            ! 声明使用 ISO_C_BINDING
            INTEGER( KIND = C_INT ), VALUE :: A
            ! 声明变量 A 相当于 C 的 INT 类型,使用值传递
            INTEGER( KIND = C_INT ) :: B
            ! 声明变量 B 相当于 C 的 INT 类型,使用引用传递
        END SUBROUTINE SUM
    END INTERFACE
    X = 1; Y = 2
    CALL SUM(X, Y)
END
/* C 源文件 */
```

```c
#include <stdio.h>

void sum(int a, int *b)
{
    printf("%s%d\n", "sum = ", a + *b);
}
```

例 11-11 C 调用 Fortran 2003 的函数和子例程。

```c
/* C 源文件 */
#include <stdio.h>
extern void __cdecl DIS_SUB(float *, float *, double *);
/* Fortran 函数或子例程的命名必须大写 */
extern double __stdcall DIS_FUNCTION(double *);

int main()
{
    float x = 1.0, y = 1.0;
    double distance, d;
    DIS_SUB(&x, &y, &d);
    distance = DIS_FUNCTION(&d);
    printf("x = %3.1f y = %3.1f d = %f distance = %f\n",
           x, y, d, distance);
    return 0;
}
```

```fortran
! FORTRAN 源文件
subroutine dis_sub(x,y,d)
    use ISO_C_BINDING ! Fortran 2003 版本须使用本句说明
    implicit none
    real :: x, y
    real(8):: d
    d = x*x + y*y
end subroutine
real(8)function dis_function(d)
    use ISO_C_BINDING ! Fortran 2003 版本须使用本句说明
    implicit none
    real(8):: d
    dis_Function = sqrt(d)
end function
```

本章要点

(1)为了正确地创建混合语言程序,必须为变量和过程的命名、不同语言编写的例程(包括不同语言中的函数、子例程和过程)之间传递的参数等建立一套规则,即调用约定。具体包括命名约定和参数传递协议。

(2)Fortran 的调用约定有三种:Fortran 缺省的调用约定、C 约定和 STDCALL 约定。C 的调用约定有两种:缺省的_cdecl 约定和_stdcall 约定。使用这些调用约定调用例程时,实参都是按照从左到右的顺序将形式参数表中的变量传递给例程。

(3)Fortran 和 C 语言的混合编程一般有三种方法:①分别编译、独立运行。②函数级调用。③动态链接库方式。主程序既可以是 Fortran 程序,也可以是 C 程序。

参考文献

[1] 刘瑾,庞岩梅,赵越,等.Fortran 95/2003 程序设计[M].北京:中国电力出版社,2009.
[2] 彭国伦.Fortran 95 程序设计[M].北京:中国电力出版社,2009.
[3] 周振红,等.Fortran 90/95 高级程序设计[M].郑州:黄河水利出版社,2005.
[4] 丁泽军.Fortran 77 和 90/95 编程入门[OL].http://micro.ustc.edu/Fortran/ZJDing/.
[5] 陈科.Fortran 完全自学手册[M].北京:机械工业出版社,2009.
[6] 白云.Fortran 90 程序设计[M].上海:华东理工大学出版社,2003.
[7] 刘卫国,蔡旭晖,等.Fortran 90 程序设计教程[M].北京:邮电大学出版社,2003.
[8] 张伟林,张霖,等.Fortran 90 语言程序设计教程[M].安徽:安徽大学出版社,2002.
[9] 王保旗.Fortran 95 程序设计与数据结构基础教程[M].天津:天津大学出版社,2007.
[10] 谭浩强.C 程序设计(第 3 版)[M].北京:清华大学出版社,2005.
[11] Prata S. 著,云巅工作室译.C Primer Plus(中文版)(第 5 版)[M],北京:人民邮电出版社,2005.
[12] [美]Kenneth A. Reek 著,徐波译.C 和指针(第 2 版)[M],北京:人民邮电出版社,2008.